土建类高职高专创新型规划教材

# 建筑工程造价案例分析及造价软件应用

## （第 2 版）

主　编　张珂峰
副主编　李翠红　夏正兵　曹青来
参　编　（以拼音为序）
　　　　董丽君　王　辉　王中琴
　　　　左　杰

U0254574

东南大学出版社
·南京·

## 内容提要

本书共分为两篇。上篇为工程造价基础知识,包括工程造价概论、建筑工程图识图、建筑工程定额、建筑工程清单计价、清单计价分析及案例,以理论加案例分析为主,重基础,简理论,注重案例分析。下篇为预算软件应用,包括土建工程量计算软件应用、钢筋工程量计算软件应用、投标报价软件应用,注重项目化教学,力求简单实用,注重软件使用的实用性和易学性,强调动手实践能力培养。

本书是建筑施工与管理专业、工程造价专业、造价咨询等建筑类相关专业的重要课程之一,除作为高职高专院校建筑类专业教材外,还可作为建筑类相关人员的培训用书或参考书。

### 图书在版编目(CIP)数据

建筑工程造价案例分析及造价软件应用/张珂峰主
编.—2版.—南京:东南大学出版社,2013.8(2016.8重印)
ISBN 978-7-5641-4461-6

Ⅰ.①建… Ⅱ.①张… Ⅲ.①建筑造价管理—案例—
高等职业教育—教材 ②建筑造价管理—应用软件—高等职
业教育—教材 Ⅳ.①TU723.3

中国版本图书馆 CIP 数据核字(2013)第 195953 号

建筑工程造价案例分析及造价软件应用(第2版)

出版发行:东南大学出版社
社 址:南京市四牌楼2号 邮编210096
出 版 人:江建中
责任编辑:史建农 戴坚敏
网 址:http://www.seupress.com
电子邮箱:press@seupress.com
经 销:全国各地新华书店
印 刷:常州市武进第三印刷有限公司
开 本:787mm×1 092mm 1/16
印 张:20.25
字 数:510 千字
版 次:2013 年 8 月第 2 版
印 次:2016 年 8 月第 3 次印刷
书 号:ISBN 978-7-5641-4461-6
印 数:6001~9000 册
定 价:39.50 元

# 高职高专土建系列规划教材编审委员会

# 序

东南大学出版社以国家 2010 年要制定、颁布和启动实施教育规划纲要为契机,联合国内部分高职高专院校于 2009 年 5 月在东南大学召开了高职高专土建类系列规划教材编写会议,并推荐产生教材编写委员会成员。会上,大家达成共识,认为高职高专教育最核心的使命是提高人才培养质量,而提高人才培养质量要从教师的质量和教材的质量两个角度着手。在教材建设上,大会认为高职高专的教材要与实际相结合,要把实践做好,把握好过程,不能通用性太强,专业性不够;要对人才的培养有清晰的认识;要弄清高职院校服务经济社会发展的特色类型与标准。这是我们这次会议讨论教材建设的逻辑起点。同时,对于高职高专院校而言,教材建设的目标定位就是要凸显技能,摒弃纯理论化,使高职高专培养的学生更加符合社会的需要。紧接着在 10 月份,编写委员会召开第二次会议,并规划出第一套突出实践性和技能性的实用型优质教材;在这次会议上大家对要编写的高职高专教材的要求达成了如下共识:

## 一、教材编写应突出"高职、高专"特色

高职高专培养的学生是应用型人才,因而教材的编写一定要注重培养学生的实践能力,对基础理论贯彻"实用为主,必需和够用为度"的教学原则,对基本知识采用广而不深、点到为止的教学方法,将基本技能贯穿教学的始终。在教材的编写中,文字叙述要力求简明扼要、通俗易懂,形式和文字等方面要符合高职教育教和学的需要。要针对高职高专学生抽象思维能力弱的特点,突出表现形式上的直观性和多样性,做到图文并茂,以激发学生的学习兴趣。

## 二、教材应具有前瞻性

教材中要以介绍成熟稳定的、在实践中广泛应用的技术和以国家标准为主,同时介绍新技术、新设备,并适当介绍科技发展的趋势,使学生能够适应未来技术进步的需要。要经常与对口企业保持联系,了解生产一线的第一手资料,随时更新教材中已经过时的内容,增加市场迫切需求的新知识,使学生在毕业时能够适合企业的要求。坚决防止出现脱离实际和知识陈旧的问题。在内容安排上,要考虑高职教育的特点。理论的阐述要限于学生掌握技能的需要,不要囿于理论上的推导,要运用形象化的语言使抽象的理论易于为学生认识和掌握。对于实践性内容,要突出操作步骤,要满足学生自学和参考的需要。在内容的选择上,要注意反映生产与社会实践中的实际问题,做到有前瞻性、针对性和科学性。

## 三、理论讲解要简单实用

将理论讲解简单化,注重讲解理论的来源、出处以及用处,以最通俗的语言告诉学生所学的理论从哪里来用到哪里去,而不是采用烦琐的推导。参与教材编写的人员都具有丰富的课堂教学经验和一定的现场实践经验,能够开展广泛的社会调查,能够做到理论联系实

际,并且强化案例教学。

### 四、教材重视实践与职业挂钩

教材的编写紧密结合职业要求,且站在专业的最前沿,紧密地与生产实际相连,与相关专业的市场接轨,同时,渗透职业素质的培养。在内容上注意与专业理论课衔接和照应,把握两者之间的内在联系,突出各自的侧重点。学完理论课后,辅助一定的实习实训,训练学生实践技能,并且教材的编写内容与职业技能证书考试所要求的有关知识配套,与劳动部门颁发的技能鉴定标准衔接。这样,在学校通过课程教学的同时,可以通过职业技能考试拿到相应专业的技能证书,为就业做准备,使学生的课程学习与技能证书的获得紧密相连,相互融合,学习更具目的性。

在教材编写过程中,由于编著者的水平和知识局限,可能存在一些缺陷,恳请各位读者给予批评斧正,以便我们教材编写委员会重新审定,再版的时候进一步提升教材质量。

本套教材适用于高职高专院校土建类专业,以及各院校成人教育和网络教育,也可作为行业自学的系列教材及相关专业用书。

**高职高专土建系列规划教材编审委员会**

# 前　言

为了适应我国工程造价管理专业对应用型人才的要求,贯彻《建筑工程工程量清单计价规范》,满足与国际惯例接轨及开拓国际工程承包业务的需要,加快市场化进程,解决目前大中专院校造价理论教材与造价实践应用不适应的现状;为了适应现在造价预算实践软件化、图形化的新趋势,引入理论与预算软件教学相结合的教学方式,用理论指引软件实践教学,用预算软件教学实践去引导学生深入领会造价理论;本书强化施工图识图教学、注重清单计价组价过程案例指导,结合工程实例,运用预算软件进行软件教学,书中大量采用项目化的方式进行软件讲解,使学生易学易懂。本书是编者近年来在课程建设方面取得的经验基础上,结合国内造价工程实践的基本情况,按照土木建筑工程相关专业高职人才培养的特点编写的。

本书共分为两篇。上篇为工程造价基础知识,包括工程造价概论、建筑工程图识图、建筑工程定额、建筑工程清单计价、清单计价分析及案例,以理论加案例分析为主,重基础,简理论,注重案例分析。下篇为预算软件应用,包括土建工程量计算软件应用、钢筋工程量计算软件应用、投标报价软件应用,注重项目化教学,力求简单实用,注重软件使用的实用性和易学性,强调动手实践能力培养。

本书结合了大量的图片,重基础,重实用,简理论,力求主线清晰,便于理解、动手和查阅。本书最大的特点是,突破了造价理论教学和实践教学相割裂的状况,使理论与实践教学有机地融合在一起。在编写过程中注重实践的重要性,注意理论对实践的理论支撑,不复杂,容易懂,这是本书的一大特点。

本书在编写过程中,得到了东南大学出版社的大力支持和多所高职院校的专家学者的指导,在此一并感谢。

由于编者水平所限,加之时间仓促,书中难免有不足之处,敬请读者批评指正。

编　者
2013 年 7 月

# 目  录

## 上篇  工程造价基础知识

## 下篇  预算软件应用

# 上篇 工程造价基础知识

# 1 工程造价概论

## 1.1 工程建设

### 1.1.1 工程建设的概念

工程建设是实现固定资产再生产的一种经济活动,是国民经济各个部门为了扩大再生产而进行的增加固定资产的建设工作,也就是指建造、购置和安装固定资产的活动以及与此有关的其他工作。在我国,工程建设也常称为基本建设。

工程建设的基本内容很广,包括建筑和安装工程、设备购置,同时还与征用土地、勘察设计、筹建机构、培训生产职工等工作有关。工程建设横跨于国民经济各部门,包括生产、分配和流通各环节,在国民经济和社会生活中有着重要的作用。

我国现行的工程建设程序可分为六个阶段,即项目建议书阶段、可行性研究阶段、设计工作阶段、建设准备阶段、建设实施阶段和竣工验收阶段。每个阶段都包含许多不同的工作内容和环节,并按照它们本身固有的规律,有序有机地联系在一起,形成一个循序渐进的工作过程,进而逐渐形成建设项目。

### 1.1.2 建设项目的划分

从整个社会来看,工程建设是由工程建设项目(即建设项目)组成的。工程建设项目按照合理确定工程造价和基本建设管理工作的需要,可以划分为建设项目、单项工程、单位工程、分部工程、分项工程五个层次。工程量和造价是由局部到整体的一个分部组合计算的过程,认识建设项目的划分,对研究工程计量和工程造价确定与控制具有重要作用。

1) 建设项目

建设项目一般是指在一个总体设计范围内,由一个或几个工程项目组成,经济上实行独立核算,行政上实行独立管理,并且具有法人资格的建设单位。通常,一个企业、事业单位就是一个建设项目。

在我国,通常把建设一个企业、事业单位或一个独立工程项目作为一个建设项目。凡属于一个总体设计中分期分批建设的主体工程、水电气供应工程、配套或综合利用工程都应合并为一个建设项目。不能把不属于一个总体设计的几个工程归算为一个建设项目,也不能把同一个总体设计内的工程,按地区或施工单位分为几个建设项目。

2) 单项工程

单项工程又称工程项目,它是建设项目的组成部分,是指具有独立的设计文件,竣工后可以独立发挥生产能力或使用效益的工程。如一所学校的教学楼、办公楼、图书馆等,一个工厂中的各个车间、办公楼等。

一个建设项目可包括许多单项工程,也可以只有一个单项工程。单项工程是具有独立存在意义的一个完整工程,也是一个复杂的综合体。单项工程造价的计算也是十分复杂的,为方便计算,仍需进一步分解为许多单位工程。

3) 单位工程

单位工程是单项工程的组成部分。单位工程是指具有独立设计的施工图纸和单独编制的施工图预算文件,可以独立组织施工,但建成后一般不能独立发挥生产能力和使用效益的工程。如办公楼是一个单项工程,该办公楼的土建工程、给排水工程、电气照明工程等均属一个单位工程。

4) 分部工程

分部工程是单位工程的组成部分。分部工程是指在一个单位工程中,按工程部位及使用的材料和工种进一步划分的工程。如一般土建工程的土石方工程、桩基础与地基加固工程、砌筑工程、混凝土和钢筋混凝土工程、金属结构工程、楼地面工程、屋面工程、墙柱面工程、油漆工程、附属工程均各属一个分部工程。

5) 分项工程

分项工程是分部工程的组成部分。分项工程是指在一个分部工程中,按不同的施工方法、不同的材料和规格,对分部工程进一步划分的,用较为简单的施工过程就能完成,以适当的计量单位就可以计算工程量及其单价的建筑或设备安装工程的产品。如基础、内墙、外墙、空斗墙、空心砖墙、柱、钢筋混凝土过梁分项工程。分项工程没有独立存在的意义,它只是为了便于计算建筑工程造价而分解出来的"假定产品"。

# 1.2 工程造价

## 1.2.1 工程造价的含义

工程造价通常是指工程的建造价格,其含义有两种。

第一种含义:工程造价是指建设一项工程预期开支或实际开支的全部固定资产投资费用。显然,这一含义是从投资者——业主的角度来定义的。投资者选定一个投资项目,为了获得预期的效益,就要通过项目评估进行决策,然后进行设计招标、施工招标直至竣工验收等一系列投资管理活动。在投资活动中所支付的全部费用形成了固定资产和无形资产。所有这些开支就构成了工程造价。从这个意义上说,工程造价就是工程投资费用,建设项目工程造价就是建设项目固定资产投资。

建设项目投资含固定资产投资和流动资产投资两部分,建设项目总投资中的固定资产投资与建设项目的工程造价在量上相等。工程造价的构成按工程项目建设过程中各类费用支出或花费的性质、途径等来确定,是通过费用划分和汇集所形成的工程造价的费用分解结构。工程造价基本构成中,包括用于购买工程项目所含各种设备的费用,用于建筑施工和安装施工所需支出的费用,用于委托工程勘察设计应支付的费用,用于购置土地所需的费用,也包括用于建设单位自身进行项目筹建和项目管理所花费的费用等。总之,工程造价是工程项目按照确定的建设内容、建设规模、建设标准、功能要求和使用要求等全部建成并验收合格交付使用所需的全部费用。

我国现行工程造价的构成主要划分为设备及工器具购置费用、建筑安装工程费用、工程建设其他费用、预备费、建设期贷款利息、固定资产投资方向调节税等几项。

第二种含义:工程造价是指工程价格。即为建成一项工程,预计或实际在土地市场、设备市场、技术劳务市场以及承包市场的交易活动中形成的建筑安装工程的价格和建设工程总价格。

我国现行的建筑安装工程费用由直接费、间接费、利润和税金组成。

通常,人们将工程造价的第二种含义认定为工程承发包价格。应该肯定,承发包价格是工程造价中一种重要的,也是最典型的价格形式。它是在建筑市场通过招投标,由需求主体(即投资者)和供给主体(即承包商)共同认可的价格。鉴于建筑安装工程价格在项目固定资产中占有 50%～60% 的份额,又是工程建设中最活跃的部分;鉴于建筑企业是建设工程的实施者,有着重要的市场主体地位,工程承发包价格被界定为工程造价的第二种含义,很有现实意义。但是,如上所述,这样界定对工程造价的含义理解较狭窄。

所谓工程造价的两种含义,是从不同角度把握同一事物的本质。对建设工程的投资者来说,面对市场经济条件下的工程造价就是项目投资,是"购买"项目要付出的价格;同时,也是投资者在作为市场供给主体时"出售"项目时定价的基础。对于承包商、供应商和规划、设计等机构来说,工程造价是他们作为市场供给主体出售商品和劳务的价格的总和,或是特指范围的工程造价,如建筑安装工程造价。

## 1.2.2 工程造价的特点

1) 工程造价的大额性

能够发挥投资效用的任一项工程,不仅实物形体庞大,而且造价高昂。动辄数百万、数千万、数亿、十几亿元人民币,特大型工程项目的造价可达百亿、千亿元人民币。工程造价的大额性使其关系到有关各方面的重大经济利益,同时也会对宏观经济产生重大影响。这就决定了工程造价的特殊地位,也说明了造价管理的重要意义。

2) 工程造价的个别性、差异性

任何一项工程都有特定的用途、功能、规模。因此,对每一项工程的结构、造型、空间分割、设备配置和内外装饰都有具体的要求,因而使工程内容和实物形态都具有个别性、差异性。产品的差异性决定了工程造价的个别性差异。同时,每项工程所处地区、地段都不相同,使这一特点得到强化。

3) 工程造价的动态性

任何一项工程从决策到竣工交付使用,都有一个较长的建设期,而且由于不可控因素的影响,在预计工期内,许多影响工程造价的动态因素,如工程变更、设备材料价格、工资标准以及费率、利率、汇率会发生变化,这种变化必然会影响到造价的变动。所以,工程造价在整个建设期中处于不确定状态,直至竣工决算后才能最终确定工程的实际造价。

4) 工程造价的层次性

造价的层次性取决于工程的层次性。一个建设项目往往含有多个能够独立发挥设计效能的单项工程(车间、写字楼、住宅楼等)。一个单项工程又是由能够各自发挥专业效能的多个单位工程(土建工程、电气安装工程等)组成。与此相适应,工程造价有 3 个层次:建设项目总造价、单项工程造价和单位工程造价。如果专业分工更细,单位工程(如土建工程)的组成部分分部分项工程也可以成为交换对象,如大型土方工程、基础工程、装饰工程等,这样,工程造价的层次就增加了分部工程和分项工程而成为 5 个层次。即使从造价的计算和工程管理的角度看,工程造价的层次性也是非常突出的。

5) 工程造价的兼容性

工程造价的兼容性首先表现在它具有两种含义,其次表现在工程造价构成因素的广泛性和复杂性。在工程造价中,首先成本因素非常复杂。其中为获得建设工程用地支出的费用、项目可行性研究和规划设计费用、与政府一定时期政策(特别是产业政策和税收政策)相关的费用占有相当的份额。此外,盈利的构成也较为复杂,资金成本较大。

# 1.3  建筑工程计价

## 1.3.1  建筑工程计价研究的内容与任务

建筑工程计价是指对建筑工程项目造价(或价格)的计算,也称为工程造价。建筑工程计价是建筑工程技术与经济管理专业的主要专业课程之一,是建筑企业进行现代化管理的基础,它从研究建筑安装产品的生产成果与生产消耗之间的数量关系着手,合理地确定完成单位建筑安装产品的消耗数量标准,从而达到合理地确定建筑工程造价的目的。

建筑产品是一种通常按期货方式进行交易的商品,它具有一般商品的特性。此外,建筑产品自身还有固定性、多样性和体积较大的特点,在生产过程中又具有生产的单件性、施工流动性、生产连续性、露天性、工期长期性、产品质量差异性等独特的技术经济特点。建筑产品的生产需要消耗一定的人力、物力、财力,其生产过程受到管理体制、管理水平、社会生产力、上层建筑等诸多因素的影响。在一定生产力水平条件下,完成一定的合格建筑安装产品与所消耗的人力、物力、财力之间存在着一种比例关系。我们应根据这些特点,确定建筑产品价格的构成因素及其计算方法,按照国家规定的特殊计价程序来计算和确定价格,熟练地使用计价方法编制施工图预算和工程量清单计价,这是建筑工程计价研究的主要内容。

建筑工程计价的任务就是运用马克思的再生产理论,遵循经济规律,研究建筑产品生产过程中其数量和资源消耗之间的关系,积极探索提高劳动生产率、减少物资消耗的途径,合理地确定和控制工程造价。并通过这种研究,达到减少资源消耗,降低工程成本,提高投资效益、企业经济效益和社会效益的目的。

建筑工程计价涉及的知识面很广,技术性、综合性、实践性和专业性都很强。它是以宏观经济学、微观经济学、投资管理学等为理论基础,以建筑识图、房屋建筑学、建筑力学与结构、建筑材料、施工技术、建筑设备、建筑施工组织与管理、建筑企业经营管理、项目管理、工程招投标与合同管理等为专业基础,同时又与国家的方针政策、分配制度、工资制度等有着密切的联系。

## 1.3.2 建筑工程计价特征

上节中提出工程造价有大额性、差异性、动态性、层次性、兼容性等自身的特点,由于工程造价的这些特点使工程计价具有以下特征。

1) 单件性计价

由于建筑产品生产的单件性,决定了每个工程项目都必须根据工程自身的特点按一定的规则单独计算工程造价。

2) 多次性计价

由于建设工程生产周期长、规模大、造价高,因此必须按基本建设规定程序分阶段分别计算工程造价,以保证工程造价确定与控制的科学性。对不同阶段实行多次性计价是一个从粗到细、从浅到深、由概略到精确、逐步接近实际造价的过程。建设工程的建设程序与多次计价的对应关系见表1-1。

表 1-1 工程多次性计价表

| 阶 段 | 主 要 工 作 | 工程造价文件 |
|---|---|---|
| 决 策 | 项目建议书 | 投资估算 |
| 设计阶段 | 方案设计 | 设计概算 |
| | 技术设计 | 修正概算 |
| | 施工图设计 | 施工图预算 |
| 实施阶段 | 工程招投标 | 招标控制价与投标报价 |
| | 签订合同 | 合同价 |
| | 工程施工 | 工程结算 |
| 竣工阶段 | 竣工验收 | 竣工结算 |
| | 交付使用 | 最终造价 |

3) 组合性计价

由于工程项目层次性和工程计价本身特定要求,决定了工程计价从分部分项工程—单位工程—单项工程—建设项目依次逐步组合的计价过程。

4) 计价形式和方法多样性

工程计价的形式和方法有多种,目前常见的工程计价方法包括定额计价法和工程量清单计价法。定额计价法通常理解为工料单价法,工程量清单计价法理解为综合单价法。

5) 计价依据的复杂性

由于影响工程造价的因素很多,因此计价依据种类繁多且复杂。计价依据是指计算工程造价所依据的基础资料总称,它包括各种类型定额与指标、设计文件、招标文件、工程量清单、计价规范、人工单价、材料价格、机械台班单价、施工方案、取费定额及有关部门颁发的文件和规定等。

### 1.3.3 建筑工程计价文件的相关概念

由于建设工程周期较长,根据建设程序要分阶段进行,对应不同阶段也要相应的进行多次计价,编制相应的建筑工程计价文件(也称工程造价文件),具体包括建设项目投资估算、设计概算、施工图预算、招标控制价、投标报价、工程结算、竣工决算等。

1) 投资估算

投资估算是指编制项目建议书、进行可行性研究阶段编制的工程造价。一般可按规定的投资估算指标,类似工程的造价资料,现行的设备、材料价格并结合工程的实际情况进行投资估算。投资估算是对建设工程预期总造价所进行的核定、计算、优化及相应文件的编制,所预计和核定的工程造价称为估算造价。投资估算是进行建设项目经济评价的基础,是判断项目可行性和进行项目决策的重要依据,并作为以后建设阶段工程造价的控制目标限额。

2) 设计概算

设计概算是在初步设计阶段,在投资估算的控制下,由设计单位根据初步设计或扩大初步设计图纸及说明、概算定额或概算指标、综合预算定额、取费标准、设计材料预算价格等资料编制和确定建设项目从筹建到竣工交付生产或使用所需全部费用的经济文件,包括建设项目总概算、单项工程综合概算、单位工程概算等。

按照有关规定编制的初步设计总概算,经批准后即为控制拟建项目投资的最高限额,不得任意突破。

3) 修正概算

修正概算是指当采用三阶段设计时,在技术设计阶段,随着设计内容的具体化,建设规模、结构性质、设备类型和数量等方面内容与初步设计可能有出入,为此,设计单位应对投资进行具体核算。对设计概算进行修正而形成的经济文件即为修正概算。

修正概算的作用与设计概算基本相同。一般情况下,修正概算不应超过原批准的设计概算。

4) 施工图预算

施工图预算是指在施工图设计阶段,设计全部完成并经过会审,单位工程开工之前,施工单位根据施工图纸、预算定额、取费标准、相关技术经济资料及规定等,预先计算和确定建筑安装工程全部建设费用的经济文件。

建设单位或其委托单位编制的施工图预算,可作为工程建设招标的招标控制价。对于施工承揽方来说,为了投标也必须进行施工图预算,即形成投标报价。施工图预算受前一阶段确定的工程造价的控制,一般用于核实施工图设计阶段造价是否超过批准的初步设计概算。

5) 招标控制价

招标控制价是招标人根据国家或省级、行业建设主管部门颁发的有关计价依据和办法,按设计图纸计算的,对招标工程限定的最高工程造价。招标控制价是业主控制工程投资的基础数据,并以此为依据测评投标人工程报价的准确性。

6）投标报价

投标报价是投标人投标时报出的工程造价。投标报价是投标人根据招标文件及计算工程造价的相关依据，计算出的投标价格。投标报价是投标文件的重要组成部分，合理的投标报价不但能控制工程造价，同时也可提高企业高利润水平，增加企业竞争力。

7）合同价

工程经批准实行招投标、发承包或其他交易方式的，双方依据建设单位、施工单位双方共同确认，经有关部门审查通过的施工图预算，签订承包合同，从而确定合同价格。合同价是发、承包人在施工合同中约定的工程造价。合同价属于市场价格的性质，它是由发承包双方根据市场行情共同议定和认可的成交价格，但它并不等同于实际工程造价。现行的三种合同价形式是：固定合同价、可调合同价和成本加酬金合同价。合同价格是工程结算的依据。

8）工程结算

工程结算是指一个单项工程、单位工程、分部工程或分项工程完工，并经建设单位及有关部门验收或验收点交后，施工企业根据合同规定，以合同价格为基础，按照施工时现场实际情况记录、设计变更通知书、现场签证、预算定额、材料预算价格和各项费用取费标准等资料，向建设单位办理结算工程价款、取得收入，用以补偿施工过程中的资金耗费，确定施工盈亏的经济文件。

工程结算一般有定期结算、阶段结算、竣工结算等方式。在合同实施结算时，按合同调价范围和调价方法，对实际发生的工程量增减、设备和材料价差等进行调整、计算，最后确定结算价格。结算价是该结算工程的实际价格，是支付工程款项的凭据。

9）竣工结算

竣工结算是指一个单位工程或单项工程完工后，经组织验收合格，由施工单位根据承包合同条款和计价的规定，结合工程施工中设计变更等引起的工程建设费增加或减少的具体情况，编制经建设单位或其委托的监理单位签认的，用以表达该项工程最终实际造价为主要内容的作为结算工程价款依据的经济文件。竣工结算方式按工程承包合同规定办理。为维护建设单位和施工企业双方权益，应按完成多少工程付多少款的方式结算工程价款。

10）竣工决算

竣工决算是指在竣工验收阶段，当一个建设项目完工并经验收后，建设单位编制的从筹建到竣工验收、交付使用全过程实际支付的建设费用的经济文件。通过为建设项目编制竣工决算，最终确定实际工程造价。其内容由文字说明和决算报表两部分组成。

一项工程从决策到竣工交付使用，有一个较长的建设周期，工程的实际工程造价除了建筑安装工程费、设备和工（器）具购置费、工程建设其他费用及基本预备费之外，还有许多影响工程造价的动态因素，如建设期贷款利息、投资方向调节税、涨价预备费、新开征税费，以及汇率变动等，必然会影响到造价的变动。所以，工程造价在整个建设期中处于不确定状态，直至竣工决算后才能最终确定工程的实际造价。

从投资估算、设计概算、施工图预算、工程量清单计价到承包合同价，再到各项工程的结算价和最后在结算价基础上编制竣工决算，整个计价过程是一个由粗到细、由浅到深，最后确定工程实际造价的过程。计价过程中各个环节之间相互衔接，前者制约后者，后者补充前者。总之，这些经济文件反映了工程建设中的主要经济活动，从一定意义上说，它们是工程建设经济活动的血液,是一个有机的整体。同时,国家要求:决算不能超过预算,预算不能超过概算。

## 1.3.4 建筑工程计价的基本方法

确定工程造价方法大体可分为两大体系:一是定额计价模式;二是工程量清单计价模式。2003年前我国采用定额计价模式,目前我国在建筑工程施工发包与承包计价管理方面已与国际接轨,实行量价分离,建立了以工程定额为指导的工程量清单计价模式。

1)定额计价方法

定额计价模式是在熟悉工程施工图基础上,计算出工程量后,依据工程具体情况、设计资料和图纸等,套用国家或地区有关部门组织和发布的定额,以各个分部分项的工程量分别乘以相应定额子目的基价,求出直接费,按照有关规定计取费用,最后计算出工程造价的计价方式。

定额计价方法即工料单价法。它是指项目单价采用分部分项工程的不完全价格(即包括人工费、材料费、施工机械台班使用费)的一种计价方法。我国现行工料单价法有两种计价方法,一种是单价法,另一种是实物法。

2)工程量清单计价方法

工程量清单计价模式是指在建设工程招投标中,由招标人编制反映工程实体消耗和措施性消耗的工程量清单,作为招标文件的组成部分提供给投标人,由投标人按照现行的工程量清单计价规范的规定以及招标人提供的工程量清单的工程内容和数据,自行编制有关的综合单价,自主报价,确定建设工程价格的计价方式。

工程量清单计价方法即综合单价法。它是指完成工程量清单中一个规定计量单位项目的完全价格(包括人工费、材料费、施工机械台班使用费、企业管理费、利润、风险费用)的一种计价方法。工程量清单计价法是一种国际上通行的计价方式。

两种计算工程造价的方法的思路都是:先通过识图,求出各个分部分项工程量,然后乘以相应的分部分项工程单价,得出分部分项工程费用,最后求和得出工程的总费用。注意工料单价法和综合单价法"分部分项工程单价"的构成不同。

# 2　建筑工程图识图

## 2.1　房屋的组成及作用

　　房屋建造是一项十分复杂的系统工程,一般要经过提出建设项目任务书、编制设计文件、组织施工及交付使用等阶段。它是一项为满足一定建筑使用功能而进行的创作性活动,一般包括建筑设计、结构设计和设备设计等阶段。建筑施工必须依照建筑工程图进行施工。

　　建筑是人工创造的空间环境,通常认为是建筑物和构筑物的总称。满足功能要求并提供活动空间和场所的建筑称为建筑物,是供人们生活、学习、工作、居住以及从事生产和文化活动的房屋,如住宅、学校、办公楼、影剧院、体育馆等。仅满足功能要求的建筑称为构筑物,如水塔、蓄水池、烟囱、储油罐等。

　　建筑物按它们的使用功能不同可分为:工业建筑,如钢铁厂、机械制造厂等;民用建筑,如学校、医院、住宅等。

　　这些建筑物虽然各不相同,但是如果仔细观察和分析就可看出,它们都是由基础、墙或柱、楼地层、楼梯、门窗、屋顶等部分组成的。如图 2-1 所示。

　　1) 基础

　　基础是建筑物最下面的部分,是地下的承重构件。它承受着建筑物的全部荷载,并把荷载传给下面的土层——地基。基础应该坚固、稳定,能够经受冰冻和地下水及其他化学物质的侵蚀。

　　2) 墙或柱

　　墙或柱是建筑物的承重构件。作为承重构件,承受着建筑物由屋顶和楼地层传来的荷载,并把这些荷载传给基础。外墙还可以作为围护构件,其作用是抵御自然界各种因素(雨水、风雪、寒暑)对室内的影响;内墙主要起分割空间及保证舒适环境的作用。当用柱作为建筑物的承重构件时,填充在柱的墙仅起围护作用。墙或柱应该坚固、稳定,墙还应保温(隔热)、隔声和防水。

　　3) 楼地层

　　楼地层是建筑物的水平承重构件和分隔部分,它包括楼板和地面两部分。楼板层承受家具、设备和人体荷载及其本身的自重,并把这些荷载传给墙或柱,同时还对墙体起着水平支撑的作用。地面直接承受各种使用荷载,并把这些荷载传给它下面的土层即地基。楼板层应具有足够的强度和刚度,并应耐磨和有一定的隔声性能。

　　4) 楼梯

　　楼梯是楼房建筑中联系上下各层的垂直交通设施,供人们平时上下和紧急疏散时使用。

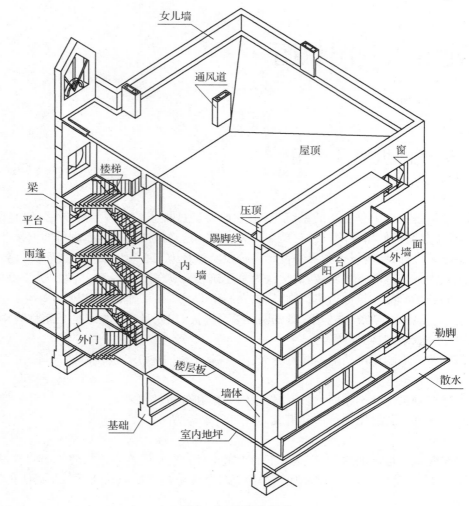

**图 2 - 1  房屋的组成**

5) 屋顶

屋顶是建筑物顶部的围护构件和承重构件,由屋面、承重结构和保温(隔热)层三部分组成。屋面抵御自然界风、雨、雪对室内的影响;承重结构承受屋顶的全部荷载,并把荷载传给墙或柱;保温(隔热)层的作用是防止冬季室内热量散失或夏季太阳辐射热进入室内。屋顶应能防水、排水、保温(隔热),承重结构应有足够的强度和刚度。

6) 门和窗

门和窗均属非承重构件。门主要用作内外交通联系和分隔房间;窗主要起采光、通风、眺望等作用。在某些有特殊要求的房间,门和窗还应具有保温、隔声、防火等作用。

一般建筑物除了上述主要组成部分之外,还有一些为人们使用和建筑物本身所需的构配件,如台阶、勒脚、散水、雨篷、阳台、通风道、烟囱等。

## 2.2 建筑工程图

### 2.2.1 建筑工程图的产生

建筑工程图是建筑设计人员把将要建造的房屋的造型和构造情况,经过合理的布置、计算,各个工种之间的协调配合而画出的施工图纸。

对于一般的民用建筑和简单的工业建筑,建筑设计分为初步设计和施工图设计两个阶段。对于大型的、比较复杂的工程,还可分成三个阶段,即在两个设计阶段之间,还有一个技术设计阶段,用来深入解决各专业之间协调等技术问题。

1) 初步设计阶段

初步设计是建筑设计的第一阶段,它的任务是提出设计方案。初步设计是根据建设单位提出的设计要求,通过调查研究、收集资料、合理构思,提出设计方案。初步设计的内容包括确定建筑物的组合方式,选定所用建筑材料和结构方案,确定建筑物在基地上的位置,说明设计意图,分析论证设计方案在技术上、经济上的合理性和可行性,并提出概算书。

初步设计的图纸和说明书包括:

(1) 建筑总平面图。绘出建筑物在基础上的位置、标高、道路、其他设施的布置以及绿化和说明。其比例为 1∶500～1∶2 000。

(2) 各层平面图和主要剖面、立面图。应标注房屋的主要尺寸,房间的面积、高度以及门窗的位置,部分室内家具和设备的布置。其比例为 1∶50～1∶200。

(3) 说明。说明设计方案的主要意图、主要结构方案和构造特点以及主要技术经济指标。

(4) 工程概算书(即设计概算)。按国家有关规定,概略计算工程费用和主要建筑材料需要量。

设计概算是在初步设计或扩大初步设计阶段,由设计单位根据初步设计图纸、概算定额或概算指标,设备预算价格,各项费用的定额或取费标准,建设地区的自然、技术经济条件等资料,预先计算建设项目由筹建至竣工验收、交付使用的全部建设费用的经济文件。按照有关规定编制的初步设计总概算,经批准后即为控制拟建项目工程估价的最高限额,不得任意突破。

初步设计的工程图和有关文件只是在提供研究方案和报上级审批时用,不能作为施工的依据,所以初步设计图也称为方案图。目前比较通行的方法是建设单位用招投标的方式请几家设计单位制订几个不同的方案,经专家组评审后决定其中一个方案并报有关部门批准。

2) 技术设计阶段

技术设计阶段的主要任务是在批准的初步设计方案的基础上,进一步确定各专业工种之间的技术问题。

技术设计的内容为在各专业工种之间提供资料、提出要求的前提下,共同研究和协调编制拟建工程各工种的图纸和说明书,为各工种绘制施工图打下基础。经送审并批准的技术设计是编制施工图的依据。

3)施工图设计阶段

施工图设计是建筑设计的最后阶段,它的主要任务是绘制满足施工要求的全套图纸。

施工图设计的图纸及设计文件有:建筑施工图中的建筑总平面图,建筑平面图、立面图、剖面图,建筑详图等;结构施工图中的基础平面图、基础详图,楼层平面图及详图,结构构造节点详图等;给排水施工图,采暖、通风施工图,电气施工图等。

## 2.2.2　建筑工程图的图示特点及其分类

建筑工程图是按投影的原理并遵照《建筑制图标准》的规定,将拟建房屋的内外形状和大小,以及各部分的材料、结构、构造、设备装饰等详细、准确地表示出来的一整套图样,用以指导建筑施工。

1)建筑工程图的图示特点

(1)建筑工程图中的各图样,主要是按正投影法绘制的。建筑的平面图、立面图和剖面图(简称平、立、剖)是建筑施工图中最基本的图样。

(2)建筑形体都较大,所以建筑工程图都用较小的比例绘制。为清楚地表达一些细部构造,还需要用较大比例绘制细部构造的详图。

(3)由于房屋的构件、配件、制品和材料种类较多,为作图简便,《建筑制图标准》规定了一系列的图形和符号来代表建筑构配件、制品、建筑材料、卫生设备等,这种图形符号称为"图例"。

(4)建筑工程图中采用不同形式和粗细的线型,以表示不同用途和主次关系,从而使图面更加清晰、分明。

2)建筑工程图的内容与作用

一套建筑工程图,根据其内容与作用的不同,按专业不同,一般可分为:

(1)建筑施工图(简称建施)。它主要表明建筑物的外部形状和内部布置、装饰构造等情况。它的内容包括设计总说明、总平面图、平面图、立面图、剖面图和构造详图。

(2)结构施工图(简称结施)。它主要表明建筑物的承重结构构件的布置和构造情况。它的内容包括结构布置平面图,基础、梁、板、柱以及楼梯等结构构件详图。

(3)设备施工图(简称设施)。它主要表明专业管道和设备的布置和构造情况。其内容包括给水排水、采暖通风、电气等施工图(简称为水施、暖施、电施)。设备施工图一般都由平面图、系统图、详图组成。

本章介绍建筑施工图和结构施工图的识读。

## 2.2.3　识读建筑工程图的基本知识

识读建筑工程图,必须掌握施工图中常用的图例、符号、线型、尺寸和比例的意义。

按施工图编排顺序识图,一般先看建筑施工图,然后再看结构施工图,最后将结构施工图与建筑施工图结合起来看。即了解总体,依序看图,前后校对。

识读建筑工程图时,应将平面图、立面图、剖面图前后对照,按照由外到内、由大到小的顺序对建筑物的形状、大小、构造、尺寸等综合阅读,了解建筑概况、使用功能及要求、内部空间的布置、层数与层高、墙柱布置、门窗尺寸、楼(电)梯间的设置、内外装修、节点构造及施工要求等基本情况。识读结构施工图时，了解工程的概况、结构方案等。熟悉结构平面布置，检查构件布置是否合理，有无遗漏，柱网尺寸、构件定位尺寸、楼面标高是否正确，根据结构平面布置图，细看每一构件的标高等。

# 2.3 建筑施工图识图说明

## 2.3.1 建筑施工图首页

建筑施工图的首页图，也称为建筑设计总说明，包括工程概况、主要设计依据、设计说明、图纸目录、门窗表、装修表以及有关的技术经济指标等。有时建筑总平面图也画在首页图上。

1）工程概况

工程概况的内容，一般应包括建筑名称、建设地点、建设单位、建筑面积、建筑基底占地面积、建筑工程等级、设计使用年限、建筑层数和建筑高度、防火设计建筑分类和耐火等级、人防工程防护等级、屋面防水等级、地下室防水等级、抗震设防烈度等，以及能反映建筑规模的主要技术经济指标。如住宅的套型和套数(包括每套的建筑面积、使用面积、阳台建筑面积，房间的使用面积也可在平面图中标注)、旅馆的客房间数和床位数、医院的门诊人次和住院部的床位数、车库的停车泊位数等；设计标高、本项目的相对标高与总图绝对标高的关系，工程设计的范围等。

2）主要设计依据

主要设计依据为本项目工程施工图设计的依据性文件、批文和相关规范。

3）设计说明

工程所在地区的自然条件，建筑场地的工程地质条件，规划要求以及人防、防震的依据，承担设计的范围与分工，水、电、暖、煤气等供应情况以及道路条件，采用新技术、新材料的做法说明及对特殊建筑造型和必要的建筑构造的说明等。

4）技术经济指标

技术经济指标一般以表格形式列出，通常包括用地面积、总建筑面积、建筑系数、建筑容积率、绿化系数、单位综合指标等。

5）图纸目录

图纸目录一般以表格形式画出。每一项工程都会有许多张图纸，为了便于查阅，针对每张图纸所表示的建筑部位给图纸起个名称，再用数字编号，确定图纸的顺序。如建施-01，表示建筑施工图的第一张图纸。

6）门窗表

门窗表列出了门窗的编号、名称、尺寸、数量及所选用标准图集的编号等内容，一般包括门窗个数及门窗性能(防火、隔声、防护、抗风压、保温、空气渗透、雨水渗透等)、用料、颜色、玻璃、五金配件等设计要求。

7）装修表

装修表一般包括墙体、墙身防潮层、地下室防水、屋面、外墙面、勒脚、散水、台阶、坡道、油漆、涂料等的材料和做法，可用文字说明或部分文字说明，部分直接在图上引注或加注索引号。室内装修部分除用文字说明以外，亦有用表格形式表达，在表上填写相应的做法或代号。

## 2.3.2 建筑总平面图

建筑总平面图是较大范围内的建筑群和其他工程设施的水平投影图。主要表示新建、拟建房屋的具体位置、层数、朝向、高程、占地面积，以及与周围环境，如原有建筑物、道路、绿化等之间的关系。它是整个建筑工程总体布局图。图中内容包括比例、图例、图线、地形、定位、风向频率玫瑰图、尺寸标注、注写名称等。

## 2.3.3 建筑平面图

建筑平面图反映房屋的形状、大小及房间的布置，墙、柱的位置和厚度，门窗的类型和位置等。因此建筑平面图是施工过程中施工放线、砌墙、安装门窗、预留孔洞、室内装修及编制预算、施工备料等工作的重要依据，是建筑施工图中最基本、最重要的图样之一。

假想用一个水平的剖切平面沿着窗台以上的门窗洞口处将房屋剖切开，移走剖切平面以上部分，而得到的水平剖面图，称为建筑平面图，简称为平面图。

1）建筑平面图的分类

根据剖切平面的不同位置，建筑平面图可分为以下几类：

（1）底层平面图

底层平面图，又称一层平面图或首层平面图。它是沿底层门窗洞口剖开后所得的平面图，剖切平面的位置处于一层地面与从一楼通向二楼休息平台之间。

（2）标准层平面图

用上面同样的办法可得到房屋中间层各平面图。由于房屋内部平面布置的差异，所以对于多层建筑而言，应该有一层就画一个平面图。其名称就用本身的层数来命名，例如"二层平面图"或"四层平面图"等。但在实际的建筑设计过程中，多层建筑往往存在许多相同或相近平面布置形式的楼层，因此在实际绘图时，可将这些相同或相近的楼层合用同一张平面图来表示。这张合用的图，就叫做"标准层平面图"，有时也可用其对应的楼层命名，例如"二、三层平面图"。

（3）顶层平面图

顶层平面图，也可用相应楼层数命名。

（4）屋顶平面图和局部平面图

除了上面所讲的平面图外，建筑平面图还应包括屋顶平面图和局部平面图。其中，屋顶平面图是指将房屋的顶部单独向下所作的俯视图，主要用来描述屋顶的平面布置。屋顶平面图主要内容包括轴线、分水线、排水坡度、落水口、出屋面上人口、爬梯、挑檐、女儿墙、变形缝等。而对于平面布置基本相同的中间楼层，其局部的差异，无法用标准层平面图来描述时则可用局部平面图表示。

2）建筑平面图的内容

建筑平面图所表示的主要内容如下：

（1）图名、比例。

（2）纵、横向的定位轴线及其编号。

（3）建筑物的平面布置、外墙和柱的位置，房间的分隔、形状大小和用途。

（4）门窗的位置和类型，并标注代号和编号。

（5）楼梯（或电梯）的位置和形状，梯段的走向和步数。

（6）室外构配件，如底层平面图表示台阶、花台、明沟（散水）等；二层以上的平面图表示阳台、雨篷等的位置和形状。

（7）标注建筑物的外形、内形尺寸和地面标高以及坡比和坡向等。

（8）在底层平面图上画出有表示房屋朝向的指北针，还标注出剖面图的剖面剖切符号和编号，表示其剖切方向向左或向右等。

3）建筑平面图的图示方法和有关规定

（1）比例

房屋的形体一般都比较大，因此画图时都采用缩小的比例。建筑平面图常用比例1∶50、1∶100、1∶200、1∶300；比例注写在图名的右侧。

（2）朝向

底层平面图上标注有指北针，圆内指针指向为正北方向。其他层平面图上不再标出指北针。

（3）图线

平面图上所表示的内容较多，为了表明主次和增加图面效果，常选用不同的线宽和线型来表示不同的内容。

"国标"中规定：凡是被剖切的主要建筑构造，如承重墙、柱的断面轮廓线用粗实线，墙、柱断面轮廓线不包括抹灰层的厚度，一般在1∶100的平面图中不画抹灰层；被剖切到的次要建筑构造和未剖切到的构配件轮廓线，如窗台、阳台、台阶、楼梯、门的开启方向和散水等均用中粗线；尺寸线、尺寸界线、图例线、索引符号、标高符号用细实线；中心线、对称线、定位轴线用单点长点划细线。

（4）定位轴线

在房屋施工中，用来确定房屋基础、墙、柱和梁等承重构件的相对位置，并带有编号的轴线称为定位轴线。定位轴线是施工定位、放线和测量定位的依据。在建筑平面图中，定位轴线的编号注写在图样的下面和左侧。在水平方向采用阿拉伯字母从左到右依次编号，一般称为横向轴线，在左侧垂直方向用大写拉丁字母自下而上顺序编写编号，通常称为纵向轴线。

（5）图例

由于房屋图的绘图比例较小，所以在平面图中对如门窗、楼梯、烟道、通风道等房屋中的建筑配件以及洗脸盆、炉灶、大便器等卫生设施都不能按真实投影去画，而是要用"国标"中规定的图例表示。常见的建筑图例，如表2-1所示。

（6）建筑平面图的尺寸标注

建筑平面图标注的尺寸有外部尺寸、内部尺寸和标高等。建筑平面图中的尺寸主要分为外部尺寸、内部尺寸、标高尺寸、坡度尺寸。

外部尺寸是标注在建筑平面图轮廓以外的尺寸。通常外部尺寸按照所标注的对象不同，又分为三道，它们分别是（由内向外的顺序）第一道细部尺寸，第二道定位尺寸、第三道总尺寸。

第一道细部尺寸是房屋外墙的墙段及门窗洞口尺寸。第二道定位尺寸是轴线的间隔尺寸，通常为房间的开间、进深。开间是指两条横向轴线之间的距离，指一间房间的面宽；进深是指两条纵向轴线之间的距离，指一间房间的深度。第三道总尺寸是外轮廓的总尺寸，它表明建筑物的总长度和总宽度。

内部尺寸注写在建筑平面图的轮廓线以内，它主要用来表示房屋内部构造，如房间的净尺寸、内墙上的门窗洞口的位置尺寸、内墙厚度等。也表示室内某些固定设备，如厕所、厨房等的大小和位置。

建筑平面图上的标高尺寸，主要是指某层楼面（或地面）上各部分的标高。按建筑制图标准规定，标高尺寸以建筑物底层地面的标高 $\pm 0.000$ 为基准。高于它的为正，但不标注符号"＋"；低于它的为负，需标注符号"－"。在底层平面图中，还标出了室外地坪的标高值（同样是以底层地面标高为参照点）。标高以"米"为单位，标注到小数点后三位。建筑平面图中，对于建筑物各组成部分，如地面、夹层、楼梯平台面、室外台阶顶面和阳台面等处，由于它们的竖向高度不同，一般都分别注明标高。平面图及其详图注写完成面标高。

建筑平面图中的标高，一般都采用相对标高，并将底层室内地坪面的标高定为 $\pm 0.000$。

在屋顶平面图上，应标注描述屋顶面的坡度尺寸，该尺寸通常由两部分组成：坡比和坡向。

在房屋住宅中还标注有每个房间的净面积和房间的名称。

（7）门窗编号及门窗表

在平面图中，门窗是按"国标"规定的图例画出的。窗是用两条平行的细实线表示的；单层门用一条向内或向外的 $45°$ 中实线来表示门的开启方向；双层门用两条向内或向外 $45°$ 中实线来表示门的开启方向。为了区别门窗类型和便于统计，"国标"中规定在门窗洞口附近应标注门窗编号，C 表示窗的代号，M 表示门的代号，CM 表示窗联门的代号（均为汉语拼音的第一个字母），1、2、3 是不同类型门窗的编号。

综上所述，建筑平面图主要内容包括图名、比例、定位轴线、图线、尺寸标注、代号及图例、投影要求、其他标注等。识读平面图应看懂房屋的总长、总宽、几道轴线间的尺寸，墙厚、门、窗尺寸和编号，楼梯平台、踏步走向等。

## 2.3.4 建筑立面图

将房屋的各个立面按正投影法投影到与之平行的投影面上而得到的投影图，称为建筑立面图，简称立面图。建筑立面图主要表示房屋的外貌特征和立面上的艺术处理。建筑立面图的命名一般有如下三种：以房屋的主要入口命名，以房屋的朝向命名，以定位轴线的编号命名。

1）建筑立面图的内容

建筑立面图所表示的主要内容如下：

（1）图名、比例。

（2）两端的定位轴线及其编号。

（3）表示建筑物室外地坪线及建筑物的外形全貌，如房屋的阳台、门窗、台阶、勒脚、雨篷、檐口、屋顶女儿墙、外墙的预留洞；室外的楼梯、墙、柱；墙面分隔线或其他装饰构件等。

（4）外墙上主要部位的相对标高及尺寸。

（5）用图例或文字说明外墙面层、阳台、勒脚、雨篷等的装饰材料及做法。

（6）各部分构造、装饰节点详图的索引符号。

2）建筑立面图的图示方法和有关规定

（1）比例

建筑立面图的比例和平面图相同，采用缩小的比例，注写在图名的右侧。

（2）图线

为了增加建筑立面图的图面层次，绘图时常采用不同的线型。按照《建筑制图标准》的规定，主要线型如下：加粗线用以表示建筑物的室外地坪线，其线宽通常为 $1.4b$；粗实线用以表示建筑物的外轮廓线，其线宽为 $b$；中实线用以表示门窗洞口、檐口、阳台、雨篷、台阶等，其线宽为 $0.5b$；细实线用以表示建筑物上的墙面分隔线、门窗格子、雨水管以及引出线等细部构造的轮廓线，线宽约为 $0.25b$。

（3）尺寸标注及标高

在立面图上通常只表示高度方向的尺寸，主要用标高尺寸表示。一般情况下，一张立面图上应标出室外地坪、勒脚、窗台、窗沿、雨篷底、阳台底、檐口顶面等各部位的标高。通常，立面图中的标高尺寸注写在立面图的轮廓线以外，分两侧就近注写；但对于一些位于建筑物中部的结构，为了表达得更为清楚，在不影响图面清晰的前提下，也可就近标注在轮廓线以内。

立面图中所标注的标高尺寸有两种：建筑标高和结构标高。在一般情况下，用建筑标高表示构件的上表面，如阳台的上表面、檐口顶面等；而用结构标高来表示构件的下表面，如雨篷、阳台的底面等。但门窗洞上下两面标注的都是结构标高。

## 2.3.5　建筑剖面图

假想用一个或多个剖切平面在建筑平面图的横向或纵向沿房屋的主要入口、窗洞门、楼梯等需要剖切的位置将房屋垂直地剖开，移去靠近观察者的那部分所得的正投影图，称为建筑剖面图，简称剖面图。建筑剖面图用以表示建筑物内部的结构形式、构造方式、分层情况和各部位的材料、高度等，它同时反映了建筑物在垂直方向各部分之间的组合关系。

在建筑施工图中，建筑平面图表示的是房屋的平面布置，立面图反映的是房屋的外貌和装饰，而剖面图则是用来表示房屋内部的竖向结构和特征的。这三者之间相互配合，是建筑施工图中不可缺少的基本图样。

1）建筑剖面图的内容

建筑剖面图所表示的主要内容如下：

（1）图名、比例。

（2）定位轴线。

（3）房屋竖向的结构形式和内部构造。

（4）竖向尺寸的标注。

（5）有关的图例和文字说明。

2）建筑剖面图的图示方法和有关规定

（1）比例

建筑剖面图的比例可以采用与平面图相同的比例，注写在图名的右侧。但有时为了将房屋的构造表达得更加清楚，也可以采用比平面图更大的比例。

（2）图线

为了增加建筑剖面图的图面层次，绘图时常采用不同的线型。加粗线用以表示建筑物被剖切到的室外地面线，其线宽通常为 $1.4b$。粗实线用以表示建筑物被剖切到的外轮廓线，其线宽定为 $b$。如散水坡、墙身、地面、楼梯、圈梁、过梁、雨篷、阳台、顶棚等。由于建筑物地面以下的基础部分是属于结构施工图的内容，因此，在画建筑剖面图时，室内地面只画一条粗实线。中实线用以表示未剖切到但能看到的建筑构造，其线宽为 $0.5b$。细实线用以表示建筑物上的墙面分隔线、门窗格子、雨水管以及引出线等细部构造的轮廓线，线宽约为 $0.25b$。

（3）定位轴线

在剖面图中，凡是被剖到的承重墙、柱都要画出定位轴线，并注写与平面图相同的编号。剖面图与平面图、立面图之间的联系也是通过定位轴线来实现的。

（4）图例

与平面图、立面图一样，建筑剖面图也采用图例来表示有关的构配件，如表 2-1 所示。

**表 2-1 常用建筑构造和配件图例**

| 名　称 | 图　例 | 名　称 | 图　例 | 名　称 | 图　例 |
|---|---|---|---|---|---|
| 墙　体 | 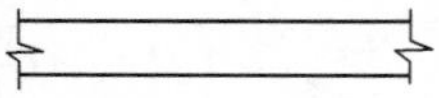 | 单扇门（包括平开门或单面弹簧门） | 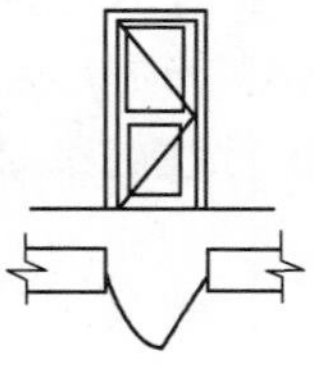 | 双扇内为开双层门（包括平开门或单面弹簧门） |  |
| 隔　断 |  | | | | |
| 栏　杆 |  | | | | |
| 楼梯间平面图 | 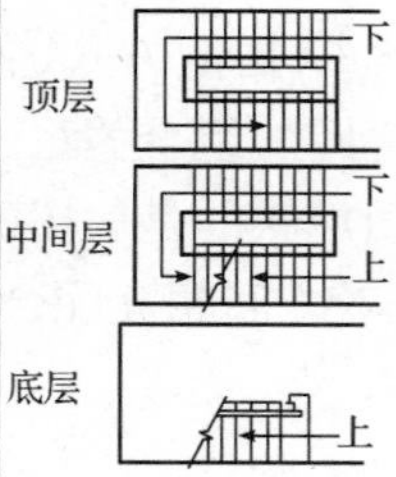 顶层／中间层／底层 | 双扇门（包括平开门或单面弹簧门） | 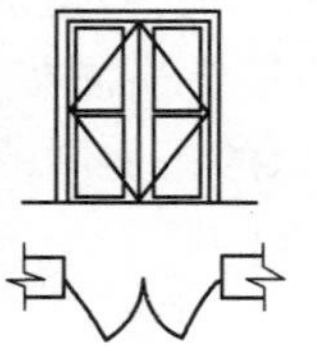 | 单层固定窗 | 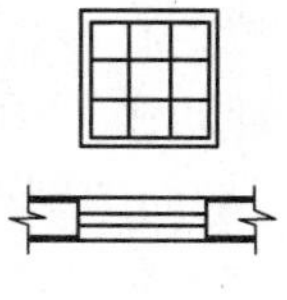 |

| 名　称 | 图　例 | 名　称 | 图　例 | 名　称 | 图　例 |
|---|---|---|---|---|---|
| 电梯井 | | 双扇门推拉门 | | 单层外开平开窗 | |
| 检查口 | | | | | |
| 孔　洞 | | 单扇门双面弹簧门 | | 单层内开平开窗 | |
| 墙预留槽洞 | 宽×高或φ<br>底(顶或上心)标高××.××<br>宽×高×深或φ<br>底(顶或上心)标高××.×× | | | | |
| 烟　道 | | 双扇门双面弹簧门 | | 双层内外开平开窗 | |
| 通风道 | | 单扇内为开双层门(包括平开门或单面弹簧门) | | 左右推拉窗 | |

（5）标高与尺寸标注

标注出各部位完成面的标高。如室外地面标高、室内一层地面及各层楼面标高、楼梯平台,各层的窗台、窗顶、屋面以及屋面以上的通风道等的标高。

标注高度方向的尺寸。外部尺寸为三道尺寸,最外一道尺寸为房屋的总高尺寸;中间一道尺寸为楼层高度尺寸;最里一道尺寸为室内门、窗、墙裙等沿高度方向的定形和定位尺寸。

### 2.3.6 建筑详图

建筑详图是建筑细部的施工图。由于建筑平、立、剖面图，一般采用较小的比例绘制，因此对某些建筑构配件及节点的详细构造(包括式样、做法、用料和详细尺寸等)都无法表达清楚。根据施工需要而采用较大比例绘制的建筑细部的图样，通称建筑详图。建筑详图简称详图，也可称为大样图或节点图。它们通常作为建筑平、立、剖面图的补充。如果要作补充的建筑构配件(如门窗做法)或节点系套用标准图或通用详图时，一般只要注明所套用图集的名称、编号或页次即可，而不必画出详图。

建筑详图表示方法依据需要而定，例如对于墙身详图通常只需用一个剖面详图表示即可，而对于细部构造较复杂的楼梯详图则需要画出楼梯平面详图及剖面详图。详图是放样的重要依据，房屋建筑图通常需要绘制如墙身详图、楼梯间详图、阳台详图、厨厕详图、门窗和壁柜详图等。

1) 建筑详图的图示方法和有关规定

(1) 比例

详图所采用的比例要比平、立、剖面图大。

(2) 图线

建筑详图的图线基本上与建筑平、立、剖面图相同，但被剖切到的抹灰层和楼地面的面层用中实线画。对比较简单的详图，可只采用线宽为 $b$ 和 $0.25b$ 的两种图线。

(3) 索引符号与详图符号

由于平、立、剖面图比例较小，因而某些局部或构配件需用较大比例画出详图。为了方便施工时查阅图纸，应以规定的符号注明所画详图与被索引图样之间的关联，即注明详图的编号和所在图纸的图号，以及被索引图样所在图纸的图号。

① 索引符号

在图样中的某一局部或某个构件，如需另画详图，应以索引符号索引。索引符号是由直径为 10 mm 的圆和水平直线组成的，圆及水平直线均应以细实线绘制。

索引出的详图，如与被索引的图样同在一张图纸内，应在索引符号的上半圆中用阿拉伯数字注明该详图的编号，并在上下半圆中间画一段水平细实线。

索引出的详图，如与被索引的图样不在同一张图纸内，应在索引符号的上半圆中用阿拉伯数字注明该详图的编号，在索引符号的上半圆中用阿拉伯数字注明该索引的详图所在图纸的编号。数字较多时，可加文字标注。

索引出的详图，如采用标准图，应在索引符号水平直线的延长线上加注该标准图册的编号。

② 索引局部剖面详图的索引符号

索引符号如用于索引剖面详图，应在被剖切的部位绘制剖切位置线，并以引出线引出索引符号，引出线所在的一侧应为投射方向。索引符号的编写应符合前面"①索引符号"的规定。

③ 详图符号

详图的位置和编号，应以详图符号表示。详图符号的圆应以直径为 14 mm 粗实线绘制。详图与被索引的图样同在一张图纸内时，应在详图符号内用阿拉伯数字注明详图的编号。详图与被索引的图样不在同一张图纸内，应用细实线在详图符号内画一条水平直线，在上半圆中注明详图编号,在下半圆中注明被索引的图纸编号。

（4）多层构造引出说明

房屋的地面、楼面、屋面、散水、檐口等构造是由多种材料分层构成的,在详图中除画出材料图例外还要用文字加以说明。其方法是用引出线指向被说明的位置,引出线一端应通过被引出的各构造层,另一端应画若干条与其垂直的横线。文字说明宜注写在水平线的上方,或注写在水平线的端部,说明的顺序应由上至下,并应与被说明的层次相互一致;如层次为横向排序,则由上至下的说明顺序应与由左至右的层次相互一致。

（5）建筑标高与结构标高

建筑标高是指建筑构造（包括构配件）装饰完成面的标高,它已将构造的粉饰层的层厚包括在内。而结构标高是指构件（如梁、板等）上皮（或下皮）的标高,它是剔除外装修的厚度,所以它也称为构件的毛面标高。

楼地面、地下层地面、阳台、平台、檐口、屋脊、女儿墙、台阶等处的高度尺寸及标高,宜按下列规定注写:

① 平面图及其详图注写完成面的标高。

② 立面图、剖面图及详图注写完成面标高及高度方向的尺寸。

③ 其余部分注写毛面尺寸及标高。

④ 标注建筑平面图各部位的定位尺寸时,注写与其最邻近的轴线间的尺寸;标注建筑剖面各部位的定位尺寸时,注写其所在层次内的尺寸。

2）外墙剖面详图

外墙剖面详图表示墙身由地面至屋顶各部位的构造、材料、施工要求及墙身有关部位的连接关系,所以外墙详图是砌墙、立门窗、室内外装修等施工和编制工程预算的重要依据。

（1）形成

外墙详图是建筑剖面图中某处墙的局部放大图,通常由几个外墙节点详图组合而成。它实际上就是建筑剖面图中的外墙身折断（从室外地坪到屋顶檐口分成几个节点）后画出的局部放大图。对一般的多层建筑而言,其节点图应包括底层、中间层、顶层三个部分。

（2）图线

外墙详图中一般用两种图线。被剖切到的构配件轮廓用粗实线,其余未剖切到的可见轮廓线及尺寸线、图例线等均用细实线。

（3）定位轴线和详图符号

外墙节点详图上所标注的定位轴线编号,应与其他图中所表示的部位一致,其详图符号也要和相应的索引符号对应。如附图私人别墅中,外墙所在的定位轴线编号为ⓒ和Ⓗ,由此,本建筑中外墙节点详图的定位轴线编号也应该是ⓒ和Ⓗ。由于外墙详图是由几个节点图组合而成的,为了表示各节点图间的联系,通常将它们画在一起,在窗洞口处用折断符号断开（画折断线）。

有时也可采用同一个外墙详图来表示几面外墙,此时应将各墙身所对应的定位轴线编号全部标出。或者采用其他方式说明,但这时只画轴线,不再标编号。

（4）按节点分别表示外墙及其他部分的构造与联系

根据各节点在外墙上的位置不同,其所表示的内容也略有差别。

① 底层节点大样图。底层节点大样图有时还可分成勒脚、明沟节点大样图和窗台节点

大样图,它们分别表示室外散水(或明沟)、勒脚、室内地面、踢脚板及墙脚防潮层、窗台的形状、构造和做法,以及防潮层的位置。

② 中间层节点大样图。中间层节点大样图包括窗台节点详图和窗顶节点详图两部分。它主要表示门、窗过梁(圈梁)、遮阳板、窗台楼板的形状和构造,另外还有楼板与墙身连接的情况等。

③ 顶层节点大样图。顶层节点大样图又称檐口节点详图。它用来表示门、窗过梁(圈梁)、檐口处屋面、顶棚的形状和构造。

(5) 标高和尺寸

详图中应详细标出室内外地面、楼地面板、屋面、各层窗台、窗顶、女儿墙、檐口顶高、吊顶底面等部位的标高,另应注出高度方向和墙身细部的尺寸,如层高、门窗高度、窗台高度、台阶或坡道高度、线脚高度、墙身厚度、雨篷挑出长度等。由尺寸可知墙身的厚度与定位轴线的关系、标注时,可用带有括号的标高来表示上一层的尺寸和标高。

(6) 图例和文字说明

在外墙详图中,可用图例或文字说明来表示有关楼(地)面及屋顶所用建筑材料,包括材料间的混合比、施工厚度和做法、内外墙面的做法等。

3) 楼梯详图

楼梯是房屋中上下交通的设施,楼梯一般由梯段、休息平台和栏杆(或栏板)组成。楼梯详图主要表示楼梯的结构形成、构造、各部分的详细尺寸、材料和做法。楼梯详图是楼梯施工放样的主要依据。

楼梯详图一般分为建筑详图与结构详图,应分别绘制并编入建筑施工图和结构施工图中。对于一些构造和装修较简单的现浇钢筋混凝土楼梯,其建筑详图与结构详图可合并绘制,编入建筑施工图或结构施工图。

楼梯建筑详图包括楼梯平面图、楼梯剖面图和踏步、栏杆、扶手等详图。

(1) 楼梯平面图

假想沿着房屋各层第一梯段的任一位置,将楼梯水平剖切后向下投影所得的图形,称为楼梯平面图。楼梯平面图实际上是在建筑平面图中楼梯间部分的局部放大图。

与建筑平面图中的道理相同,楼梯平面图通常要分别画出底层楼梯平面图、顶层楼梯平面图及中间各层的楼梯平面图。如果中间各层的楼梯位置、楼梯数量、踏步数、梯段长度都完全相同,可以只画一个中间层楼梯平面图,这种相同的中间层的楼梯平面图称为标准层楼梯平面图。在标准层楼梯平面图中的楼层地面和休息平台上应标注出各层楼面及平台面相应的标高,其次序应由下而上逐一注写。

楼梯平面图主要表明梯段的长度和宽度、上行或下行的方向、踏步数和踏面宽度、楼梯休息平台的宽度、栏杆扶手的位置等。

(2) 楼梯剖面图

按照楼梯底层平面图上标注的剖切位置,用一个铅垂的剖切平面,沿各层的一个梯段和楼梯间的门窗洞剖开,向另一个未剖到的梯段方向投影,此时所得的剖面图就称为楼梯剖面图。楼梯剖面图可看成是建筑物的建筑剖面图的局部放大图。在多层房屋中,若中间各层的楼梯构造相同,剖面图可只画出底层、中间层(标准层)和顶层,中间用折断线分开;当中间各层的楼梯构造不同时,应画出各层剖面。

楼梯剖面图主要用来表示各楼层及休息平台的标高、梯段踏步、构件连接方式、栏杆形式、楼梯间门窗洞的位置和尺寸等内容。

楼梯剖面图宜和楼梯平面图画在同一张图纸上,选取相同的绘图比例。习惯上,屋顶可以省略不画。

（3）楼梯节点详图

楼梯节点详图主要包括楼梯踏步、扶手、栏杆（或栏板）等详图。常选用建筑构造通用图集中的节点做法,与详图索引符号对照可查阅有关标准图集,得到它们的断面形式、细部尺寸、用料、构造连接及面层装修做法等。

# 2.4 建筑施工图识图示例

以附图一私人别墅为例,讲解如何识读建筑施工图。

建筑施工图阅读顺序:阅读建筑设计图纸目录,首页说明;综合粗读平、立、剖面图,大致了解建筑功能全貌;细读平面图,一层——标准层——顶层;根据平面图上剖切符号,对照阅读剖面图;阅读立面图;根据平、立、剖面图阅读详图;核对平、立、剖三者间投影关系、尺寸关系(一致);读图结束。

## 2.4.1 图纸目录识读

图纸目录的识读步骤如下:① 看标题栏,了解工程名称、项目名称、设计日期等;② 看图纸目录内容,了解图纸编排顺序、图纸名称、图纸大小等;③ 核对图纸数量,图纸目录与实际图纸应一致。

识读图纸目录可以知道本建筑为私人别墅,是 2005 年设计的。

## 2.4.2 建筑设计总说明识读

识读建筑设计总说明,可以知道本建筑层数为三层,可知道建筑面积、占地面积、建筑物高度、门窗规格型号和数量、未注明墙体厚度均为 240 mm、散水宽度及厚度、墙体粉刷情况等重要内容。

## 2.4.3 建筑平面图识读

本建筑平面图有车库层平面图、一层平面图、二层平面图、阁楼层平面图、屋顶平面图。平面图读图顺序为"先底层,后上层,先墙外,后墙内"。

1）了解定位轴线、内外墙的位置和平面位置

由附图的车库层平面图和一层平面图可知,底层为层高 2.5 m 车库。

该平面图中,横向定位轴线有①～⑥;纵向定位轴线有Ⓐ～Ⓗ。

底层为车库,一层有二室二厅一厨一卫一通向二层的室内楼梯,南有一阳台。朝南的会客室开间为 4.2 m,进深为 4.0 m;客厅开间为 4.6 m,进深为 4.2 m。朝北的卧室开间为 3.3 m,进深为 3.8 m。餐厅开间为 3.9 m,进深为 5.3 m。厨房和室内楼梯间开间均为

4.2 m,进深分别为 2.4 m 和 2.9 m;卫生间开间为 2.0 m,进深为 2.7 m。外墙、内墙厚度均为 240 mm。二层布置有三卧室二书房二卫生间,南有一阳台,各个房间相应的开间进深及墙体厚度,读者都可以清晰地确定。

图中柱为矩形断面,涂成黑色表示钢筋混凝土柱。

2) 了解门窗的位置、编号和数量

门、窗的不同类型是用不同编号来标注的,读图时应弄清楚门、窗的类型、数量、位置。

车库层平面图有两种门 JLM1 和 16M2121,数量各为 1 樘;两种窗户 LTC1512B 和 LTC1212B,数量分别为 5 樘和 1 樘。读者可以阅读出一层平面图、二层平面图和阁楼层平面图的门窗型号、数量。

3) 了解房屋的平面尺寸和各地面的标高

平面图中共有外部尺寸三道,最外一道表示总长和总宽的尺寸,它们均为 12.1 m;第二道尺寸是定位轴线的间距,一般即为房间的开间和进深尺寸,如 3 300、4 200、3 900 和 4 000、2 700、3 800 等;最里的一道尺寸为门窗洞的大小及它们到定位轴线的距离。

该楼底层即车库室内地面相对标高±0.000,室外标高为−0.150,室外楼梯间休息平台标高为 0.99,一层地面标高为 2.500,二层楼面标高为 6.000,阁楼层楼面标高为 6.000。

4) 了解其他建筑构配件

该房屋墙体四周做有散水,宽 600 mm;南面车库大门旁有一室外楼梯,楼梯向上 16 级踏步到达一层阳台,经由阳台到室内。二层有推拉门通向阳台。

5) 了解剖面图的剖切位置及索引、投影方向等

车库层平面图上②轴~④轴位置还标有甲—甲剖面图的剖切符号。对照一层平面图、二层平面图和阁楼层平面图,甲—甲剖面图是一阶梯全剖画图,它的剖切平面平行于纵向定位轴线,经过车库门 16M2121,再通过车库及北面外墙,其投影方向向左。

6) 屋顶平面图

本屋面为坡屋面,形状、轴线同其他平面图,屋顶最高标高为 12.00 m(屋顶建筑标高即为结构标高),通过详图索引符号表达屋面排水坡度、挑檐等。详图见建施—07。

### 2.4.4 建筑立面图识读

本建筑立面图有南立面图、北立面图、东立面图、西立面图。

1) 了解房屋的形状

从立面图中可看出该建筑的外部造型,可看出本建筑的屋顶形式为双坡排水屋面,也可了解到门窗、阳台及室外楼梯间、檐口等细部形式及位置。

2) 了解门窗的类型、位置及数量

该楼南面墙上每层都有一樘大门,一层大门左有一樘左右推拉窗户,右有一樘落地窗,二层有两樘左右推拉窗户。由室外进入底层车库是通过一车库卷帘门和对开的一樘大门。由室外进入楼内是通过一室外楼梯到达一层阳台,经由阳台到室内。

3) 了解各部分的标高

该建筑包括车库层、阁楼层在内共四层,车库层层高为 2.5 m,一层层高为 3.5 m,二层和阁楼层层高都为 3 m。房屋室外地坪处标高为−0.150 m,阁楼层坡屋面顶面处的标高为 12 m,阁楼层天窗顶面处的标高为 11.4 m。

4）了解外墙面的装饰等

由图可知，该楼外墙面主色调为外墙砖本色，墙面分隔线采用乳白色高级外墙涂料。车库层采用青色毛面外墙砖，一、二层采用浅褐色高级外墙砖，阁楼层东西方向外墙面采用浅米黄色涂料，坡屋面采用蓝灰色英红瓦。阳台底板外侧及装饰线条用乳白色高级外墙涂料，阳台采用彩铝装饰栏杆（由甲方自理）。

## 2.4.5　建筑剖面图识读

1）了解剖切位置、投影方向

如车库层平面图所示，甲—甲剖面的剖切位置和投影方向，其投影方向向左。

2）了解墙体剖切情况

如甲—甲剖面图所示，甲—甲剖面图共剖到ⒸⒽ两条承重墙及位于ⒻⒼ之间的一条非承重墙。Ⓒ轴线所在墙为楼房朝南方向的外墙，为每层进户门所在处，剖到处为每层门洞，门洞顶部均有钢筋混凝土过梁；一层阳台与车库层门洞顶部过梁连为整体。Ⓗ轴线所在墙为楼房朝北方向的外墙，剖到处为每层窗洞，窗洞顶部均有钢筋混凝土过梁；窗洞顶部过梁与楼面板连为整体。

3）了解地面、楼面、屋面的构造

由于另有详图表示，所以在甲—甲剖面图中，只示意性地用线条表示了地面、楼面和屋面的位置及坡屋面坡度示意。

4）了解剖到楼梯的形式和构造

从甲—甲剖面图中，可以大致了解到楼梯的形式和构造。该楼梯形式为有楼梯井的三跑楼梯，每层有三个梯段，每层梯段踏步不全相同，一层梯段分别为 7 个、8 个、9 个踏步。楼梯梯段为板式楼梯，其休息平台和楼梯均为现浇钢筋混凝土结构。

5）了解其他剖切到及未剖切到的可见部分

甲—甲剖面图中表达了每层门洞、柱子、阳台的形状和位置。

6）了解各部分尺寸和标高等

甲—甲剖面图表示了门窗洞的高度和定位尺寸，如图所示，在图的左侧注明了Ⓗ轴线所在外墙上窗洞高度和墙体高度，车库层窗洞高 1 200 mm，一层和二层窗洞高均为 1 500 mm，室外地面高度距车库层室内地面为 150 mm。在图的右侧注明了楼房的层高。所谓层高是指地（楼）面至上一层楼面的距离。在本建筑中，车库层层高为 2.5 m，一层层高为 3.5 m，二层层高为 3 m。

另外，图中还注明了坡屋顶与Ⓒ轴所在外墙连接处标高为 9.9 m，阁楼层开天窗处屋面标高为 11.4 m，该楼总高度为 12 m。

## 2.4.6　建筑详图识读

1）楼梯详图识读

楼梯平面图的识读方法：

（1）了解楼梯间在建筑中的位置，从定位轴线的编号可知楼梯间的位置。

（2）了解楼梯间的开间、进深、墙体的厚度、门窗的位置。

（3）了解梯段、楼梯井和休息平台的平面形式、位置、踏步的宽度和数量。

（4）了解楼梯的走向以及上下行的起步位置。

（5）了解楼梯段各层平台的标高。

（6）在底层平面图中了解楼梯剖面图的剖切位置及剖视方向。

楼梯剖面图的识读方法：

（1）了解楼梯的构造形式。

（2）了解楼梯在竖向和进深方向的有关尺寸。

（3）了解楼梯段、平台、栏杆、扶手等的构造和用料说明。

（4）了解被剖切梯段的踏步级数。

（5）了解图中的索引符号。

附图中 1# 楼梯详图表明 1# 楼梯在④轴到⑤轴和Ⓐ轴到Ⓒ轴间位置；楼梯间的开间 2 600 mm、进深 3 900 mm。该楼梯的结构形式为板式楼梯，双跑。第一梯段为 7 级踏步，其水平投影为 6 格（水平投影的格数：踏步数－1）；第二梯段为 9 级踏步，其水平投影为 8 格。踏步宽 270 mm，踏步高 162.5 mm。休息平台标高为 0.99 m。

附图中 2# 楼梯详图表明 2# 楼梯在②轴到④轴间。楼梯间的开间 4 200 mm、进深 2 900 mm。该楼梯的结构形式为板式楼梯，三跑，一层至二层的楼梯踏步宽为 260 mm，踏步高 159.1 mm，二层至阁楼层的楼梯踏步宽 260 mm，踏步高 166.6 mm。从图中可知本图中用详图索引符号表示栏杆、扶手、踏步的做法。

2）节点详图识读

附图中节点详图中编号①、②是外墙剖面详图，表明墙体轴线编号为Ⓑ，且轴线距室内墙 120 mm，在底层地面以下 60 mm 处，做墙身防潮层，此处外墙面油膏嵌缝。室内外高差 150 mm，室外防滑坡道地面及非防滑坡道室外地面构造做法如图所示。在洞口位置的现浇钢筋混凝土过梁，过梁和楼板、阳台浇筑在一起，梁高 400 mm。阳台细部构造做法如图所示。

屋面挑檐构造做法如构造做法详图所示。

# 2.5 结构施工图识图说明

## 2.5.1 结构施工图的内容

根据建筑、防震、排水等各方面的要求，进行结构造型和构件布置，通过力学计算，确定建筑物各承重构件（如基础、墙柱、梁板、屋架等）的形状、大小、材料及其相互关系，并将其结果绘成图样，用来指导施工，这种图样称为结构施工图。结构施工图是关于承重构件的布置、使用的材料、形状、大小及内部构造的工程图样，是承重构件以及其他受力构件施工的依据。结构施工图也是编制预算和进行施工组织设计等工作的依据。

结构施工图排列，一般依次为图纸目录（当单独编制目录时）、结构设计说明、基础平面图、基础详图、楼层结构平面图（柱、梁、板构件自下而上按层次排列）、屋顶结构平面图、楼梯及构件详图等。

## 2.5.2 结构施工图的有关规定

**1）定位轴线**

结构施工图上的轴线及编号,应与建筑施工图一致。

**2）尺寸标注**

结构施工图中所注尺寸是结构的实际尺寸,即一般不包括结构表面粉刷或面层的厚度。在桁架式结构的单线图中,其几何尺寸可直接注写在杆件的一侧,而不需画尺寸线和尺寸界限,对称桁架可在左半边注尺寸、右半边注内力。

**3）构件代号**

结构施工图中,为了简单的表明结构、构件的种类,《建筑结构制图标准》(GB/T 50105—2001)规定,对于梁、板、柱等钢筋混凝土构件可用代号表示,代号后面应用阿拉伯数字标注该构件的型号或编号,也可为构件的顺序号。构件代号采用汉语拼音首字母,构件的顺序号采用不带角标的阿拉伯数字连续编排。如表 2-2 所示。

表 2-2　常用构件代号

| 序号 | 名　称 | 代号 | 序号 | 名　称 | 代号 | 序号 | 名　称 | 代号 |
|---|---|---|---|---|---|---|---|---|
| 1 | 板 | B | 17 | 轨道连接 | DGL | 33 | 支架 | ZJ |
| 2 | 屋面板 | WB | 18 | 车挡 | CD | 34 | 柱 | Z |
| 3 | 空心板 | KB | 19 | 圈梁 | QL | 35 | 框架柱 | KZ |
| 4 | 槽形板 | CB | 20 | 过梁 | GL | 36 | 构造柱 | GZ |
| 5 | 折板 | ZB | 21 | 连系梁 | LL | 37 | 承台 | CT |
| 6 | 密肋板 | MB | 22 | 基础梁 | JL | 38 | 设备基础 | SJ |
| 7 | 楼梯板 | TB | 23 | 楼梯梁 | TL | 39 | 桩 | ZH |
| 8 | 楼板或沟盖板 | GB | 24 | 框架梁 | KL | 40 | 挡土墙 | DQ |
| 9 | 挡雨板或槽口板 | YB | 25 | 框支柱 | KZL | 41 | 地沟 | DG |
| 10 | 吊车安全走道板 | DB | 26 | 屋面框架梁 | WKL | 42 | 柱间支撑 | ZC |
| 11 | 墙板 | QB | 27 | 檩条 | LT | 43 | 垂直支撑 | CC |
| 12 | 天沟板 | TGB | 28 | 屋架 | WJ | 44 | 水平支撑 | SC |
| 13 | 梁 | L | 28 | 托架 | TJ | 45 | 梯 | T |
| 14 | 屋面梁 | WL | 30 | 天窗架 | CJ | 46 | 雨篷 | YP |
| 15 | 吊车梁 | DL | 31 | 框架 | KJ | 47 | 阳台 | YT |
| 16 | 单轨吊车梁 | DDL | 32 | 钢架 | GJ | 48 | 梁垫 | LD |

续表 2-2

| 序号 | 名 称 | 代号 | 序号 | 名 称 | 代号 | 序号 | 名 称 | 代号 |
|---|---|---|---|---|---|---|---|---|
| 49 | 预埋件 | M | 51 | 钢筋网 | W | 53 | 基础 | J |
| 50 | 天窗端壁 | TD | 52 | 钢筋骨架 | G | 54 | 暗柱 | AZ |

注:① 预制钢筋混凝土构件、现浇钢筋混凝土构件、钢结构和木构件,一般可直接采用本表中的代号。
② 预应力钢筋混凝土构件的代号,应在构件代号前加注"Y",如 Y—DL 表示预应力钢筋混凝土吊车梁。

4)构件标准图集

绘制施工图时,凡选用定型构件,可直接引用标准图集,而不必绘制构件施工图。在生产构件时,可根据构件的编号查出标准图直接制作。

构件标准图集分为全国通用和各省、市通用两类。使用标准图集时,应熟悉标准图集的编号以及标准图中构件号和标记的含义。

5)图示方法

为了表达构件内部钢筋的配置情况,假定混凝土为透明体。在构件的立面图和断面图上,轮廓线用中实践或细实线画出,图内不画材料图例。在立面图上用粗实线,在断面图上用黑圆点来表示钢筋。

钢筋的标注内容应有钢筋的编号、数量、代号、直径、间距及所在位置。钢筋编号用阿拉伯数字注写在直径为 6 mm 的细实线圆内,用引出线指向相应的钢筋。钢筋标注内容均注写在引出线的水平线上。如注出数量,可不注间距;如注出间距,就可不注数量。其具体标注形式如图 2-2 所示。

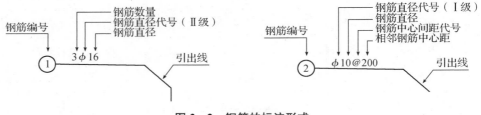

图 2-2 钢筋的标注形式

## 2.5.3 钢筋混凝土结构的基本知识

1)钢筋混凝土的材料性能

混凝土是由水泥、砂、石子和水按一定比例混合搅拌后,浇筑到定型模板或铺筑在固定的基面上,经过振捣密实和凝固养护后而形成坚硬如石的建筑材料。混凝土的抗压强度较高,但抗拉强度较低,混凝土很容易因受拉、受弯而断裂。普通混凝土划分成 C7.5,C10,C15,…,C80 共 16 个强度等级。

为了提高混凝土的抗拉、抗弯能力,在混凝土的受拉、受弯区域或有关部位内配置一定数量的钢筋,这样,混凝土主要承受压力,而钢筋主要承受拉力,以满足结构的使用要求。这种配有钢筋的混凝土称为钢筋混凝土。

2）钢筋混凝土构件及预应力钢筋混凝土构件

用钢筋混凝土浇制而成的梁、板、柱、基础等构件，称为钢筋混凝土构件。其中，在工地现场浇制的称为现浇钢筋混凝土构件；在现场以外预先制作的，然后运到现场安装的则称为预制钢筋混凝土构件。

此外，为了提高同等条件下构件的抗拉和抗裂性能，在浇制钢筋混凝土时，预先给钢筋施加一定的拉应力，在这种情况下，混凝土凝固后由于受张拉钢筋的反作用而预先承受了一定的压应力，这种构件称为预应力钢筋混凝土构件。

3）钢筋的保护层和等级代号

为了保护钢筋，防止腐蚀、防火以及加强钢筋与混凝土的粘结力，钢筋的外边缘应留有保护层。在钢筋混凝土设计规范中，钢筋按其强度和品种分成不同的等级，分别用不同的符号表示。

4）钢筋在构件中的作用和名称

配置在钢筋混凝土构件中的钢筋，按其受力和作用的不同可分为以下几种：

（1）受力筋

受力筋是构件中主要承受拉、压应力的钢筋。在梁、板中通常是配置在底层的直筋或两端弯起的弯筋，在柱中为分布在四周的竖直钢筋。

受拉钢筋配置在钢筋混凝土构件的受拉区域。简支梁的受拉钢筋在其下部，悬挑梁和雨篷的受拉筋在其上部，屋架的受拉筋在其下弦和受拉腹杆中。有弯起钢筋梁的受拉钢筋在两端弯起，以承受斜向拉力，叫弯起钢筋，是受拉钢筋的一种变化形式。受压钢筋配在受压构件（如柱、桩、受压杆）中或受弯构件的受压区内。

（2）箍筋

箍筋是构件中用来固定受力筋位置的钢筋，多用于梁和柱内；它们也同时承受一定的剪力和扭力（斜拉应力）。

（3）架立筋

架立筋是用以固定梁内箍筋位置的钢筋，它与受力筋、箍筋一起构成梁内的钢筋骨架。

（4）分布筋

分布筋是用以固定板内受力筋的钢筋，其方向通常与受力筋垂直，将承受的荷载均匀分布给受力筋，并用以固定受力钢筋的位置和抵抗温度变形，与受力筋一起构成板内的钢筋骨架。

（5）构造筋

构造筋是因构造上的要求或施工安装的需要而配置的钢筋，如预埋锚固筋、吊环等。架立筋和分布筋也属于构造筋。

5）钢筋的弯钩

对于光圆外形的受力钢筋，为了增加它与混凝土的粘结力，在钢筋的端部做成弯钩，弯钩的形式有半圆、直弯钩和斜弯钩三种。实际用钢筋长度要将弯钩部分计算在内。但Ⅱ级钢筋或Ⅱ级以上的钢筋因表面有肋纹，一般不需做弯钩。

## 2.5.4　结构设计总说明

结构设计总说明，一般位于结施图的首页，主要内容有：

（1）结构概况。如结构类型、层数、结构总高度、±0.00 相对应的绝对标高等。

（2）主要设计依据。如设计采用的有关规范、上部结构的荷载取值、采用的地质勘察报告、设计计算所采用的软件、抗震设防烈度、人防工程设计等级、场地土的类别、设计使用年限、环境类别、结构安全等级等。

（3）地基及基础。如场地土的类别、基础类型、持力层的选用、基础所选用的材料及强度等级、基坑开挖、验槽要求、基坑土方回填、沉降观测点设置与沉降观测要求。若采用桩基础，还应注明桩的类型、所选用桩端持力层、桩端进入持力层的深度、桩身配筋、桩长、单桩承载力、桩基施工控制要求、桩身质量检测的方法及数量要求、地下室防水施工及基础中需要说明的构造要求与施工要求等。

（4）材料的选用及强度等级要求。如混凝土的强度等级，钢筋的强度等级，焊条、基础砌体的材料及强度等级，上部结构砌体的材料及强度等级等。

（5）一般构造要求。如钢筋的连接、锚固长度、箍筋要求、变形缝与后浇带的构造做法、主体结构与围护的连接要求等。

（6）上部结构的有关构造及施工要求。如预制构件的制作、起吊、运输、安装要求，梁板中开洞的洞口加强措施，梁、板、柱及剪力墙各构件的抗震等级和构造要求，构造柱、圈梁的设置及施工要求等。

（7）采用的标准图集名称与编号。

（8）其他需要说明的内容。

结构设计说明的内容具有全局性、纲领性，是施工及预算的重要依据，需逐条认真阅读。

### 2.5.5　基础施工图

基础是房屋的地下承重结构部分，它把房屋的各种荷载传递到地基，起到了承上传下的作用。基础图是表示建筑物室内地面以下基础部分的平面布置和详细构造的图样，它是施工时在基地上放灰线、开挖基坑和施工基础的依据。基础图通常包括基础平面图和基础详图。

#### 1）基础平面图

基础平面图是表示基槽未回填土时基础平面布置的图样，是采用剖切在房屋室内地面下方的一个水平剖面图来表示的。

在基础平面图中，只要画出基础墙、构造柱、承重柱的断面以及基础底面的轮廓线，基础的细部投影都可省略不画。这些细部的形状，将具体反映在基础详图中。基础墙和柱的外形线是剖到的外形线，应画成粗实线；条形基础和独立基础的底面外形线是可见轮廓线，则画成中实线。当房屋底层平面中开有较大门洞时，为了防止在地基反力作用下门洞处室内地面的开裂隆起，通常在门洞处的条形基础中设置基础梁 JL。同时，为了满足抗震设防的要求，在基础平面图中设置基础圈梁 JQL，与基础梁拉通，并用粗点划线表示基础梁和基础圈梁的中心线位置。

基础平面图中必须注明基础的大小尺寸和定位尺寸。基础的大小尺寸即基础墙宽度、柱外形尺寸以及它们的基础的底面尺寸，这些尺寸可直接标注在基础平面图上，也可用文字加以说明和用基础代号 J1、J2 等形式标注。基础代号注写在基础剖切线的一侧，以便在相应的基础详图中查到基础底面的宽度。基础的定位尺寸也就是基础墙、柱的轴线尺寸。定位轴线都在墙身或柱的中心位置。

基础平面图的主要内容有:图名、比例;纵横定位轴线及其编号;基础梁(圈梁)的位置和代号;断面图的剖切线及其编号(或注写基础代号);轴线尺寸、基础大小尺寸、定位尺寸和施工说明。

2) 基础详图

基础平面图只表明了基础的平面布置,而基础各部分的形状、大小、材料、构造以及基础的埋置深度等都没有表达出来,这就需要画出各部分的基础详图。

基础详图是用较大的比例画出的基础局部构造图,以此表达出基础各部分的形状、大小、构造及基础的埋置深度。

条形基础,基础详图就是基础的垂直断面图。至于独立基础,除画出基础的断面图或剖面图外,有时还要画出基础的平面图或立面图。

基础详图的主要内容如下:图名(或基础代号)、比例;基础断面图中轴线及其编号(若为通用图,则轴线圆圈内不予编号);基础断面形状、大小、材料以及配筋;防潮层的做法和位置;室内外地面标高及基础底面标高;施工说明等。

基础详图一般采用垂直断面图来表示。图 2-3 为承重墙的基础详图。

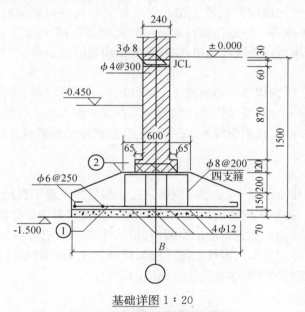

基础详图 1:20

**图 2-3 钢筋混凝土条形基础**

如图 2-3 所示,钢筋混凝土条形基础底面下铺设 70 mm 厚混凝土垫层。垫层的作用是使基础与地基有良好的接触。钢筋混凝土条形基础的高度由 350 mm 向两端减小到 150 mm。带半圆形弯钩的横向钢筋是基础的受力筋,受力筋上面均匀分布的黑圆点是纵向分布筋 φ6@250(表示直径为 6 的圆钢筋,每隔 250 mm 布置一根,@是相等中心距的代号)。

### 2.5.6　钢筋混凝土构件图的图示方法

1）模板图

模板图主要表达构件的外形尺寸,同时需标明预埋件的位置,预留孔洞的形状、尺寸及位置,是构件模板制作、安装的依据。简单构件可不单独绘模板图,可把模板图与配筋图合并表示,只画其配筋图。

模板的图示方法是按构件的外形绘制的视图。外形轮廓采用中粗实线绘制。

2）配筋图

配筋图是表示构件内各种钢筋的形状、大小、数量、级别和配置情况的图样。配筋图主要包括立面图、断面图和钢筋详图。

（1）立面图

配筋立面图是假定构件为一透明体而画出的一个纵向正投影图。它主要表示构件内钢筋的立面形状及其上下排列位置。构件轮廓线用细实线画出,钢筋用粗实线表示。当钢筋的类型、直径、间距均相同时,可只画出其中一部分,其余省略不画。

（2）断面图

配筋断面图是构件的横向剖切投影图。它主要表示构件内钢筋的上下和前后配置情况,以及钢箍的形状等内容。一般在构件断面形状或钢筋数量、位置有变化之处,均应画出断面图。构件断面轮廓线用细实线画出;钢筋横断面用黑圆点表示。

（3）钢筋编号

在配筋图中,为了区别构件中不同直径、不同级别、不同形状和不同长度的钢筋,采用编号法。每一种钢筋编一个号,编号用阿拉伯数字写在直径为 6 mm 的细实线圆内,并用指引线指向相应的钢筋。同时,在指引线的水平线段上,按规定的形式注出钢筋的级别、直径和根数。

（4）钢筋详图

在配筋的立面图和断面图中,虽然对钢筋进行了编号并注写了直径和根数,但很多钢筋的投影仍重叠在一起,每一根钢筋的形状不易表达清楚,所以对钢筋分布比较复杂的构件还要画钢筋详图。钢筋详图又称为钢筋成型图,它是从配筋图中把每一编号的钢筋单独画出来的钢筋图。在钢筋详图中要把钢筋的每一段长度都注出来。注每段长度尺寸时,可不画尺寸线和尺寸界线,仅把尺寸数字直接注在钢筋的旁边。

3）钢筋明细表

在钢筋混凝土构件的施工中,除模板图与配筋图外,还要附加一个钢筋明细表,如图2-4所示,供施工备料和编制预算时使用。

在表中要注写的内容包括:构件代号、钢筋编号、钢筋简图、直径（钢筋级别）、长度、根数、总长、总重等。

在钢筋简图一栏中,要画出每一编号钢筋的近似形状,并详细注出每段长度尺寸。但若在配筋图中已画出钢筋详图的,在简图中可不注尺寸。

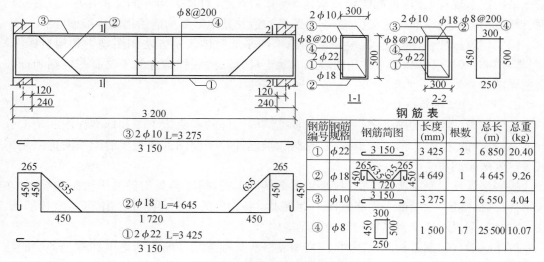

图 2-4 钢筋混凝土结构详图

**4）预埋件详图**

在预制钢筋混凝土构件中，一般除钢筋外还配有各种预埋件，如吊环、安装用钢板等，因此还需画出预埋件详图。

**5）识读钢筋混凝土构件图应注意的问题**

（1）钢筋混凝土结构图除了表示构件的形状、大小以外，主要表示构件内部钢筋的配置、形状、数量和规格。规定：钢筋用粗实线表示，钢箍用中实线表示，构件轮廓用细实线表示。由于构件中钢筋和混凝土各尽所能分工负责，因此钢筋在混凝土里的位置不能搞错。

（2）为了防止钢筋生锈，在浇捣混凝土时，要留有一定厚度的保护层，使钢筋不露在外面。因此看图时，要注意保护层的厚度。

（3）光圆钢筋两头要有弯钩，以便增强钢筋和混凝土的粘结力。而螺纹钢筋一般不需弯钩。

（4）混凝土构件图一般都附有钢筋表，识读时要核对钢筋的根数、直径和编号是否与有关的构件图一致。

## 2.5.7　钢筋混凝土结构施工图平面整体表示法

**1）平法施工图的表达方式与特点**

钢筋混凝土结构施工图平面整体表示法（以下简称平法），是近十年来对混凝土结构施工图的设计表示方法作出的重大改革。传统的表示方法是将构件从结构平面布置图中索引出来，再逐个绘制配筋详图，比较繁琐，有时还会重复表达。而平法的表达方法，是把结构构件的尺寸和配筋等，按照平面整体表示方法的制图规则，整体直接表达在各类构件的结构平面布置图上，再与标准构造详图相配合，即构成一套新型完整的结构设计。实施平法表示法，对于施工和监理人员来说，更便于施工看图、记忆和查找，且表达顺序与施工一致，更有利于施工质量检查。但平法施工图没有传统施工图直观，施工翻样的工作量大大增加，对施工企业提出了更高的要求；构造详图是根据国家现行《混凝土结构设计规范》、《高层建筑混凝土结构技术规程》《建筑抗震设计规范》等有关规定,对各类构件的保护层厚度、锚固长度、钢筋接头做法、纵筋切断点位置、连接节点构造及其他细部构造给出的标准做法。

国家建筑标准设计图集《混凝土结构施工图平面整体表示方法制图规则和构造详图》(图集号 03G101—1),介绍了常用的现浇混凝土柱、墙、梁三种构件的平法制图规则和标准构造详图。

2)平法施工图的一般规定

按平法设计绘制的施工图,一般是由各类结构构件的平法施工图和标准详图两个部分构成,对复杂的建筑物,尚需增加模板、开洞和预埋件等平面图。现浇板的配筋图仍采用传统表达方法绘制。

按平法设计绘制结构施工图时,必须根据具体工程,按照各类构件的平法制图规则,在按结构层(标准层)绘制的平面布置图上直接表示各构件的尺寸和配筋。出图时,宜按基础、柱、剪力墙、梁、板、楼梯及其他构件的顺序排列。

按平法设计绘制结构施工图时,应当用表格或其他方式注明包括地下和地上各层的结构层楼(地)面标高、结构层高及相应的结构层号。结构层楼面标高与结构层高在单项工程中必须统一,并应将其分别放在柱、墙、梁等各类构件的平法施工图中。结构层号应与建筑楼层号一致。

按平法设计绘制结构施工图时,应将所有柱、墙、梁构件进行编号,编号中含有类型代号和序号。其中,类型代号的作用是指明所选用的标准构造详图;在标准构造详图上,已经按其所属构件类型注明代号,以明确该详图与平法施工图中相同构件的互补关系,使两者结合构成完整的结构设计图。当采用平法标准图集时,其标准构造详图可根据具体工程实际,按现行国家标准进行相应的修改变更,并在结构设计总说明中注明。

当采用平法设计时,应在结构设计总说明中写明下列内容:

(1)注明所选用平法标准图集的名称与编号。

(2)注明混凝土结构的使用年限。

(3)注明有无抗震设防要求,当有抗震设防要求时,应写明抗震设防烈度及结构抗震等级,以便正确选用相应的标准构造详图;当无抗震设防要求时,也应写明。

(4)写明各类构件在其所在部位所选用的混凝土强度等级与钢筋级别,以确定钢筋的锚固长度与搭接长度。

(5)写明构件贯通钢筋需接长时采用接头形式及有关要求。

(6)写明不同部位构件所处的环境类别。

(7)当采用平法标准图集,其标准详图有多种做法可选择时,应写明在何部位采用何种做法;未注明时,施工人员可以任选一种构造做法进行施工。

(8)若对平法标准图集的标准构造详图作出变更时应写明变更的具体内容。

(9)其他特殊要求。

这里仅简单介绍最常用的柱和梁的整体表示方法。

3)柱平法施工图

柱平法施工图,是在柱平面布置图上采用列表注写方式或截面注写方式来表达的现浇钢筋混凝土柱的施工图。

柱平面布置图,可采用适当的比例单独绘制,也可与剪力墙平面布置图合并绘制。柱平法施工图中,应按规定注明各结构层的楼面标高、结构层高及相应的结构层号。

（1）列表注写方式是在柱平面布置图上分别在同一编号的柱中选择一个或几个截面标注几何参数代号,在柱表中注写柱号、柱段起止标高,几何尺寸与配筋的具体数值,并配以各种柱面形状及其箍筋类型图的方式,来表达柱平法施工图。

图 2-5 是柱平法施工图的列表注写方式示例,它包括柱平面布置图、柱表、箍筋类型、楼层结构标高与层高四个部分。从柱平法施工图（局部）可以看出柱的种类与布置情况,有 KZ1（框架柱 1）、LZ1（梁上柱 1）、XZ1（芯柱 1）三种;柱平法施工图（局部）可以看出柱号、标高、尺寸、配筋等情况。

（2）截面注写方式是在分标准层绘制的柱平面布置图的柱截面上,分别在同一编号的柱中选择一个截面并放大,以直接注写截面方式和配筋具体数值的方式来表达柱平法施工图。

图 2-6 是柱平法施工图的截面注写方式示例。

4）梁平法施工图

梁平法施工图,是在梁平面布置图上采用平面注写方式或截面注写方式表达。

（1）平面注写方式

平面注写方式是在梁平面布置图上,分别在不同编号的梁中各选一根梁,在其上注写截面尺寸和配筋具体数值的方式来表达梁平法施工图。

平面注写包括集中标注与原位标注,集中标注表达梁的通用数值,原位标注表达梁的特殊数值。当集中标注中的某项数值不适用于梁的某部位时,则将该项数值原位标注,施工时,原位标注取值优先。

梁的编号由梁的类型代号、序号、跨数及有无悬挑代号等组成。跨数代号中带 A 的为一端有悬挑,带 B 为两端有悬挑,且悬挑不计入跨数。例如 KL1（2A）表示 1 号框架梁,2 跨且一端有悬挑。类型栏中的悬挑梁指纯悬臂梁。非框架梁指没有与框架柱或剪力墙端柱等相连的一般楼面或屋面梁。

图 2-7 是梁平法施工图的平面注写方式示例。

（2）截面注写方式

截面注写方式是在分标准层绘制的梁平面布置图上,从不同编号的梁中选择一根梁用剖面符号引出配筋图,并在其上注写截面尺寸和配筋具体数值的方式来表达梁平法施工图。

图 2-8 是梁平法施工图的截面注写方式示例。

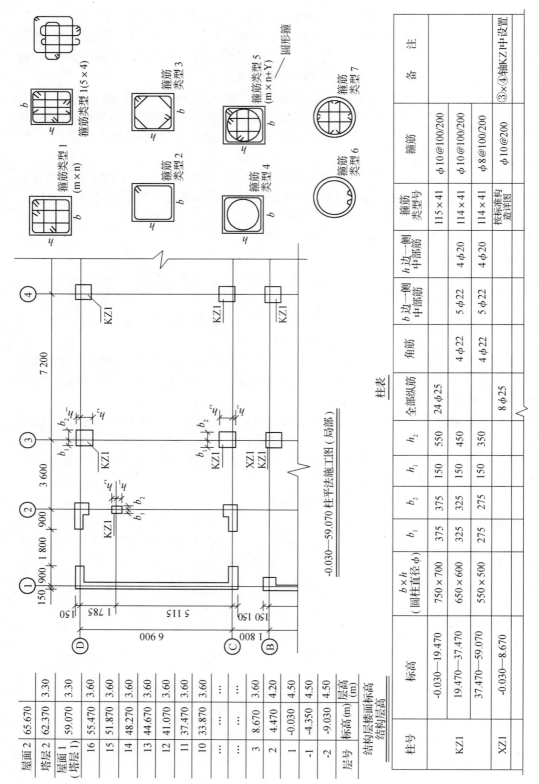

柱表

| 柱号 | 标高 | b×h (圆柱直径φ) | $b_1$ | $b_2$ | $h_1$ | $h_2$ | 全部纵筋 | 角筋 | b边一侧中部筋 | h边一侧中部筋 | 箍筋类型号 | 箍筋 | 备 注 |
|---|---|---|---|---|---|---|---|---|---|---|---|---|---|
| KZ1 | -0.030—19.470 | 750×700 | 375 | 375 | 150 | 550 | 24φ25 | | | | 115×41 | φ10@100/200 | |
| | 19.470—37.470 | 650×600 | 325 | 325 | 150 | 450 | | 4φ22 | 5φ22 | 4φ20 | 114×41 | φ10@100/200 | |
| | 37.470—59.070 | 550×500 | 275 | 275 | 150 | 350 | | 4φ22 | 5φ22 | 4φ20 | 114×41 | φ8@100/200 | |
| XZ1 | -0.030—8.670 | | | | | | 8φ25 | | | | 按标准构造详图 | φ10@200 | ③×Ⓐ轴KZ1中设置 |

图 2-5 柱平法施工图的列表注写方式示例

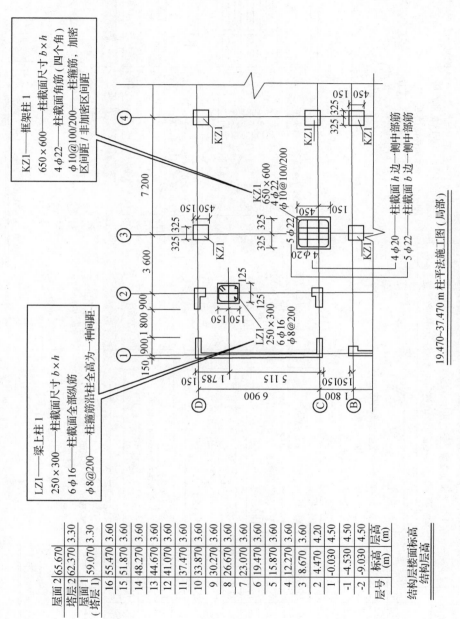

图 2-6　柱平法施工图的截面注写方式示例

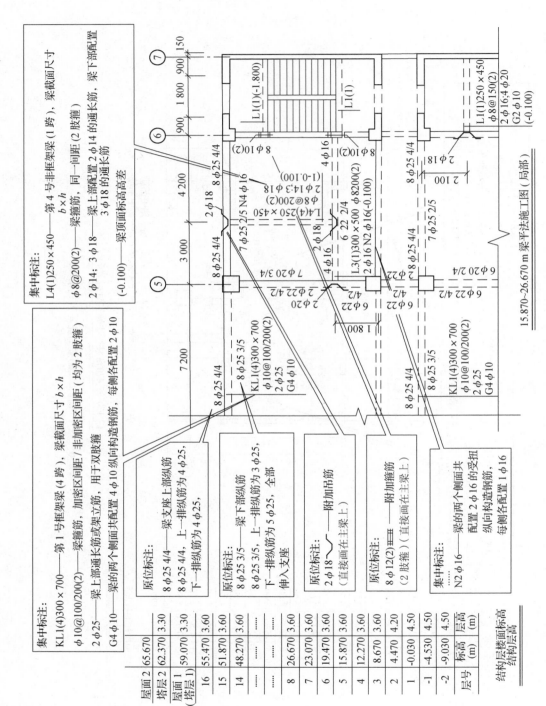

图 2-7　梁平法施工图的平面注写方式示例

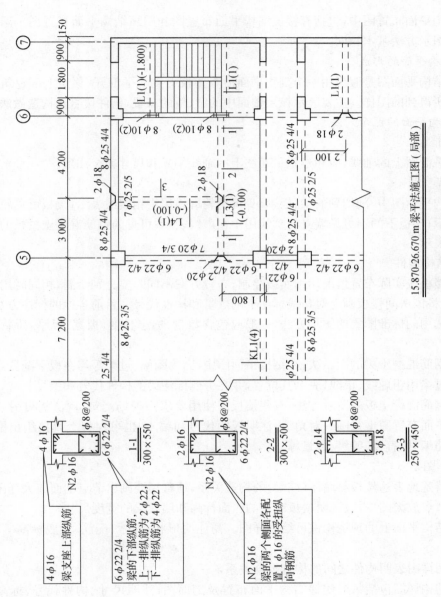

图 2-8　梁平法施工图的截面注写方式示例

### 2.5.8　结构平面布置图

结构平面布置图,是表示建筑物楼层中各承重构件平面布置的图样。承重构件多为梁、板、柱等,它是建筑施工中承重构件布置与安装的主要依据,也是计算构件数量、做施工预算的依据。

在结构平面布置图中,包括有楼层结构平面布置图和屋顶结构平面布置图。两者的图示内容和图示方法基本相同。

1)结构平面的形成

楼层结构平面图是假想用一个剖切平面沿着楼板上皮水平剖开、移走上部建筑物后作水平投影所得到的图样。主要表示该层楼面中的梁、板的布置,构件代号及构造做法等。

2)结构平面的图示方法

(1)轴线

结构平面图上的轴线,应和建筑平面图上的轴线编号和尺寸完全一致。

(2)墙身线

在结构平面图中,剖切到的梁、板、墙身可见轮廓线用中粗实线表示;楼板可见轮廓线用粗实线表示;楼板下的不可见墙身轮廓线用中粗虚线表示;可见的钢筋混凝土楼板的轮廓线用细实线表示。

(3)结构构件

预制楼板按实际布置情况用细实线绘制,布置方案不同时要分别绘制,相同时用同一名称表示,并将该房间楼板画上对角线标注板的数量和构件代号。目前各地的标注方法不同,应注意所选用的标准图集的图示方法,一般应包含数量、标志长度、板宽、板厚、荷载等级等内容。

预制钢筋混凝土梁的图示法:在结构平面图中,因为圈梁、过梁等均在板下配置,规定圈梁和其他过梁用粗虚线(单线)表示其位置,并在旁侧标注梁的构件代号和编号。

现浇钢筋混凝土板的图示方法:有些楼板因使用要求需现场浇筑,现浇板可另绘详图,并在结构平面布置图上只画一对角线,注明板的代号和编号,也可在板上直接绘出配筋图,并注明钢筋编号、直径、等级、数量等。

(4)详图

为了清楚地表达楼板与墙体(或梁)的构造关系,通常还要画出节点剖面放大详图,以便施工。在节点放大图中,应说明楼板或梁的底面标高和墙或梁的宽度尺寸。

楼层结构平面上的现浇构件可绘制详图。需注明形状、尺寸、配筋、梁底标高等以满足施工要求。

有时用详图表明构件之间的构造组合关系。

楼梯结构详图包括每层楼梯结构平面布置及剖面图,注明尺寸、构件代号、标高;梯梁TL、梯板 TB 详图(可用列表法绘制)。

节点详图阅读时应注意构件及断面的定型尺寸、配筋表达、标高等与结构平面图一致,与对应建筑详图无矛盾。

# 2.6　结构施工图识图示例

以附图一私人别墅为例,讲解如何识读结构施工图。

## 2.6.1　结构设计说明识读

结构设计说明的内容具有全局性、纲领性,是施工及预算的重要依据,需逐条认真阅读。

由附图结构设计总说明可知本工程按照国家建筑标准设计图集《混凝土结构施工图平面整体表示方法制图规则和构造详图》(03G 101—1)进行施工图设计,设计依据有《混凝土结构设计规范》(GB 50010—2002)、《建筑结构荷载规范》(GB 50009—2001)等等。还可知本工程结构类型为混合结构、抗震等级为四级、建筑物安全等级为二级等重要内容。

## 2.6.2　基础施工图

基础类型不同,基础施工图内容也有差异。无论采用何种基础类型,一般均先阅读基础平面图,再看基础详图。

基础平面图与详图识读要点如下所述。

(1) 阅读基础说明。了解基础类型、材料、构造要求及有关基础施工要求。

(2) 轴线网。对照建筑图中的底层平面图检查轴线网,两者必须一致。包括轴线位置、编号、轴线尺寸应正确无误。

(3) 根据建施底层平面的墙柱布置,检查基础梁、柱等构件的布置和定位尺寸是否正确,有无遗漏,基础布置应使基础平面形成封闭状。

(4) 检查各构件的尺寸是否标注齐全,有无遗漏和错误。

(5) 检查断面剖切符号是否齐全,基础详图是否正确、有无遗漏。

附图的基础平面布置图的定位轴线与建筑平面图相一致,从基础平面图中可以看到,共有 6 条横向定位轴线,编号分别为①、②、③、④、⑤、⑥;共有 8 条纵向定位轴线,编号分别为Ⓐ、Ⓑ、Ⓒ、Ⓓ、Ⓔ、Ⓕ、Ⓖ、Ⓗ。轴线间尺寸如基础平面图所示,不再详述。

基础平面布置图中的基础分为 JC1、JC2、JC3 和 JC4 共四种类型,JC1 为墙下条形基础,基础宽为 1 000 mm;JC2、JC3 和 JC4 为柱下独立基础,基础的尺寸分别为 1 400 mm×1 400 mm、1 600 mm×1 600 mm 和 2 000 mm×2 000 mm。基础底标高为−1.500 m,C10 混凝土垫层厚 100 mm。

## 2.6.3　柱平法施工图

柱平法施工图识读原则:先校对平面,后校对构件;先阅读各构件,再查阅节点与连接。

柱平法施工图识读要点如下所述。

(1) 阅读结构设计说明中的有关内容。

(2) 检查各柱的平面布置与定位尺寸。根据相应的建筑、结构平面图,查对各柱的平面布置与定位尺寸是否正确。特别应注意变截面处,上下截面与轴线的关系。

（3）从图中（断面注写方式）及表中（列表注写方式）逐一检查柱的编号、起止标高、断面尺寸、纵筋、箍筋、混凝土的强度等级。

（4）柱纵筋的搭接位置、搭接方法、搭接长度、搭接长度范围内的箍筋要求。

（5）柱与填充墙拉结。

从附图的柱平面布置图可以看出柱的种类与布置情况，有 Z1、Z2、Z3、Z4、Z5 五种。柱平法施工图采用截面注写方式，表达了截面方式和配筋具体数值。以 Z2 为例，Z2 从基础至顶段都是正方形截面，柱的断面尺寸 $b×h$ 为 300 mm×300 mm，全部配筋为 6 根直径为 16 的纵筋（受力筋），$φ8@100/200(2)$ 为箍筋的表达方式，$φ8$ 表示箍筋采用直径为 8 mm 的圆钢，括号里的 2 表示箍筋的肢数是双肢箍，@100/200 表示加密区间距 100 mm，非加密区间距 200 mm。

### 2.6.4  梁平法施工图的识读

梁平法施工图识读重点：根据建筑施工图门窗洞口尺寸、洞顶标高、节点详图等重点检查梁的断面尺寸及梁面相对标高等是否正确；逐一检查各梁跨数、配筋；对于平面复杂的结构，应特别注意正确区分主、次梁，并检查主梁的截面与标高是否满足次梁的支承要求。

梁平法施工图识读要点如下所述。

（1）根据相应建施平面图，校对轴线网、轴线编号、轴线尺寸。

（2）根据相应建施平面图的房间分隔、墙柱布置，检查梁的平面布置是否合理，梁轴线定位尺寸是否齐全、正确。

（3）仔细检查每一根梁编号、跨数、断面尺寸、配筋、相对标高。首先根据梁的支承情况、跨数分清主梁或次梁，检查跨数注写是否正确；若为主梁时应检查附加横向钢筋有无遗漏，断面尺寸、梁的标高是否满足次梁的支承要求；检查梁的断面尺寸及梁面相对标高与建筑施工图洞口尺寸、洞顶标高、节点详图等有无矛盾。检查集中标注的梁面通长钢筋与原位标注的钢筋有无矛盾；梁的标注有无遗漏；检查楼梯间平台梁、平台板是否设有支座。结合平法构造详图，确定箍筋加密区的长度、纵筋切断点的位置、锚固长度、附加横向钢筋及梁侧构造筋的设置要求等。异形断面梁还应结合断面详图看，且应与建筑施工图中的详图无矛盾。初学者可通过亲自翻样，画出梁的配筋立面图、剖面图、模板图，甚至画出各种钢筋的形状、计算钢筋的下料长度，加深对梁平法施工图的理解。

（4）检查各设备工种的管道、设备安装与梁平法施工图有无矛盾，大型设备的基础下一般均应设置梁。若有管道穿梁，则应预留套管，并满足构造要求。

（5）注意梁的预埋件是否有遗漏（如有设备或外墙有装修要求时）。

附图中梁平法施工图有一层梁配筋图、二层梁配筋图、阁楼层梁配筋图和屋面梁配筋图，都是在梁平面布置图上采用平面注写方式表达配筋。现以一层梁配筋图中位于②轴和④轴间的 LL5 为例说明梁平法施工图中平面注写方式的识读。LL5 有集中标注和原位标注，集中标注"LL5(1)240×400"表示第 5 号非框架梁连系梁为 1 跨，梁截面尺寸 $b×h$ 为 240 mm×400 mm；"$φ8@100/200(2)$"为箍筋的表达方式，$φ8$ 表示箍筋采用直径为 8 mm 的圆钢，括号里的 2 表示箍筋的肢数是双肢箍，@100/200 表示加密区间距 100 mm，非加密区间距 200 mm；"2B16；3B20"表示梁上部配置 2B16 的通长筋，梁下部配置 3B20 的通长筋。原位标注 3B16 表示梁支座上部纵筋 3B16。其他编号的梁也可按此方法一一识读，具体不再详述,其中直接画在柱上的鸭筋及直接画在主梁上的附加箍筋是采用原位标注。

### 2.6.5 楼(屋)面结构平面布置图的识读

楼(屋)面结构平面图的识读重点:对于预制板楼(屋)盖,重点检查梁、柱(剪力墙)的位置是否正确,预制构件的型号与数量是否正确,所选用的标准图是否与现行设计及施工规范、房屋的使用要求一致;对于现浇楼(屋)盖,重点检查梁、柱(剪力墙)布置位置是否正确,现浇板的板厚标注是否齐全、正确,结构标高是否与建筑设计相符,板配筋、板面钢筋的切断点位置标注是否齐全、正确,屋面板温度钢筋是否设置,预留洞口的尺寸与建筑及设备图是否一致,有无遗漏,洞口加筋是否明确,卫生间等易积水部位四周是否设置了混凝土翻边。

楼(屋)面结构平面图的识读要点如下所述。

(1) 对照相应建筑平面图,检查轴线编号、轴线尺寸、构件定位尺寸是否正确,有无遗漏。

(2) 结合建筑施工图检查各区格板四周梁、柱(构造柱)、剪力墙的布置是否正确。

(3) 结合建筑施工图查看楼、电梯间的位置、各种预留孔洞的位置、洞口加筋、水箱位置及编号是否正确(屋面有水箱时),雨篷、挑檐、空调搁板等位置是否正确,有无遗漏。

(4) 根据建筑施工图的建筑标高和楼面粉刷做法,检查板面结构标高是否正确,标注有无遗漏。

(5) 预制板楼(屋)盖时,应检查各区格板预制构件的数量、型号,明确板的搁置方向,板缝的大小应满足施工要求,当板支座处遇构造柱时,宜设置现浇板带。当预制板套用标准图时,应查阅标准图集,了解施工要求等。

(6) 现浇板楼(屋)盖时,应检查各区格板板底钢筋、支座负筋以及分布钢筋的直径、间距、钢筋种类及支座负筋的切断点位置,看有无错误或遗漏。

楼盖中板底跨中钢筋全部伸入支座锚固,采用 HPB 235 钢筋时末端应加 180°标准弯钩,弯钩平直段长度为 $3d$。中间支座时板底钢筋伸至支座中心线锚固,当相邻两跨配筋相同时应尽可能贯通。边支座与梁整浇时,板底钢筋伸至支座中心线锚固。支座板面钢筋末端做 90°弯钩,直钩高度为板厚度减去保护层厚度,以保证板面钢筋的正确位置,中间支座板面钢筋应贯通支座,当支座两侧板面标高不同时,支座钢筋应各自断开伸入支座对边锚固。边支座与梁整浇时板面钢筋伸至支座中心外侧,并加垂直弯钩。而屋面板钢筋一般为双层双向设置。

(7) 阅读说明及详图。阅读各详图的配筋、尺寸、标高等,并与建筑详图对照,检查有无矛盾。同时,结合结构说明的阅读,全面并准确地阅读楼(屋)面板结构平面图。

附图中楼(屋)面结构平面布置图有一层板配筋图、二层板配筋图、阁楼层板配筋图和屋面板配筋图,本工程楼(屋)面板均为现浇钢筋混凝土板,配筋图是直接在板上绘制的,注明了钢筋编号、直径、等级、数量等。

# 3 建筑工程定额

## 3.1 概述

### 3.1.1 定额的概念

定额是规定的额度,从广义地说,也是处理特定事物的数量界限。在工程建设中,为了完成某一工程项目,所需消耗一定数量的人力、物力和财力资源,这些资源的消耗是随着施工对象、施工方法和施工条件的变化而变化的。工程建设定额是指在正常的施工生产条件下,完成单位合格产品所消耗的人工、材料、施工机械及资金消耗的数量标准。不同的产品有不同的质量要求,不能把定额看成单纯的数量关系,而应看成是质量和安全的统一体。只有考察总体生产过程中的各生产因素,归结出社会平均必须的数量标准,才能形成定额。

实行定额的目的,是为了力求用最少的人力、物力和财力,生产出符合质量标准的合格建筑产品,取得最好的经济效益。定额既是使建筑安装活动中的计划、设计、施工、安装各项工作取得最佳经济效益的有效工具和杠杆,又是衡量、考核上述工作经济效益的尺度。

尽管管理科学在不断发展,但它仍然离不开定额。没有定额提供可靠的基本管理数据,任何好的管理和手段也不能取得理想的结果。所以,定额虽然是科学管理发展初期的产物,但它在企业管理中一直占有主要地位。定额是企业管理科学化的产物,也是科学管理的基础。我国40多年的工程建设定额管理工作经历了一个曲折的发展过程,现已逐渐完善,在经济建设中发挥着越来越重要的作用。最近几年,为了将定额工作纳入标准化管理的轨道,国家相继编制了一系列定额。1995年12月15日建设部编制颁发了《全国统一建筑工程基础定额》(土建工程)和《全国统一建筑工程预算工程量计算规则》。2009年由住房和城乡建设部标准定额司、人事教育司组织编制了《建设工程劳动定额》。建设部2003年颁发了《建筑工程工程量清单计价规范》,又于2008年颁布了新的《建筑工程工程量清单计价规范》,实行"量""价"分离的原则,使建筑产品的计价模式进一步适应市场经济体制,使定额成为生产、分配和管理的重要科学依据。

### 3.1.2 工程定额的特点

1) 科学性

工程定额的科学性包括两重含义。一重含义,是指工程定额与生产力发展水平相适应,反映出工程建设中生产消费的客观规律。另一重含义,是指工程定额管理在理论、方法和手段上适应现代科学技术和信息社会发展的需要。

工程定额的科学性,首先表现在用科学的态度制定定额,尊重客观实际,力求定额水平合理；其次表现在制定定额的技术方法上，利用现代科学管理的成就，形成一套系统的、完整的、在实践中行之有效的方法；第三，表现在定额制定和贯彻的一体化。制定定额是为了提供贯彻的依据，贯彻是为了实现管理的目标，也是对定额的信息反馈。

2）系统性

工程定额是相对独立的系统，它是由多种定额结合而成的有机的整体。它的结构复杂，层次鲜明，目标明确。工程定额的系统性是由工程建设的特点决定的。按照系统论的观点，工程建设就是庞大的实体系统。工程定额是为这个实体系统服务的，因而工程建设本身的多种类、多层次决定了以它为服务对象的工程定额的多种类、多层次。

3）统一性

工程定额的统一性，主要是由国家对经济发展的有计划的宏观调控职能决定的。为了使国民经济按照既定的目标发展，就需要借助于某些标准、定额、参数等，对工程建设进行规划组织、调节、控制。工程定额的统一性按照其影响力的执行范围来看，有全国统一定额、地区统一定额和行业统一定额等；按照定额的制定、颁布和贯彻使用来看有统一的程序、统一的原则、统一的要求和统一的用途。

4）指导性

随着我国建设市场的不断成熟和规范，工程定额尤其是统一定额原具备的指令性特点逐渐弱化，转而成为对整个建设市场和具体建设产品交易的指导作用。工程定额的指导性的客观基础是定额的科学性。只有科学的定额才能正确地指导客观的交易行为。工程定额的指导性体现在两个方面：一方面，工程定额作为国家各地区和行业颁布的指导性依据，可以规范建设市场的交易行为，在具体的建设产品定价过程中也可以起到相应的参考性作用，同时统一定额还可以作为政府投资项目定价以及造价控制的重要依据；另一方面，在现行的工程量清单计价方式下，体现交易双方自主定价的特点，投标人报价的主要依据是企业定额，但企业定额的编制和完善仍然离不开统一定额的指导。

5）稳定性与时效性

工程定额中的任何一种都是一定时期技术发展和管理水平的反映，因而在一段时间内都表现出稳定的状态。稳定的时间有长有短，一般在 5 年至 10 年之间。保持定额的稳定性是维护定额的指导性所必需的，更是有效地贯彻定额所必要的。如果某种定额处于经常修改变动之中，那么必然造成执行中的困难和混乱，很容易导致定额指导作用的丧失。工程定额的不稳定也会给定额的编制工作带来极大的困难。但是工程定额的稳定性是相对的，当生产力向前发展时，定额就会与生产力不相适应。这样，它原有的作用就会逐步减弱以至消失，需要重新编制或修订。

## 3.1.3　工程定额的分类

1）按定额的用途分类

按定额的用途，可以把工程定额分为施工定额、预算定额、概算定额、概算指标、投资估算指标五种。

（1）施工定额。施工定额是施工企业（建筑安装企业）组织生产和加强管理在企业内部使用的一种定额，属于企业定额的性质。施工定额是以同一性质的施工过程——工序作为对象编制，表示生产产品数量与生产要素消耗综合关系的定额。为了适应组织生产和管理的需要,施工定额的项目划分很细,是工程定额中分项最细、定额子目最多的一种定额,也是工程定额中的基础性定额。

(2)预算定额。预算定额是在编制施工图预算阶段,以工程中的分项工程和结构构件为对象编制,用来计算工程造价和计算工程中的劳动、机械台班、材料需要量的定额。预算定额是一种计价性定额。从编制程序上看,预算定额是以施工定额为基础综合扩大编制的,同时它也是编制概算定额的基础。

(3)概算定额。概算定额是以扩大分项工程或扩大结构构件为对象编制的,是计算和确定劳动、机械台班、材料消耗量所使用的定额,也是一种计价性定额。概算定额是编制扩大初步设计概算,确定建设项目投资额的依据。概算定额的项目划分粗细,与扩大初步设计的深度相适应,一般是在预算定额的基础上综合扩大而成的,每一综合分项概算定额都包含了数项预算定额。

(4)概算指标。概算指标的设定和初步设计的深度相适应,比概算定额更加综合扩大。概算指标是概算定额的扩大与合并,它是以整个建筑物和构筑物为对象,以更为扩大的计量单位来编制的。概算指标的内容包括劳动、机械台班、材料定额三个基本部分,同时还列出了各结构分部的工程及单位建筑工程(以体积计或面积计)的造价,是一种计价定额。

(5)投资估算指标。投资估算指标是在项目建议书和可行性研究阶段编制投资估算、计算投资需要量时使用的一种定额。投资估算指标非常概略,往往以独立的单项工程或完整的工程项目为计算对象,编制内容是所有项目费用之和。它的概略程度与可行性研究阶段相适应。投资估算指标往往根据历史的预、决算资料和价格变动等资料编制,但其编制基础仍然离不开预算定额和概算定额。

上述各定额之间的关系见表 3-1。

表 3-1　各种定额间关系比较

| 定额分类 | 施工定额 | 预算定额 | 概算定额 | 概算指标 | 投资估算指标 |
|---|---|---|---|---|---|
| 对象 | 工序 | 分项工程 | 扩大的分项工程 | 整个建筑物或构筑物 | 独立的单项工程或完整的工程项目 |
| 用途 | 编制施工预算 | 编制施工图预算 | 编制扩大初步设计概算 | 编制初步设计概算 | 编制投资估算 |
| 项目划分 | 最细 | 细 | 较粗 | 粗 | 很粗 |
| 定额水平 | 平均先进 | 平均 | 平均 | 平均 | 平均 |
| 定额性质 | 生产性定额 | 计价性定额 | | | |

2)按定额反映的生产要素消耗内容分类

按定额反映的生产要素消耗内容,可以把工程定额划分为劳动消耗定额、机械消耗定额和材料消耗定额三种。

(1)劳动消耗定额。简称劳动定额(也称为人工定额),是指完成一定数量的合格产品(工程实体或劳务)规定活劳动消耗的数量标准。劳动定额的主要表现形式是时间定额,但同时也表现为产量定额,时间定额与产量定额互为倒数。

(2)机械消耗定额。机械消耗定额是以一台机械一个工作班为计量单位,所以又称为机械台班定额。机械消耗定额是指为完成一定数量的合格产品(工程实体或劳务)所规定的施工机械消耗的数量标准。机械消耗定额的主要表现形式是机械时间定额,同时也以产量定额表现。

(3)材料消耗定额。简称材料定额,是指完成一定数量的合格产品所需消耗的原材料、成品、半成品、构配件、燃料以及水、电等动力资源的数量标准。

3)按照适用范围分类

按照适用范围,可将工程定额分为全国通用定额、行业通用定额和专业专用定额三种。全国通用定额是指在部门间和地区间都可以使用的定额;行业通用定额是指具有专业特点,在行业部门内可以通用的定额;专业专用定额是特殊专业的定额,只能在指定的范围内使用。

4)按主编单位和管理权限分类

按主编单位和管理权限,工程定额可以分为全国统一定额、行业统一定额、地区统一定额、企业定额、补充定额五种。

5)按其适用目的分类

(1)建筑工程定额。是建筑工程的施工定额、预算定额、概算定额和概算指标的统称。

(2)设备安装工程定额。是安装工程施工定额、预算定额、概算定额和概算指标的统称。

(3)建筑安装工程费用定额。

(4)工器具定额。是为新建或扩建项目投产运转首次配置的工器具数量标准。

(5)工程建设其他费用定额。是独立与建筑安装工程设备和工器具购置之外的其他费用开支的标准。

上述各种定额虽然适用于不同的情况和用途,但是它们是一个互相联系的、有机的整体,在实际工作中配合使用。

# 3.2 预算定额

## 3.2.1 预算定额的概念、作用、种类

1)预算定额的概念

预算定额是指在合理的施工组织设计、正常施工条件下,生产一个规定计量单位合格结构件、分项工程所需的人工、材料和机械台班的社会平均消耗量标准。预算定额是工程建设中的一项重要的技术经济文件,是编制施工图预算的主要依据,是确定和控制工程造价的基础。

预算定额是工程建设中的一项重要的技术经济文件,它的各项指标,反映了在完成规定计量单位符合设计标准和施工及验收规范要求的分项工程消耗的劳动和物化劳动的数量限度。这种限度最终决定着单项工程和单位工程的成本和造价。

预算定额是编制施工图预算的主要依据,需要按照施工图纸的工程量计算工程量,还需

要借助于某些可靠的参数计算人工、材料、机械(台班)的耗用量,并在此基础上计算出资金的需要量,计算出建筑安装工程的价格。

2) 预算定额的用途和作用

(1) 预算定额是编制施工图预算、确定建筑安装工程造价的基础。施工图设计一经确定,工程预算造价就取决于预算定额水平和人工、材料及机械台班的价格。预算定额起着控制劳动消耗、材料消耗和机械台班使用的作用,进而起着控制建筑产品价格的作用。

(2) 预算定额是编制施工组织设计的依据。施工组织设计的重要任务之一,是确定施工中所需人力、物力的供求量,并做出最佳安排。施工单位在缺乏本企业的施工定额的情况下,根据预算定额,亦能够比较精确地计算出施工中各项资源的需要量,为有计划地组织材料采购和预制件加工、劳动力和施工机械的调配,提供了可靠的计算依据。

(3) 预算定额是工程结算的依据。工程结算是建设单位和施工单位按照工程进度对已完成的分部分项工程实行货币支付的行为。按进度支付工程款,需要根据预算定额将已完分项工程的造价算出。单位工程验收后,再按竣工工程量、预算定额和施工合同规定进行结算,以保证建设单位建设资金的合理使用和施工单位的经济收入。

(4) 预算定额是施工单位进行经济活动分析的依据。预算定额规定的物化劳动和劳动消耗指标,是施工单位在生产经营中允许消耗的最高标准。目前,预算定额决定着施工单位的收入,施工单位就必须以预算定额作为评价企业工作的重要标准,作为努力实现的目标。施工单位可根据预算定额对施工中的劳动、材料、机械的消耗情况进行具体的分析,以便找出并克服低功效、高消耗的薄弱环节,提高竞争能力。只有施工中尽量降低劳动消耗,采用新技术,提高劳动者素质,提高劳动生产率,才能取得较好的经济效益。

(5) 预算定额是编制概算定额的基础。概算定额是在预算定额基础上综合扩大编制的。利用预算定额作为编制依据,不但可以节省编制工作的大量人力、物力和时间,收到事半功倍的效果,还可以使概算定额在水平上与预算定额保持一致,以免造成执行中的不一致。

(6) 预算定额是合理编制招标控制价、投标报价的基础。在深化改革中,预算定额的指令性作用将日益削弱,而施工单位按照工程个别成本报价的指导性作用仍然存在。因此,预算定额作为编制招标控制价的依据和施工企业报价的基础性作用仍将存在,这也是由于预算定额本身的科学性和指导性决定的。

3) 预算定额的种类

按专业性质分,预算定额有建筑工程定额和安装工程定额两大类。建筑工程定额按专业对象分为建筑工程预算定额、市政工程预算定额、铁路工程预算定额、公路工程预算定额、房屋修缮工程预算定额、矿山井巷工程预算定额等。安装工程预算定额按专业对象分为电气设备安装工程预算定额、机械设备安装工程预算定额、通信设备安装工程预算定额、化学工业设备安装工程预算定额、工业管道安装工程预算定额、工艺金属结构安装工程预算定额、热力设备安装工程预算定额等。

从管理权限和执行范围划分,预算定额可以分为全国统一定额、行业统一定额和地区统一定额等。全国统一定额由国务院建设行政主管部门组织制定发行,行业统一定额由国务院行业主管部门制定,地区统一定额由省、自治区、直辖市建设行政主管部门制定。

预算定额按生产要素分为劳动定额、机械定额和材料消耗定额,但是它们相互依存形成一个整体,作为编制预算定额的依据,各自不具有独立性。

## 3.2.2 预算定额的编制原则和方法

1) 预算定额的编制原则、依据

（1）预算定额的编制原则

为保证预算定额的质量，充分发挥预算定额的作用和在实际使用中简便，在编制预算定额的工作中应该遵循以下原则：

① 按社会平均水平确定预算定额的原则

预算定额是确定和控制建筑工程造价的主要依据，因此它必须遵照价值规律的客观要求，即按生产过程中所消耗的社会必要劳动时间确定定额水平。即按照"在现有的社会正常的生产条件下，在社会平均的劳动熟练程度和劳动强度下制造某种使用价值所需要的劳动时间"来确定定额水平。

预算定额的水平以大多数施工单位的施工水平为基础。但是，预算定额决不是简单的套用施工定额的水平。首先，在比施工定额的工作内容综合扩大的预算定额中，也包含了更多的可变因素，需要保留合理的幅度差。其次，预算定额应当是平均水平，而施工定额是平均先进水平，两者相比，预算定额水平要相对低一些，但是应限制在一定范围内。

② 简明适用的原则

一是指在编制预算定额时，对于那些主要的、常用的、价值量大的项目，分项工程划分宜细；次要的、不常用的、价值量相对较小的项目则可以粗一些。二是指预算定额要项目齐全。要注意补充那些因采用新技术、新结构、新材料而出现的新的定额项目。如果项目不全，缺项多，就会使计价工作缺少充足可靠的依据。补充定额一般因资料所限，费时费力，可靠性较差，容易引起争执。对预算定额的活口也要设置适当。所谓活口，即在定额中规定，当符合一定条件时，允许该定额另行调整。在编制中要尽量不留活口，对实际情况变化较大、影响定额水平幅度大的项目，确需留的，也应该从实际出发尽量少留；即使留有活口，也要注意尽量规定换算方法，避免采取按实计算。三是要求合理确定预算定额的计算单位，简化工程量的计算，尽可能地避免同一种材料用不同的计量单位和一量多用，尽量减少定额附注和换算系数。

③ 坚持统一性和差别性相结合的原则

所谓统一性，就是从培育全国统一市场规范计价行为出发，计价定额的制订规划和组织实施由国务院建设行政主管部门归口，并负责全国统一定额制定或修订，颁发有关工程造价管理的规章制度办法等，这样就有利于通过定额和工程造价的管理实现建筑安装工程价格的宏观调控。通过编制全国统一定额，使建筑安装工程具有一个统一的计价依据，也使考核设计和施工的经济效果具有一个统一的效果。所谓差别性，就是在统一性的基础上，各部门和省、自治区、直辖市主管部门可以在自己的管辖范围内，根据本部门和本地区的具体情况，制定部门和地区性定额、补充性制度和管理办法，以适应我国幅员辽阔，地区间部门发展不平衡和差异大的实际情况。

（2）预算定额编制的依据

① 现行劳动定额和施工定额。预算定额是在现行劳动定额和施工定额的基础上编制的。预算定额中人工、材料、机械台班消耗水平，需要依据劳动定额或施工定额取定；预算定额的计算单位的选择，也要以施工定额为参考，从而保证两者的协调和可比性，减少预算定

额的编制工作量,缩短编制时间。

② 现行设计规范、施工及验收规范、质量评定标准和安全操作规程。预算定额在确定人工、材料、机械台班消耗数量时,必须考虑上述各项规范的要求和规定。

③ 具有代表性的典型工程施工图及有关标准图。对这些图纸进行仔细分析研究,并计算出工程数量,作为编制定额时选择施工方法确定定额含量的依据。

④ 新技术、新结构、新材料和先进的施工方法等。这类资料是调整定额水平和增加新的定额项目所必需的依据。

⑤ 有关科学试验、技术测定的统计、经验资料。这类文件是确定定额水平的重要依据。

⑥ 现行的预算定额、材料预算价格及有关文件规定等,包括过去定额编制过程中积累的基础资料,也是编制预算定额的依据和参考。

2) 预算定额的编制方法

预算定额中的人工、材料、机械台班消耗指标必须先按施工定额的分项逐项计算出来,然后再按预算定额的项目加以综合。但是,这种综合不是简单的相加和合并,而是需要在综合过程中增加两种定额之间的适当的水平差。预算定额的水平,首先取决于这些消耗量的合理确定。人工、材料和机械台班消耗量指标,应根据定额编制原则和要求,采用理论与实际相结合、图纸计算与施工现场测算相结合、编制人员与现场工作人员相结合等方法进行计算和确定,使定额既符合政策要求,又与客观情况一致,便于贯彻执行。

(1) 预算定额中人工工日消耗量

人工工日消耗量的确定有两种方法。一种是以劳动定额为基础确定;另一种是以现场观察测定资料为基础计算,主要用于遇到劳动定额缺项时,采用现场工作日写实等测时方法查定和计算定额的人工耗用量。预算定额中人工工日消耗量是指在正常施工条件下,生产单位合格产品所必需消耗的人工工日数量,是由分项工程所综合的各个工序劳动定额包括的基本用工、其他用工两部分组成的。

① 基本用工

基本用工是指完成一定计量单位的分项工程或结构构件的各项工作过程的施工任务所必需消耗的技术工种用工。如砌墙工程中的砌砖、调制砂浆、运砖、运砂浆的用工量。按技术工种相应劳动定额工时定额计算,以不同工种列出定额工日。基本用工计算公式如下:

$$基本用工 = \sum(综合取定的工程量 \times 劳动定额)$$

例如,工程实际中的砖基础,有 1 砖厚、1 砖半厚、2 砖厚等之分,用工各不相同,在预算定额中由于不区分厚度,需要按照统计的比例,加权平均,得出综合的人工消耗。上述公式是完成定额计量单位的主要用工,按综合取定的工程量和相应的劳动定额进行计算。

由于预算定额是以施工定额子目综合扩大的,包括的工作内容较多,施工的工效视具体部位而不一样,这时需要另外增加用工,也列入基本用工内。例如,砖基础埋深超过 1.5 m,超过的部分要增加用工。在预算定额中应按一定比例给予增加。

② 其他用工

其他用工是辅助基本用工所消耗的工日,包括超运距用工、辅助用工和人工幅度差用工。

a. 超运距用工是指劳动定额中已包括的材料、半成品场内水平搬运距离与预算定额所考虑的现场材料半成品堆放地点到操作地点的水平搬运距离之差。

$$超运距＝预算定额取定运距—劳动定额已包括的运距$$

$$超运距用工＝\sum（超运距材料数量×时间定额）$$

需要指出的是，实际工程现场运距超过预算定额取定运距时，可另行计算现场二次搬运费。

b. 辅助用工是指技术工种劳动定额内不包括而在预算定额内又必须考虑的用工。例如，机械土方工程配合用工、材料加工（筛砂子、洗石、淋石灰膏）、电焊点火用工等。计算公式如下：

$$辅助用工＝\sum（材料加工数量×相应的加工劳动定额）$$

c. 人工幅度差，即预算定额与劳动定额的差额，主要是指在劳动定额中未包括而在正常施工情况下不可避免但又很难准确计量的用工和各种工时损失。内容包括：各工种间的工序搭接及交叉作业相互配合或影响所发生的停歇用工；施工机械在单位工程之间转移及临时水电线路移动所造成的停工；质量检查和隐蔽工程验收工作的影响；班组操作地点转移用工；工序交接时对前一工序不可避免的修整用工；施工中不可避免的其他零星用工。人工幅度差计算公式如下：

$$人工幅度差＝（基本用工＋辅助用工＋超运距用工）×人工幅度差系数$$

人工幅度差系数一般为 $10\%\sim15\%$。在预算定额中，人工幅度差的用工量列入其他用工量中。

（2）预算定额中材料消耗量

材料消耗量是完成单位合格产品所必须消耗的材料数量，按用途分为四种：主要材料、辅助材料、周转性材料、其他材料。

主要材料：指构成工程实体的大宗性材料。如砖、水泥、砂等。

辅助材料：是构成工程实体除主要材料以外的、比重较少的材料。如垫木钉子、铅丝等。

周转性材料：指在施工中能反复多次周转使用的不构成工程实体的工具性材料。如脚手架、模板等。

其他材料：指用量较少，价值不大、难以计量的零星材料。如棉纱、线绳、编号用的油漆等。

材料消耗量的计算方法有：

凡有标准规格的材料，按规范要求计算定额计量单位的耗用量，如砖、卷材、块料面层等。

凡设计图纸标注尺寸及下料要求的按设计图纸尺寸计算材料净用量，如门窗制作用材料，方、板料等。

换算法。各种胶结、涂料等材料的配合比用料，可以根据要求条件换算，得出材料用量。

测定法。包括实验室实验法和现场观察法。指各种强度等级的混凝土及砌筑砂浆配合比的耗用原材料数量的计算，需按照规范要求试配经过试压合格以后并经过必要的调整后得出的水泥、砂子、石子、水的用量。对新材料、新结构又不能用其他方法计算定额消耗用量时，需用现场测定法来确定，根据不同条件可以采用写实记录法和观察法，得出定额的消耗量。

材料的消耗量的计算公式如下：

$$材料损耗率 = \frac{损耗量}{净用量} \times 100\%$$

材料损耗量 = 材料净用量 × 损耗率(%)

材料消耗量 = 材料净用量 + 损耗量 = 材料净用量 × [1 + 损耗率(%)]

(3) 预算定额中机械台班消耗量

预算定额中的机械台班消耗量是指在正常施工条件下，生产单位合格产品(分部分项工程或结构构件)必须消耗的某种型号施工机械的台班数量。

根据施工定额确定机械台班消耗量的计算。这种方法是指施工定额或劳动定额中机械台班产量加机械幅度差计算预算定额的机械台班消耗量。

机械台班幅度差是指在施工定额中所规定的范围内没有包括，而在实际施工中又不可避免产生的影响机械或使机械停歇的时间。其内容包括：施工机械转移工作面及配套机械相互影响损失的时间；在正常施工条件下，机械在施工中不可避免的工序间歇；工程开工或收尾时工作量不饱满所损失的时间；检查工程质量影响机械操作的时间；临时停机、停电影响机械操作的时间；机械维修引起的停歇时间。

大型机械幅度差系数为：土方机械 25%，打桩机械 33%，吊装机械 30%。砂浆、混凝土搅拌机由于按小组配用，以小组产量计算机械台班产量，不另增加机械幅度差。其他分部工程中如钢筋加工、木材、水磨石等各项专用机械的幅度差为 10%。

综上所述，预算定额的机械台班消耗量按下式计算：

预算定额机械耗用台班 = 施工定额机械耗用台班 × (1 + 机械幅度差系数)

# 3.3 预算定额的使用

## 3.3.1 《江苏省建筑与装饰工程计价表》介绍

要正确使用预算定额，首先应熟悉定额的总说明，册、章、节说明，以及附注等有关文字说明的部分，以便了解定额有关规定及说明、工程量计算规则、施工操作方法、项目的工作内容及调整的规定要求等。预算定额有的可以直接套用，但有的需要调整换算后才能套用。其次必须知道预算定额中的基价的组成。本书以《江苏省建筑与装饰工程计价表》(2004年)(简称"04 计价表")举例说明。

1) 04 计价表的作用

(1) 编制工程标底、招标工程结算审核的指导。

(2) 工程投标报价、企业内部核算、制定企业定额的参考。

(3) 一般工程(依法不招标工程)编制与审核工程预结算的依据。

(4) 编制建筑工程概算定额的依据。

(5) 建设行政主管部门调解工程造价纠纷、合理确定工程造价的依据。

2) 04 计价表适用范围

适用于江苏省行政区域范围内一般工业与民用建筑的新建、扩建、改建工程及其单独装饰工程,不适用于修缮工程。全部使用国有资金投资或以国有资金投资为主的建筑与装饰工程应执行本计价表;其他形式投资的建筑与装饰工程可参照使用本计价表;当工程施工合同约定按本计价表规定计价时,应遵守本计价表的相关规定。

3) 04 计价表中定额基价组成

综合单价组成,本计价表中的综合单价由人工费、材料费、机械费、管理费、利润五项费用组成(注:计价规范中还规定风险费),公式如下。本计价表中人工工资标准分三类:一类工,28 元/工日;二类工,26 元/工日;三类工,24 元/工日。

综合单价=人工费+材料费+机械费+管理费+利润

其中　　　　管理费=(人工费+机械费)×管理费费率

利润=(人工费+机械费)×利润率

一般建筑工程、单独打桩与制作兼打桩项目的管理费与利润,已按照三类工程标准计入综合单价内,本计价表中的管理费费率见表 3-2;一、二类工程和单独装饰工程应根据《江苏省建筑与装饰工程费用计算规则》规定,对管理费和利润进行调整后计入综合单价内。

表 3-2　建筑工程管理费、利润取费标准表

| 工程名称 | 计算基础 | 管理费费率(%) | | | 利润率(%) |
| --- | --- | --- | --- | --- | --- |
| | | 一类工程 | 二类工程 | 三类工程 | |
| 建筑工程 | 人工费+机械费 | 35 | 30 | 25 | 12 |
| 预制构件制作 | | 17 | 15 | 13 | 6 |
| 构件吊装 | | 12 | 10.5 | 9 | 5 |
| 制作兼打桩 | | 19 | 16.5 | 14 | 8 |
| 打预制桩 | | 15 | 13 | 11 | 6 |
| 机械施工大型土石方工程 | | 7 | 6 | 5 | 4 |

在 04 计价表中的类别划分可见表 3-3。

表 3-3　建筑工程类别划分

| 工程类型 | | | 单位 | 工程类别划分标准 | | |
| --- | --- | --- | --- | --- | --- | --- |
| | | | | 一类 | 二类 | 三类 |
| 工业建筑 | 单层 | 檐口高度 | m | ≥20 | ≥16 | <16 |
| | | 跨度 | m | ≥24 | ≥18 | <18 |
| | 多层 | 檐口高度 | m | ≥30 | ≥18 | <18 |
| 民用建筑 | 住宅 | 檐口高度 | m | ≥62 | ≥34 | <34 |
| | | 层数 | 层 | ≥22 | ≥12 | <12 |
| | 公共建筑 | 檐口高度 | m | ≥56 | ≥30 | <30 |
| | | 层数 | 层 | ≥18 | ≥10 | <10 |

**续表 3－3**

| 工程类型 | | | 单位 | 工程类别划分标准 | | |
|---|---|---|---|---|---|---|
| | | | | 一类 | 二类 | 三类 |
| 构筑物 | 烟囱 | 混凝土结构高度 | m | ≥100 | ≥50 | ＜50 |
| | | 砖结构高度 | m | ≥50 | ≥30 | ＜30 |
| | 水塔 | 高度 | m | ≥40 | ≥30 | ＜30 |
| | 筒仓 | 高度 | m | ≥30 | ≥20 | ＜20 |
| | 贮池 | 容积(单体) | m³ | ≥2 000 | ≥1 000 | ＜1 000 |
| | 栈桥 | 高度 | m | — | ≥30 | ＜30 |
| | | 跨度 | m | — | ≥30 | ＜30 |
| 大型机械吊装工程 | | 檐口高度 | m | ≥20 | ≥16 | ＜16 |
| | | 跨度 | m | ≥24 | ≥18 | ＜18 |
| 大型土石方工程 | | 挖或填土(石)方容量 | m³ | ≥5 000 | | |
| 桩基础工程 | | 预制混凝土(钢板)桩长 | m | ≥30 | ≥20 | ＜20 |
| | | 灌注混凝土桩长 | m | ≥50 | ≥30 | ＜30 |

04 计价表计价项目中规定的工作内容,均包括完成该项目过程的全部工序以及施工过程中所需的人工、材料、半成品和机械台班数量。除计价表中有规定允许调整外,其余不得因具体工程的施工组织设计、施工方法和工、料、机等耗用与计价表有出入而调整计价表用量。

计价表项目中带括号的材料价格供选用,不包含在综合单价内。部分计价表项目在引用了其他项目综合单价时,引用的项目综合单价列入材料费一栏,但其五项费用数据在项目汇总时已作拆解分析,使用中应予以注意。

### 3.3.2 直接套用定额项目

当工程项目的设计要求、施工条件及施工方法等与定额项目的内容、规定完全一致时,可以直接套用定额。

**【例 3－1】** 某三类工程项目,根据地质勘探报告,土壤类别为三类,无地下水,挖土深1.8 m,土方采用人工开挖,按 04 计价表的工程量计算规则土方工程量为 400 m³,套用相应04 计价表的定额计算合价。

**【解】** 根据 04 计价表,查得定额编号为:1—24,该项目与定额做法完全一致,可以直接套用定额。

| 定额编号 | 项目名称 | 计量单位 | 数量 | 综合单价 | 合价(元) |
|---|---|---|---|---|---|
| 1—24 | 人工挖地槽三类干土深度 3 m 内 | m³ | 400 | 16.77 | 6 708.0 |

### 3.3.3 合并套用定额项目

当工程项目的设计要求、施工条件及施工方法等与单独一项定额项目的内容、规定不完全一致时,有时可以套用两个或更多定额方能与设计要求相符,这就是合并套用定额。下面举几个例子。

【例 3-2】 求用双轮车运土 100 $m^3$,运距 200 m 的预算价格。

【解】 查《江苏省建筑与装饰工程计价表》

定额编号:1—92 单双轮车运土运距 50 m 以内

1—95 单双轮车运土运距 500 m 以内每增加 50 m

为了满足题目的条件,在使用时将这两个定额子目合并使用,即

$$(1-92)+(1-95)\times 3$$

综合综合单价:$6.25+1.18\times 3=9.79$ 元/$m^3$

| 定额编号 | 项 目 名 称 | 计量单位 | 数量 | 综合单价 | 合价(元) |
|---|---|---|---|---|---|
| (1—92)+(1—95)×3 | 人工挖地槽三类干土深度 3 m 内 | $m^3$ | 100 | 9.79 | 979.0 |

【例 3-3】 某工程屋面采用 C20 细石混凝土刚性防水层 50 mm 厚有分隔缝,防水面积为 1 000 $m^2$,求合价。

【解】 查《江苏省建筑与装饰工程计价表》

定额编号:9—72 细石混凝土有分隔缝 40 mm 厚

9—74 细石混凝土每增(减)5 mm

为了满足题目的条件,在使用时将这两个定额子目合并使用,即

$$(9-72)+(9-74)\times 2$$

综合综合单价:$211.07+13.97\times 2=239.01$ 元/10 $m^2$

| 定额编号 | 项 目 名 称 | 计量单位 | 数量 | 综合单价 | 合价(元) |
|---|---|---|---|---|---|
| (9—72)+(9—74)×2 | 细石混凝土有分隔缝 50 mm 厚 | 10 $m^2$ | 100 | 239.01 | 23 901.00 |

【例 3-4】 某工程 C20 混凝土直行楼梯,楼梯的水平投影面积 12.97 $m^2$,按图计算楼梯的混凝土量为 2.777 $m^3$,套相应定额,计算合价。

【解】 查《江苏省建筑与装饰工程计价表》

定额编号:5—37 直行楼梯

5—42 楼梯、雨篷、阳台混凝土含量每增减

为了满足题目的条件,在使用时将这两个定额子目合并使用。

根据定额 5—37 中混凝土量设计含量为:$12.97\times 0.206=2.67$ $m^3$

图纸中混凝土的设计含量为:$2.777\times 1.015=2.82$ $m^3$

楼梯混凝土增加量为:$2.82-2.67=0.15$ $m^3$

| 定额编号 | 项目名称 | 计量单位 | 数量 | 综合单价 | 合价(元) |
|---|---|---|---|---|---|
| 5—37 | 直行楼梯 | 10 m² | 1.297 | 544.26 | 705.91 |
| 5—42 | 楼梯、雨篷、阳台混凝土含量每增减 | m³ | 0.15 | 261.19 | 39.18 |
| 合　　计 | | | | | 745.09 |

### 3.3.4　换算后套用定额

当施工图纸设计的分部分项工程与所选套的预算定额项目内容不完全一致时,如定额规定允许换算,则应在定额范围内进行换算,套用换算后的定额综合单价。当采用换算后综合单价时,应在原定额编号右下角注明"换"字,以示区别。

通常定额的换算有以下几种类型:① 砂浆的换算;② 混凝土的换算;③ 定额说明的有关换算;④ 管理费的换算。下面就举几个例题来解释。

#### 1) 砂浆的换算

由于施工图中砂浆强度等级与定额中的砂浆强度等级不同时,而引起砌筑工程或抹灰工程相应定额综合单价的变动,必须进行换算。在换算过程中,其换算的实质是换价不换量。

具体换算中我们先了解一下换算的步骤:

(1) 在图纸中找出相应分项工程项目设计的砂浆配合比,接着查找相应定额子目。

(2) 从定额子目中直接查出砂浆或从"计价表"下册的附录四(P1068~1083)中查出砂浆配合比,找出定额中规定的砂浆及图纸中设计的砂浆,这两种砂浆的每立方米的单价。

(3) 计算两种砂浆单价的价差。

$$两种砂浆单价的价差＝设计砂浆对应的单价－原定额砂浆单价$$

(4) 从定额项目表中查出砂浆的定额消耗量,以及该分项工程的定额综合单价。

(5) 计算该分项工程换算后的定额综合单价,见下式:

换算后的综合单价＝换算前原定额综合单价＋砂浆定额用量×两种砂浆单价的价差

或　　　　换算后的综合单价＝换算前原定额综合单价＋应换算材料的定额用量

$$×(换入材料的单价－换出材料的单价)$$

(6) 换算后的定额应在原编号右边加一个"换"字。

【例 3-5】　某中学教学楼的砌筑砖基础工程的工程量 100 m³,设计采用 M7.5 水泥砂浆砌筑,计算砖基础工程的合价。

【解】　(1) 查找砖基础定额,定额编号为"3—1",设计采用的是 M7.5 水泥砂浆。

(2) 从定额"3—1"中直接查出,或从定额的砌筑砂浆配合比表中(附录四 P1068~1083),查出原定额中采用的是 M5 水泥砂浆,单价为 122.78 元/m³;设计图中采用 M7.5 水泥砂浆的单价为 124.46 元/m³。

(3) 计算两种不同强度等级水泥砂浆的单价价差:

$$124.46－122.78＝1.68 元/m³$$

(4) 从定额表中查出砖砌基础每立方米的水泥砂浆消耗量为 0.242 m³,原定额综合单价为 185.80 元,定额编号"3—1"。

（5）计算换算后的定额综合单价为：

$$185.80+0.242\times1.68=186.21 \text{ 元/m}^3$$

或

$$185.80-173.92+174.33=186.21 \text{ 元/m}^3$$

（6）换算后的定额编号应写成"3—1 换"。

| 定额编号 | 项 目 名 称 | 计量单位 | 数量 | 综合单价 | 合价（元） |
|---|---|---|---|---|---|
| 3—1 换 | 砖基础 | m³ | 100 | 186.21 | 18 621.00 |

2）混凝土的换算

由于施工图中设计的混凝土强度等级与定额中的混凝土强度等级不同，而引起定额综合单价的变动，必须对定额综合单价进行换算。其换算的实质是换价不换量，换算的步骤基本与砂浆的换算相同。

【例 3 - 6】 某办公楼工程的现浇钢筋混凝土矩形柱工程量 100 m³，用 C35 混凝土（中砂碎石 31.5 mm）浇筑，试计算 C35 现浇钢筋混凝土矩形柱的合价。

【解】 （1）查找现浇混凝土柱的定额，定额编号"5—13"。

（2）从定额"5—13"中直接查出，或从"计价表"下册中附录三（P1024）查出混凝土的单价，每立方米 C30 和 C35 混凝土的单价分别为 192.87 元和 206.31 元（碎石最大粒径31.5 mm）。

（3）计算两种混凝土的单价价差：206.31—192.87=13.44 元/m³

（4）从定额项目表中查出，每"m³"现浇钢筋混凝土矩形柱的混凝土消耗量为0.985 m³，定额综合单价为 277.28 元，定额编号"5—13"。

（5）计算换算后的定额综合单价为：

$$277.28+0.985\times13.44=290.52 \text{ 元/m}^3$$

或

$$277.28-189.98+203.22=290.52 \text{ 元/m}^3$$

（6）换算后的定额编号应写成"5—13 换"。

| 定额编号 | 项 目 名 称 | 计量单位 | 数量 | 综合单价 | 合价（元） |
|---|---|---|---|---|---|
| 5—13 换 | C35 矩形柱 | m³ | 100 | 290.52 | 29 052.00 |

3）定额说明的有关换算

根据"04 计价表"中说明和定额子目下的备注的内容进行定额综合单价的调整。

【例 3 - 7】 采用 75 kW 的推土机平整场地，工程量为 2 000 m²，求其合价。

【解】 （1）套用相近定额

查"04 计价表"上册 P42，子目 1—259，定额综合单价 378.50 元/1 000 m²。

（2）定额换算

根据定额子目说明注 2：当道路及场地平整的工程量少于 4 000 m² 时，定额中的机械含量乘以系数 1.18。从定额中查出机械含量 0.575，机械费 252.28 元。

| 原综合单价 | 378.50 元 |
| 增机械费 | 0.18×252.28＝45.41 元 |
| 增管理费 | 45.41×25%＝11.35 元 |
| 增利润 | 45.41×12%＝5.45 元 |
| 换算后综合单价 | ∑＝440.71 元 |

| 定额编号 | 项 目 名 称 | 计量单位 | 数量 | 综合单价 | 合价(元) |
|---|---|---|---|---|---|
| 1—259 换 | 平整场地(推土机 75 kW) | 1 000 m² | 2 | 440.71 | 881.42 |

**【例 3-8】** 某办公室踢脚线设计长为 300 m,采用水泥砂浆踢脚线,200 mm 高。试计算此项目的合价单价。

**【解】** (1)套用相近定额

查"04 计价表"下册 P480,子目 12—27,水泥砂浆踢脚线,综合单价＝25.07 元/10 m,材料费＝7.41 元/10 m。

(2)定额换算

根据定额子目说明注 1:踢脚线高度按 15 cm 计算,如高度不同时,材料按比例换算,其他不变。

| 原综合单价 | 25.07 元 |
| 增材料费 | 7.41×(200÷150−1)＝2.47 元 |
| 换算后综合单价 | ∑＝27.54 元 |

| 定额编号 | 项 目 名 称 | 计量单位 | 数量 | 综合单价 | 合价(元) |
|---|---|---|---|---|---|
| 12—27 换 | 水泥砂浆踢脚线 | 10 m | 30 | 27.54 | 826.2 |

**【例 3-9】** 某住宅工程为二类工程,其砖基础工程量 100 m³,试计算砖基础的合价(根据"04 计价表"规定,三类工程管理费费率为 25%,而二类工程管理费费率为 30%)。

**【解】** (1)"04 计价表"中的综合单价是按三类工程确定的,管理费费率为 25%,而二类工程管理费费率为 30%。

(2)从定额项目表中查出,砖基础的定额编号为"3—1",其中管理费为 8.03 元,定额综合单价为 185.80 元/m³。

(3)定额换算

| 原综合单价 | 185.80 元 |
| 扣减原管理费(三类工程) | −8.03 元 |
| 增二类工程的管理费 | (29.64＋2.47)×30%＝9.63 元 |
| 换算后综合单价 | ∑＝187.40 元 |

| 定额编号 | 项 目 名 称 | 计量单位 | 数量 | 综合单价 | 合价(元) |
|---|---|---|---|---|---|
| 3—1 换 | 砖基础 | m³ | 100 | 187.40 | 18 740.00 |

**【例 3‑10】** 某住宅工程为一类工程,其矩形柱工程量 100 m³,试计算矩形柱的合价(根据"04 计价表"规定,三类工程管理费费率为 25%,而一类工程管理费费率为 35%)。

**【解】** (1)"04 计价表"是按三类工程确定其定额综合单价的,三类工程的管理费费率为 25%,一类工程管理费费率为 35%。

(2)从"04 计价表"中查出,矩形柱的定额编号"5—13",定额综合单价为 277.08 元/m³元,每"m³"混凝土矩形柱的管理费为 14.06 元/m³。

(3)定额换算

| | |
|---|---:|
| 原综合单价 | 277.08 元 |
| 扣减原管理费(三类工程) | －14.06 元 |
| 增一类工程的管理费 | (49.92＋6.32)×35%＝19.68 元 |
| 换算后综合单价 | ∑＝282.70 元 |

| 定额编号 | 项 目 名 称 | 计量单位 | 数量 | 综合单价 | 合价(元) |
|---|---|---|---|---|---|
| 5—13 换 | 矩形柱 | m³ | 100 | 282.70 | 28 270.0 |

**【例 3‑11】** 某工程采用反铲挖掘机挖土,自卸汽车运土,土方量 2 000 m³,土方外运 1 km,求自卸汽车运土的合价。

**【解】** (1)"04 计价表"第一章土石方工程说明中:自卸汽车运土,按正铲挖掘机挖土考虑,如系反铲挖掘机装车,则自卸汽车运土台班量乘系数 1.10。本工程为反铲挖土机装车,故增自卸汽车台班量 0.1。

(2)查"04 计价表"1—239 自卸汽车运土运距 1 km 以内。

(3)定额换算

| | |
|---|---:|
| 原综合单价 | 7 121.18 元 |
| 增自卸汽车运土费 | 5037.36×0.1＝503.74 元 |
| 增管理费 | 503.74×25%＝125.94 元 |
| 增利润 | 503.74×12%＝60.45 元 |
| 换算后综合单价 | ∑＝7 811.31 元 |

| 定额编号 | 项 目 名 称 | 计量单位 | 数量 | 综合单价 | 合价(元) |
|---|---|---|---|---|---|
| 1—239 换 | 自卸汽车运土运距 1 km 以内 | 1 000 m³ | 2 | 7 811.31 | 15 622.62 |

**【例 3‑12】** 某工程现浇混凝土屋面板,板坡度 15°,C25 现浇自拌混凝土,有梁板的混凝土量为 300 m³,求合价。

**【解】** (1)套用相近定额

查"04 计价表"上册 P157,子目 5—34,C25 有梁板,综合单价＝260.62 元/m³,人工费 29.12 元/m³。

(2)定额换算

根据定额子目说明注 1:有梁板为斜板,其坡度大于 10°时,人工乘 1.03 系数;大于 45°时另行处理。本定额除了附注换算外还要将混凝土配合的换算 C30 换成 C25。

| | |
|---|---|
| 原综合单价 | 260.62 元 |
| 增人工费 | $29.12 \times 0.03 = 0.87$ 元 |
| 增管理费 | $0.87 \times 25\% = 0.22$ 元 |
| 增利润 | $0.87 \times 12\% = 0.10$ 元 |
| 减 C30 混凝土 | $-202.09$ 元 |
| 增 C25 混凝土 | $192.44 \times 1.015 = 195.33$ 元 |
| 换算后综合单价 | $\Sigma = 255.05$ 元 |

| 定额编号 | 项 目 名 称 | 计量单位 | 数量 | 综合单价 | 合价(元) |
|---|---|---|---|---|---|
| 5—34 换 | C25 有梁板 | m³ | 300 | 255.05 | 76 515.0 |

**【例 3-13】** 某工程采用外墙面水泥砂浆贴 150 mm×90 mm 釉面砖,勾缝,面砖预算单价 0.5 元/块,外墙釉面砖面积 1 000 m²,求合价。

**【解】** (1)套用相近定额

查"04 计价表"下册 P565,子目 13—124,粘贴釉面砖(勾缝),综合单价=506.15 元/10 m²。本定额中釉面砖规格采用 150 mm×75 mm,工程中采用的是 150 mm×90 mm 釉面砖,缝隙 10 mm。

(2)定额换算

根据定额子目说明注 1:面砖规格与定格不同,面砖数量、单价换算。

| | |
|---|---|
| 原综合单价 | 506.15 元 |
| 减原釉面砖材料费 | $-211.12$ 元 |
| 增 150 mm×90 mm 釉面砖费 | |
| $10 \div [(0.15 + 0.01) \times (0.09 + 0.01)] \times 1.025 \times 0.5 = 320.31$ 元 | |
| 换算后综合单价 | $\Sigma = 615.34$ 元 |

| 定额编号 | 项 目 名 称 | 计量单位 | 数量 | 综合单价 | 合价(元) |
|---|---|---|---|---|---|
| 13—124 换 | 外墙面水泥砂浆贴釉面砖 150 mm×90 mm | 10 m² | 100 | 615.34 | 61 534.0 |

**【例 3-14】** 某层高 4.0 m 的房间,搭设天棚抹灰用脚手架,按"04 计价表"的工程量计算规则计算出工程量为 100 m²,套用相应"04 计价表"的定额计算合价。

**【解】** (1)套用相近定额

查"04 计价表"下册 P889,子目 19—7,满堂脚手架高 5 m 以内,综合单价=63.23 元/10 m²。

(2)定额换算

根据定额子目说明注 1:单独用于天棚抹灰的满堂脚手架应按相应定额子目乘系数 0.7。

综合单价=原综合单价×0.7=63.23×0.7=44.26 元/10 m²

| 定额编号 | 项目名称 | 计量单位 | 数量 | 综合单价 | 合价(元) |
|---|---|---|---|---|---|
| 19—7×0.7 | 满堂脚手架(高5 m以内) | 10 m² | 10 | 44.26 | 442.6 |

**【例3-15】** 某工程采用预制桩350 mm×350 mm,采用胶泥接桩,按"04计价表"的工程量计算规则计算出工程量为100个,套用相应"04计价表"的定额计算合价。

**【解】** (1)套用相近定额

查"04计价表"上册P67,子目2—28,胶泥接桩,综合单价=109.19元/个。

(2)定额换算

根据定额子目说明注1:胶泥接桩断面按400 mm×400 mm编制的,胶泥按比例调整,其他不变。

| | |
|---|---|
| 原综合单价 | 109.19元 |
| 减原胶泥材料费 | −25.94元 |
| 增断面为350 mm×350 mm胶泥材料费 | $25.94×(0.35^2÷0.4^2)=19.86$元 |
| 换算后综合单价 | $\Sigma=103.11$元 |

| 定额编号 | 项目名称 | 计量单位 | 数量 | 综合单价 | 合价(元) |
|---|---|---|---|---|---|
| 2—28换 | 胶泥接桩 | 个 | 100 | 103.11 | 10 311.0 |

# 4 建筑工程清单计价

## 4.1 工程量清单计价概述

### 4.1.1 工程量清单的概念

工程量清单(Bill of Quantity)简称 B. Q 单,是建设工程的分部分项工程项目、措施项目、其他项目、规费项目和税金项目的名称和相应数量等的明细清单。包括分部分项工程量清单、措施项目清单、其他项目清单、规费项目清单和税金项目清单。

### 4.1.2 工程量清单计价的概念

工程量清单计价是国际上通用的方法,也是我国目前推广使用的先进的计价方法,是建设工程招标投标中,招标人或招标人委托具有资质的中介机构编制反映工程实体消耗和措施消耗的工程量清单,并作为招标文件的一部分提供给投标人,由投标人依据工程量清单,结合企业自身情况,自主报价的计价方式。它有效地保证了投标人竞争基础的一致性,减少了投标人偶然工程量计算误差造成的投标失败。这种计价方法有助于形成"企业自主报价,市场竞争形成价格"的建筑市场,体现公开、公平、公正的竞争原则。

## 4.2 工程量清单计价规范概述

本规范是根据《中华人民共和国建筑法》、《中华人民共和国合同法》、《中华人民共和国招标投标法》等法律以及最高人民法院《关于审理建设工程施工合同纠纷案件适用法律问题的解释》(法释〔2004〕14号),按照我国工程造价管理改革的总体目标,本着国家宏观调控、市场竞争形成价格的原则制定的。

### 4.2.1 工程量清单计价规范的特点

1)强制性

主要体现在:一是规定全部使用国有资金或国有资金投资为主的建设工程按计价规范规定执行。二是明确工程量清单是招标文件的组成部分,并规定了招标人在编制工程量清单时必须遵守的规则:必须根据附录规定的项目编码、项目名称、项目特征、计量单位和工程量计算规则。编制时统一采用规范中规定的标准格式。

2）实用性

主要体现在：附录中工程量清单项目及计算规则的项目名称表现的是工程实体项目，项目名称明确清晰，工程量计算规则简洁明了，还特别列有项目特征和工程内容，易于编制工程量清单时确定具体项目名称和投标报价。

3）竞争性

主要体现在：一是"计价规范"中的措施项目，在工程量清单中只列"措施项目"一栏，具体采用什么措施，如模板、脚手架、施工排水等详细内容由投标人根据企业的施工组织设计，视具体情况报价，因为这些项目在各个企业间各有不同，是企业竞争项目，是留给企业竞争的空间。二是"计价规范"中人工、材料和施工机械没有具体的消耗量，投标企业可以依据企业的定额和市场价格信息，也可以参照建设行政主管部门发布的社会平均消耗量定额进行报价，将报价权还给了企业。

4）通用性

主要体现在：我国工程量清单计价是与国际惯例接轨的，符合工程量计算方法标准化、工程量清单计算规则统一化、工程造价确定市场化的要求。

## 4.2.2 工程量清单计价规范的组成

本规范包括总则、术语、工程量清单编制、工程量清单计价、工程量清单计价表格、附录六部分。

1）总则

从整体上叙述有关本项规范编制与实施的几个基本问题。主要内容为编制目的、编制依据、适用范围、基本原则以及执行本规范与执行其他标准之间的关系等基本事项。

（1）制定本规范的目的和法律依据

为规范工程造价计价行为，统一建设工程工程量清单的编制和计价方法，根据《中华人民共和国建筑法》、《中华人民共和国合同法》、《中华人民共和国招标投标法》等法律法规，制定本规范。

（2）规范的适用范围

适用于建筑工程、装饰装修工程、安装工程、市政工程、园林绿化工程和矿山工程的工程量清单编制、工程量清单招标控制价编制、工程量清单投标报价编制、工程合同价款的约定、竣工结算的办理以及工程施工过程中工程计量与工程价款的支付、索赔与现场签证、工程价款的调整和工程计价争议处理等活动。

全部使用国有资金投资或国有资金投资为主的工程建设项目，必须采用工程量清单计价。非国有资金投资的工程建设项目，可采用工程量清单计价。

（3）工程量清单计价活动的主体

工程量清单、招标控制价、投标报价、工程价款结算等工程造价文件的编制与核对应由具有资格的工程造价专业人员承担。

（4）工程量清单计价活动应遵循的原则

建设工程工程量清单计价活动应遵循客观、公正、公平的原则。

（5）本规范附录适用的工程范围

本规范附录 A、附录 B、附录 C、附录 D、附录 E、附录 F 应作为编制工程量清单的依据。

附录是本规范的组成部分,与正文具有同等效力。

(6)本规范与其他标准的关系

建设工程工程量清单计价活动除应遵守本规范外,还应符合国家现行有关标准的规定。

2)术语

(1)工程量清单

建设工程的分部分项工程项目、措施项目、其他项目、规费项目和税金项目的名称和相应数量等的明细清单。

(2)项目编码

分部分项工程量清单项目名称的数字标识。

(3)项目特征

构成分部分项工程量清单项目、措施项目自身价值的本质特征。

(4)综合单价

完成一个规定计量单位的分部分项工程量清单项目或措施清单项目所需的人工费、材料费、施工机械使用费和企业管理费与利润,以及一定范围内的风险费用。

(5)措施项目

为完成工程项目施工,发生于该工程施工准备和施工过程中的技术、生活、安全、环境保护等方面的非工程实体项目。

(6)暂列金额

招标人在工程量清单中暂定并包括在合同价款中的一笔款项。用于施工合同签订时尚未确定或者不可预见的所需材料、设备、服务的采购,施工中可能发生的工程变更、合同约定调整因素出现时的工程价款调整以及发生的索赔、现场签证确认等的费用。

(7)暂估价

招标人在工程量清单中提供的用于支付必然发生但暂时不能确定价格的材料的单价以及专业工程的金额。

(8)计日工

在施工过程中,完成发包人提出的施工图纸以外的零星项目或工作,按合同中约定的计日工综合单价计价。

(9)总承包服务费

总承包人为配合协调发包人进行的工程分包自行采购的设备、材料等进行管理、服务以及施工现场管理、竣工资料汇总整理等服务所需的费用。

(10)索赔

在合同履行过程中,对于非己方的过错而应由对方承担责任的情况造成的损失,向对方提出补偿的要求。

(11)现场签证

发包人现场代表与承包人现场代表就施工过程中涉及的责任事件所做的签认证明。

(12)企业定额

施工企业根据本企业的施工技术和管理水平而编制的人工、材料和施工机械台班等的消耗标准。

(13)规费

根据省级政府或省级有关权力部门规定必须缴纳的,应计入建筑安装工程造价的费用。

（14）税金

国家税法规定的应计入建筑安装工程造价内的营业税、城市维护建设税及教育费附加等。

（15）发包人

具有工程发包主体资格和支付工程价款能力的当事人以及取得该当事人资格的合法继承人。

（16）承包人

被发包人接受的具有工程施工承包主体资格的当事人以及取得该当事人资格的合法继承人。

（17）造价工程师

取得《造价工程师注册证书》,在一个单位注册从事建设工程造价活动的专业人员。

（18）造价员

取得《全国建设工程造价员资格证书》,在一个单位注册从事建设工程造价活动的专业人员。

（19）工程造价咨询企业

取得工程造价咨询资质等级证书,接受委托从事建设工程造价咨询活动的企业。

（20）招标控制价

招标人根据国家或省级、行业建设主管部门颁发的有关计价依据和办法,按设计施工图纸计算的,对招标工程限定的最高工程造价。

（21）投标价

投标人投标时报出的工程造价。

（22）合同价

发、承包双方在施工合同中约定的工程造价。

（23）竣工结算价

发、承包双方依据国家有关法律、法规和标准规定,按照合同约定确定的最终工程造价。

3）工程量清单编制

规定了工程量清单编制人及其资格、工程量清单的组成内容、编制依据和各组成内容的编制要求。

（1）工程量清单编制人及其资格

工程量清单应由具有编制能力的招标人或受其委托,具有相应资质的工程造价咨询人编制。

（2）工程量清单是招标文件的组成部分及其编制依据。

采用工程量清单方式招标,工程量清单必须作为招标文件的组成部分,其准确性和完整性由招标人负责。

（3）工程量清单的作用

工程量清单是工程量清单计价的基础,应作为编制招标控制价、投标报价、计算工程量、支付工程款、调整合同价款、办理竣工结算以及工程索赔等的依据之一。

（4）工程量清单的组成内容

工程量清单应由分部分项工程量清单、措施项目清单、其他项目清单、规费项目清单、税金项目清单组成。

(5) 工程量清单的编制依据

① 《建设工程工程量清单计价规范》(GB 50500—2003)。

② 国家或省级、行业建设主管部门颁发的计价依据和办法。

③ 建设工程设计文件。

④ 与建设工程项目有关的标准、规范、技术资料。

⑤ 招标文件及其补充通知、答疑纪要。

⑥ 施工现场情况、工程特点及常规施工方案。

⑦ 其他相关资料。

(6) 各组成内容的编制要求

见后所述。

4) 工程量清单计价

工程量清单计价各阶段中共性问题的规定。

(1) 工程量清单计价工程造价的组成内容

采用工程量清单计价,建设工程造价由分部分项工程费、措施项目费、其他项目费、规费和税金组成(见图 4-1)。

(2) 分部分项工程量清单应采用的计价方式

分部分项工程量清单应采用综合单价计价。

(3) 工程量在招标阶段的作用及其在竣工结算中的确定原则

招标文件中的工程量清单标明的工程量是投标人投标报价的共同基础,竣工结算的工程量按发、承包双方在合同中约定应予计量且实际完成的工程量确定。

(4) 措施项目的不同计价方式及包含内容

措施项目清单计价应根据拟建工程的施工组织设计,可以计算工程量的措施项目,应按分部分项工程量清单的方式采用综合单价计价;其余的措施项目可以"项"为单位的方式计价,应包括除规费、税金外的全部费用。

(5) 安全文明施工费的计价原则

措施项目清单中的安全文明施工费应按照国家或省级、行业建设主管部门的规定计价,不得作为竞争性费用。

(6) 其他项目清单中暂估价的计价原则

招标人在工程量清单中提供了暂估价的材料和专业工程属于依法必须招标的,由承包人和招标人共同通过招标确定材料单价与专业工程分包价。

若材料不属于依法必须招标的,经发、承包双方协商确认单价后计价。

若专业工程不属于依法必须招标的,由发包人、总承包人与分包人按有关计价依据进行计价。

(7) 规费和税金的计价原则

规费和税金应按国家或省级、行业建设主管部门的规定计算,不得作为竞争性费用。

(8) 工程风险的确定原则

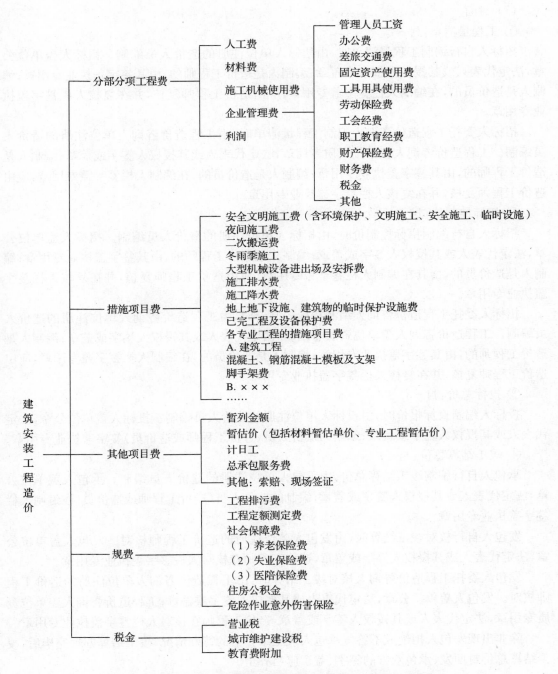

**图 4-1 工程量清单计价的建筑安装工程造价组成示意图**

采用工程量清单计价的工程,应在招标文件或合同中明确风险内容及其范围(幅度),不得采用无限风险、所有风险或类似语句规定风险内容及其范围(幅度)。

5) 工程量清单计价表格

计价表格包括工程量清单、招标控制价、投标报价、竣工结算等各个阶段计价使用的四种封面 22 种表样。

（1）封面

① 工程量清单：封-1

招标人自行编制工程量清单时，由招标人单位注册的造价人员编制。招标人盖单位公章，法定代表人或其授权人签字或盖章；编制人是造价工程师的，由其签字盖执业专用章；编制人是造价员的，在编制人栏签字盖专用章，应由造价工程师复核，并在复核人栏签字盖执业专用章。

招标人委托工程造价咨询人编制工程量清单时，由工程造价咨询人单位注册的造价人员编制。工程造价咨询人盖单位资质专用章，法定代表人或其授权人签字或盖章；编制人是造价工程师的，由其签字盖执业专用章；编制人是造价员的，在编制人栏签字盖专用章，应由造价工程师复核，并在复核人栏签字盖执业专用章。

② 招标控制价：封-2

招标人自行编制招标控制价时，由招标人单位注册的造价人员编制。招标人盖单位公章，法定代表人或其授权人签字或盖章；编制人是造价工程师的，由其签字盖执业专用章；编制人是造价员的，由其在编制人栏签字盖专用章，应由造价工程师复核，并在复核人栏签字盖执业专用章。

招标人委托工程造价咨询人编制招标控制价时，由工程造价咨询人单位注册的造价人员编制。工程造价咨询人盖单位资质专用章，法定代表人或其授权人签字或盖章；编制人是造价工程师的，由其签字盖执业专用章；编制人是造价员的，在编制人栏签字盖专用章，应由造价工程师复核，并在复核人栏签字盖执业专用章。

③ 投标总价：封-3

投标人编制投标报价时，由投标人单位注册的造价人员编制。投标人盖单位公章，法定代表人或其授权人签字或盖章；编制的造价人员（造价工程师或造价员）签字盖执业专用章。

④ 竣工结算总价：封-4

承包人自行编制竣工结算总价，由承包人单位注册的造价人员编制。承包人盖单位公章，法定代表人或其授权人签字或盖章；编制的造价人员（造价工程师或造价员）在编制人栏签字盖执业专用章。

发包人自行核对竣工结算时，由发包人单位注册的造价工程师核对。发包人盖单位公章，法定代表人或其授权人签字或盖章，造价工程师在核对人栏签字盖执业专用章。

发包人委托工程造价咨询人核对竣工结算时，由工程造价咨询人单位注册的造价工程师核对。发包人盖单位公章，法定代表人或其授权人签字或盖章；工程造价咨询人盖单位资质专用章，法定代表人或其授权人签字或盖章，造价工程师在核对人栏签字盖执业专用章。

除非出现发包人拒绝或不答复承包人竣工结算书的特殊情况，竣工结算办理完毕后，竣工结算总价封面发、承包双方的签字、盖章应当齐全。

_____工程

# 工 程 量 清 单

招 标 人：_____　　　　工 程 造 价
　　　　（单位盖章）　　　　　　咨 询 人：_____
　　　　　　　　　　　　　　　　　　　　（单位资质专用章）

法定代表人　　　　　　　　　　　法定代表人
或其授权人：_____　　　或其授权人：_____
　　　　（签字或盖章）　　　　　　　　　（签字或盖章）

编 制 人：_____　　　　复 核 人：_____
　（造价人员签字盖专用章）　　　　（造价工程师签字盖专用章）

编制时间： 年 月 日　　　　　　复核时间： 年 月 日

封-1

_____工程

## 招 标 控 制 价

招标控制价(小写)：_____

　　　　　(大写)：_____

招　标　人：_____　　　　工 程 造 价
　　　　　　　(单位盖章)　　　　　　　咨　询　人：_____
　　　　　　　　　　　　　　　　　　　　　　　　　(单位资质专用章)

法定代表人　　　　　　　　　　　　　　法定代表人
或其授权人：_____　　　　或其授权人：_____
　　　　　　　(签字或盖章)　　　　　　　　　　　　(签字或盖章)

编　制　人：_____　　　　复　核　人：_____
　　　(造价人员签字盖专用章)　　　　　　　(造价工程师签字盖专用章)

编制时间：　年　月　日　　　　　　　复核时间：　年　月　　日

封 - 2

# 投 标 总 价

招 标 人：＿＿＿＿＿＿＿＿＿＿＿＿＿＿＿＿＿＿＿＿＿＿

工 程 名 称：＿＿＿＿＿＿＿＿＿＿＿＿＿＿＿＿＿＿＿＿＿＿

投标总价(小写)：＿＿＿＿＿＿＿＿＿＿＿＿＿＿＿＿＿＿＿＿

　　　　(大写)：＿＿＿＿＿＿＿＿＿＿＿＿＿＿＿＿＿＿＿＿

投 标 人：＿＿＿＿＿＿＿＿＿＿＿＿＿＿＿＿＿＿＿＿＿＿

　　　　　　　　　　(单位盖章)

法定代表人
或其授权人：＿＿＿＿＿＿＿＿＿＿＿＿＿＿＿＿＿＿＿＿＿＿

　　　　　　　　　　(签字或盖章)

编 制 人：＿＿＿＿＿＿＿＿＿＿＿＿＿＿＿＿＿＿＿＿＿＿
　　　　　　　　(造价人员签字盖专用章)

编 制 时 间：　年　月　日

封 - 3

_____工程

# 竣 工 结 算 总 价

中标价(小写):_____ (大写):_____

结算价(小写):_____ (大写):_____

发 包 人:_____ 承 包 人:_____ 工 程 造 价
咨 询 人:_____
　　　(单位盖章)　　　　　　　　(单位盖章)　　　　　　(单位资质专用章)

法定代表人　　　　　　　法定代表人　　　　　　　法定代表人
或其授权人:_____　或其授权人:_____　或其授权人:_____
　　(签字或盖章)　　　　　　(签字或盖章)　　　　　　(签字或盖章)

编 制 人:_____　　　　　　　　核 对 人:_____
　(造价人员签字盖专用章)　　　　　　　(造价工程师签字盖专用章)

编制时间: 年 月 日　　　　　　　　核对时间: 年 月 日

封-4

（2）总说明：例表－01

总说明表只列出了一个表，需要说明的是，在工程计价的不同阶段，说明的内容是有差别的，要求是不同的。

工程量清单，总说明的内容应包括：

① 工程概况：如建设地址、建设规模、工程特征、交通状况、环保要求等。

② 工程发包、分包范围。

③ 工程量清单编制依据：如采用的标准、施工图纸、标准图集等。

④ 使用材料设备、施工的特殊要求等。

⑤ 其他需要说明的问题。

招标控制价，总说明的内容应包括：

① 采用的计价依据。

② 采用的施工组织设计。

③ 采用的材料价格来源。

④ 综合单价中风险因素、风险范围（幅度）。

⑤ 其他等。

投标报价，总说明的内容应包括：

① 采用的计价依据。

② 采用的施工组织设计。

③ 综合单价中包含的风险因素，风险范围（幅度）。

④ 措施项目的依据。

⑤ 其他有关内容的说明等。

竣工结算，总说明的内容应包括：

① 工程概况。

② 编制依据。

③ 工程变更。

④ 工程价款调整。

⑤ 索赔。

⑥ 其他等。

（3）汇总表

① 工程项目招标控制价/投标报价汇总表：例表－02

② 单项工程招标控制价/投标报价汇总表：例表－03

③ 单位工程招标控制价/投标报价汇总表：例表－04

④ 工程项目竣工结算汇总表：例表－05

⑤ 单项工程竣工结算汇总表：例表－06

⑥ 单位工程竣工结算汇总表：例表－07

不同计价阶段使用汇总表的6个表样：

① 招标控制价使用例表－02、例表－03、例表－04。

由于编制招标控制价和投标价包含的内容相同，只是对价格的处理不同，因此，对招标控制价和投标报价汇总表的设计使用同一表格。实践中，对招标控制价或投标报价可分别印制该表格。

② 投标报价使用例表-02、例表-03、例表-04。

与招标控制价的表样一致,此处需要说明的是,投标报价汇总表与投标函中投标报价金额应当一致。就投标文件的各个组成部分而言,投标函是最重要的文件,其他组成部分都是投标函的支持性文件,投标函是必须经过投标人签字画押,并且在开标会上必须当众宣读的文件。如果投标报价汇总表的投标总价与投标函填报的投标总价不一致,应当以投标函中填写的大写金额为准。实践中,对该原则一直缺少一个明确的依据。为了避免出现争议,可以在"投标人须知"中给予明确,用在招标文件中预先给予明示约定的方式来弥补法律、法规依据的不足。

③ 竣工结算汇总使用例表-05、例表-06、例表-07。

**例表-01 总说明**

工程名称:　　　　　　　　　　　　　　　　　　　　　　　　第 页 共 页

**例表－02　工程项目招标控制价/投标报价汇总表**

工程名称：

| 序　号 | 单项工程名称 | 金额(元) | 其　中 | | |
|---|---|---|---|---|---|
| | | | 暂估价(元) | 安全文明施工费(元) | 规费(元) |
| | | | | | |
| | | | | | |
| | | | | | |
| | | | | | |
| | | | | | |
| | | | | | |
| | 合　计 | | | | |

注：本表适用于工程项目招标控制价或投标报价的汇总。

**例表－03　单项工程招标控制价/投标报价汇总表**

工程名称：　　　　　　　　　　标段：

| 序　号 | 单项工程名称 | 金额(元) | 其　中 | | |
|---|---|---|---|---|---|
| | | | 暂估价(元) | 安全文明施工费(元) | 规费(元) |
| | | | | | |
| | | | | | |
| | | | | | |
| | | | | | |
| | | | | | |
| | | | | | |
| | 合　计 | | | | |

注：本表适用于单项工程招标控制价或投标报价的汇总。暂估价包括分部分项工程中的暂估价和专业工程暂估价。

**例表－04　单位工程招标控制价/投标报价汇总表**

工程名称：　　　　　　　　标段：　　　　　　　　　　　　　第　页　共　页

| 序号 | 汇总内容 | 金额（元） | 其中：暂估价（元） |
|---|---|---|---|
| 1 | 分部分项工程 | | |
| 1.1 | | | |
| 1.2 | | | |
| 1.3 | | | |
| 2 | 措施项目 | | |
| 2.1 | 安全文明施工费 | | |
| 3 | 其他项目 | | |
| 3.1 | 暂列金额 | | |
| 3.2 | 专业工程暂估价 | | |
| 3.3 | 计日工 | | |
| 3.4 | 总承包服务费 | | |
| 4 | 规费 | | |
| 5 | 税金 | | |
| 招标控制价合计＝1＋2＋3＋4＋5 | | | |

注：本表适用于单位工程招标控制价或投标报价的汇总，如无单位工程的划分，单项工程汇总也使用本表汇总。

**例表－05　工程项目竣工结算汇总表**

工程名称：　　　　　　　　　　　　　　　　　　　　　　　　　第　页　共　页

| 序号 | 单项工程名称 | 金额（元） | 其中 | |
|---|---|---|---|---|
| | | | 安全文明施工费（元） | 规费（元） |
| | | | | |
| | | | | |
| | | | | |
| 合计 | | | | |

**例表－06 单项工程竣工结算汇总表**

工程名称：                                                                  第 页 共 页

| 序 号 | 单项工程名称 | 金额(元) | 其　中 | |
|---|---|---|---|---|
| | | | 安全文明施工费(元) | 规费(元) |
| | | | | |
| | | | | |
| | | | | |
| | | | | |
| | | | | |
| 合　计 | | | | |

**例表－07 单位工程竣工结算汇总表**

工程名称：                         标段：                                  第 页 共 页

| 序号 | 汇总内容 | 金 额(元) |
|---|---|---|
| 1 | 分部分项工程 | |
| 1.1 | | |
| 1.2 | | |
| 1.3 | | |
| 1.4 | | |
| 1.5 | | |
| 2 | 措施项目 | |
| 2.1 | 安全文明施工费 | |
| ⋮ | ⋮ | |
| 3 | 其他项目 | |
| 3.1 | 专业工程结算价 | |
| 3.2 | 计日工 | |
| 3.3 | 总承包服务费 | |
| 3.4 | 索赔与现场签证 | |
| 4 | 规费 | |
| 5 | 税金 | |
| 竣工结算总价合计＝1＋2＋3＋4＋5 | | |

注：如无单位工程划分，单项工程也使用本表汇总。

（4）分部分项工程量清单表

① 分部分项工程量清单与计价表：例表－08

将分部分项工程量清单表与分部分项工程量清单计价表两表合一，这种将工程量清单和投标人报价统一在同一个表格中的表现形式，大大地减少了投标人因两表分设而可能带来的出错的概率，此表也是编制招标控制价、投标价、竣工结算的最基本的用表。

编制工程量清单时，使用本表在"工程名称"栏应填写详细具体的工程称谓，对于房屋建筑而言，习惯上并无标段划分，可不填写"标段"栏，但相对于管道敷设、道路施工则往往以标段划分，此时，应填写"标段"栏，其他各表涉及此类设置，道理相同。

"项目编码"栏应按附录规定另加 3 位顺序码填写。

"项目名称"栏应按附录规定根据拟建工程实际确定填写。

"项目特征"栏应按附录规定根据拟建工程实际予以描述。

必须描述的内容：

A. 涉及正确计量的内容必须描述。如门窗洞口尺寸或框外围尺寸，由于"03 规范"将门窗以"樘"计量，1 樘门或窗有多大，直接关系到门窗的价格，对门窗洞口或框外围尺寸进行描述就十分必要。"08 规范"虽然增加了按" $m^2$ "计量，如采用"樘"计量，上述表述仍是必需的。

B. 涉及结构要求的内容必须描述。如混凝土构件的混凝土的强度等级，是使用 C20 还是 C30 或 C40 等，因混凝土强度等级不同，其价格也不同，必须描述。

C. 涉及材质要求的内容必须描述。如油漆的品种，是调和漆还是硝基清漆等；管材的材质，是碳钢管还是塑料管、不锈钢管等；还需要对管材的规格、型号进行描述。

D. 涉及安装方式的内容必须描述。如管道工程中的钢管的连接方式是螺纹连接还是焊接；塑料管是粘接连接还是热熔连接等就必须描述。

可不描述的内容：

A. 对计量计价没有实质影响的内容可以不描述。如对现浇混凝土柱的高度、断面大小等的特征规定可以不描述，因为混凝土构件是按" $m^3$ "计量的，对此的描述实质意义不大。

B. 应由投标人根据施工方案确定的可以不描述。如对石方的预裂爆破的单孔深度及装药量的特征规定，如由清单编制人来描述是困难的，由投标人根据施工要求在施工方案中确定，自主报价比较恰当。

C. 应由投标人根据当地材料和施工要求确定的可以不描述。如对混凝土构件中的混凝土拌和料使用的石子种类及粒径、砂的种类和特征规定可以不描述。因为混凝土拌和料使用砾石还是碎石，使用粗砂还是中砂、细砂或特细砂，除构件本身有特殊要求需要指定外，主要取决于工程所在地砂、石子材料的供应情况。至于石子的粒径大小主要取决于钢筋配筋的密度。

D. 应由施工措施解决的可以不描述。如对现浇混凝土板、梁的标高的特征规定可以不描述。因为同样的板或梁，都可以将其归并在同一个清单项目中，但由于标高的不同，将会导致因楼层的变化对同一项目提出多个清单项目。可能有的人会讲，不同的楼层工效不一样，但这样的差异可以由投标人在报价中考虑，或在施工措施中去解决。

可不详细描述的内容：

A. 无法准确描述的可不详细描述。如土壤类别，由于我国幅员辽阔，东西南北差异较大,特别是对于南方来说,在同一地点,由于表层土与表层土以下的土壤,其类别是不相同的,要求清单编制人准确判定某类土壤所占比例是困难的,在这种情况下,可考虑将土壤类别描述为综合,注明由投标人根据地勘资料自行确定土壤类别,决定报价。

B. 施工图纸、标准图集标注明确的,可不再详细描述。对这些项目可描述为见××图集××页号及节点大样等。由于施工图纸、标准图集是发、承包双方都应遵守的技术文件,这样描述,可以有效减少在施工过程中对项目理解的不一致。同时,对不少工程项目,真要将项目特征一一描述清楚也是一件费力的事情,如果能采用这一方法描述,就可以收到事半功倍的效果。因此,建议这一方法在项目特征描述中能采用的尽可能采用。

C. 还有一些项目可不详细描述,但清单编制人在项目特征描述中应注明由投标人自定,如土方工程中的"取土运距"、"弃土运距"等。首先,要清单编制人决定在多远取土或取、弃土运往多远是困难的;其次,由投标人根据在建工程施工情况统筹安排,自主决定取、弃土方的运距可以充分体现竞争的要求。

计价规范规定多个计量单位的描述:

A. 计价规范对"A.2.1混凝土桩"的"预制钢筋混凝土桩"计量单位有"m"、"根"两个计量单位,但是没有具体的选用规定,在编制该项目清单时,清单编制人可以根据具体情况选择"m"、"根"其中之一作为计量单位。但在项目特征描述时,当以"根"为计量单位,单桩长度应描述为确定值,只描述单桩长度即可;当以"m"为计量单位时,单桩长度可以按范围值描述,并注明根数。

B. 计价规范对"A.3.2砖砌体"中的"零星砌砖"的计量单位有"m³"、"m²"、"m"、"个"四个计量单位,但是规定了"砖砌锅台与炉灶可按外形尺寸以'个'计算,砖砌台阶可按水平投影面积以'm²'计算,小便槽、地垄墙可按长度以'm'计算,其他工程量按'm³'计算",所以在编制该项目的清单时,应将零星砌砖的项目具体化,根据计价规范的规定选用计量单位,并按照选定的计量单位进行恰当的特征描述。

规范没有要求,但又必须描述的内容:

对规范中没有项目特征要求的个别项目,但又必须描述的应予描述。由于计价规范在我国初次实施,难免有考虑不周之处,需要我们在实际工作中完善。例如A.5.1"厂库房大门、特种门",计价规范以"樘"作为计量单位,但又没有规定门大小的特征描述,那么,"框外围尺寸"就是影响报价的重要因素,因此就必须描述,以便投标人准确报价。同理,B.4.1"木门"、B.5.1"门油漆"、B.5.2"窗油漆"也是如此,需要我们注意增加描述门窗的洞口尺寸或框外围尺寸。

计量单位应按附录规定填写,附录中该项目有两个或两个以上计量单位的,应选择最适宜计量的方式决定其中一个填写。工程量应按附录规定的工程量计算规则计算填写。

A. 编制招标控制价时,使用本表"综合单价"、"合价"以及"其中:暂估价"按本规范的规定填写。

B. 编制投标报价时,投标人对表中的"项目编码"、"项目名称"、"项目特征"、"计量单位"、"工程量"均不应改动。"综合单价"、"合价"自主决定填写,对其中的"暂估价"栏,投标人应将招标文件中提供了暂估材料单价的暂估价进入综合单价,并应计算出暂估单价的材料在"综合单价"及其"合价"中的具体数额。因此,为更详细地反映暂估价情况,也可在表中增设一栏"综合单价"其中的"暂估价"。

C. 编制竣工结算时,使用本表可取消"暂估价"。

按照本表的注示:为了计取规费等的使用,可在表中增设,其中:"直接费"、"人工费"或"人工费＋机械费",由于各省、自治区、直辖市以及行业建设主管部门对规费计取基础的不同设置,可灵活处理。

② 工程量清单综合单价分析表:例表-09

工程量清单单价分析表是评标委员会评审和判别综合单价组成和价格完整性、合理性的主要基础,对因工程变更调整综合单价也是必不可少的基础价格数据来源。采用经评审的最低投标价法评标时,该分析表的重要性更加突出。

该分析表集中反映了构成每一个清单项目综合单价的各个价格要素的价格及主要的"工、料、机"消耗量。投标人在投标报价时,需要对每一个清单项目进行组价,为了使组价工作具有可追溯性(回复评标质疑时尤其需要),需要表明每一个数据的来源。该分析表实际上是投标人投标组价工作的一个阶段性成果文件,借助计算机辅助报价系统,可以由电脑自动生成,并不需要投标人付出太多的额外劳动。

该分析表一般随投标文件一同提交,作为竞标价的工程量清单的组成部分,以便中标后作为合同文件的附属文件。投标人须知中需要就该分析表提交的方式作出规定,该规定需要考虑是否有必要对该分析表的合同地位给予定义。一般而言,该分析表所载明的价格数据对投标人是有约束力的,但是投标人能否以此作为错报和漏报等的依据而寻求招标人的补偿是实践中值得注意的问题。比较恰当的做法是,通过评标过程中的清标、质疑、澄清、说明和补正机制,不但解决了清单综合单价的合理性问题,而且将合理化的清单综合单价反馈到综合单价分析表中,形成相互衔接、相互呼应的最终成果,在这种情况下,即便是将综合单价分析表定义为有合同约束力的文件,上述顾虑也是没有必要的。

A. 编制招标控制价,使用本表应填写使用的省级或行业建设主管部门发布的计价定额名称。

B. 编制投标报价,使用本表可填写使用的省级或行业建设主管部门发布的计价定额。如不使用,不填写。

## 例表-08 分部分项工程量清单与计价表

工程名称: 　　　　　　　标段: 　　　　　　　　　　　　　　第 页 共 页

| 序号 | 项目编码 | 项目名称 | 项目特征描述 | 计量单位 | 工程量 | 金额(元) | | |
|---|---|---|---|---|---|---|---|---|
| | | | | | | 综合单价 | 合价 | 其中:暂估价 |
| | | | | | | | | |
| | | | | | | | | |
| 本页小计 | | | | | | | | |
| 合　计 | | | | | | | | |

工程名称：　　　　　　　　　标段：　　　　　　　　　　　第　页　共　页

| 项目编码 | | 项目名称 | | 计量单位 | |
|---|---|---|---|---|---|

清单综合单价组成明细

| 定额编号 | 定额名称 | 定额单位 | 数量 | 单价 | | | | 合价 | | | |
|---|---|---|---|---|---|---|---|---|---|---|---|
| | | | | 人工费 | 材料费 | 机械费 | 管理费和利润 | 人工费 | 材料费 | 机械费 | 管理费和利润 |
| | | | | | | | | | | | |
| | | | | | | | | | | | |

| 人工单价 | 小计 | | | | | | | | | |
|---|---|---|---|---|---|---|---|---|---|---|
| 元/工日 | 未计价材料费 | | | | | | | | | |

清单项目综合单价

| 材料费明细 | 主要材料名称、规格、型号 | 单位 | 数量 | 单价（元） | 合价（元） | 暂估单价（元） | 暂估合价（元） |
|---|---|---|---|---|---|---|---|
| | | | | | | | |
| | | | | | | | |
| | | | | | | | |
| | 其他材料费 | | | | | | |
| | 材料费小计 | | | | | | |

注：① 如不使用省级或行业建设主管部门发布的计价依据，可不填定额项目、编号等。

② 招标文件提供了暂估单价的材料，按暂估的单价填入"暂估单价"栏及"暂估合价"栏。

（5）措施项目清单表

① 措施项目清单与计价表（一）：例表-10

适用于以"项"计价的措施项目。

A. 编制工程量清单时，表中的项目可根据工程实际情况进行增减。

B. 编制招标控制价时，计费基础、费率应按省级或行业建设主管部门的规定计取。

C. 编制投标报价时，除"安全文明施工费"必须按本规范的强制性规定，按省级、行业建设主管部门的规定计取外，其他措施项目均可根据投标施工组织设计自主报价。

② 措施项目清单与计价表（二）：例表-11

适用于以分部分项工程量清单项目综合单价方式计价的措施项目，使用详见分部分项工程量清单表。

**例表－10　措施项目清单与计价表（一）**

工程名称：　　　　　　　　　标段：　　　　　　　　　　　第 页 共 页

| 序号 | 项目名称 | 计算基础 | 费率(%) | 金额(元) |
|---|---|---|---|---|
| 1 | 安全文明施工费 | | | |
| 2 | 夜间施工费 | | | |
| 3 | 二次搬运费 | | | |
| 4 | 冬雨季施工 | | | |
| 5 | 大型机械设备进出场及安拆费 | | | |
| 6 | 施工排水 | | | |
| 7 | 施工降水 | | | |
| 8 | 地上、地下设施、建筑物的临时保护设施 | | | |
| 9 | 已完工程及设备保护 | | | |
| 10 | 各专业工程的措施项目 | | | |
| 11 | | | | |
| 12 | | | | |
| 合　　计 | | | | |

注：① 本表适用于以"项"计价的措施项目。

② 根据建设部、财政部发布的《建筑安装工程费用组成》（建标〔2003〕206 号）的规定，"计算基础"可为"直接费"、"人工费"或"人工费＋机械费"。

**例表－11　措施项目清单与计价表（二）**

工程名称：　　　　　　　　　标段：　　　　　　　　　　　第 页 共 页

| 序号 | 项目编码 | 项目名称 | 项目特征描述 | 计量单位 | 工程量 | 金额(元) | |
|---|---|---|---|---|---|---|---|
| | | | | | | 综合单价 | 合　价 |
| | | | | | | | |
| | | | | | | | |
| 本页小计 | | | | | | | |
| 合　　计 | | | | | | | |

注：本表适用于以综合单价形式计价的措施项目。

（6）其他项目清单表

① 其他项目清单与计价汇总表：例表－12

使用本表时，由于计价阶段的差异，应注意：

A. 编制工程量清单，应汇总"暂列金额"和"专业工程暂估价"，以提供给投标人报价。

B. 编制招标控制价，应按有关计价规定估算"计日工"和"总承包服务费"。如工程量清单中未列"暂列金额"和"专业工程暂估价"，应按有关规定编列。

C. 编制投标报价，应按招标文件工程量清单提供的"暂列金额"和"专业工程暂估价"填写金额,不得变动。"计日工"、"总承包服务费"自主确定报价。

D. 编制或核对竣工结算,"专业工程暂估价"按实际分包结算价填写,"计日工"、"总承包服务费"按双方认可的费用填写,如发生"索赔"或"现场签证"费用,按双方认可的金额计入该表。

② 暂列金额明细表:例表-12-1

"暂列金额"在本规范的定义中已经明确。在实际履约过程中可能发生,也可能不发生。本表要求招标人能将暂列金额与拟用项目列出明细,但如确实不能详列也可只列暂定金额总额,投标人应将上述暂列金额计入投标总价中。

【例4-1】 工程量清单中给出的暂列金额及拟用项目见表4-1。投标人只需要直接将工程量清单中所列的暂列金额纳入投标总价,并且不需要在工程量清单中所列的暂列金额以外再考虑任何其他费用。

表 4-1

| 序号 | 项 目 名 称 | 计量单位 | 暂定金额(元) | 备 注 |
|------|-------------|----------|--------------|-------|
| 1 | 图纸中已经标明可能位置,但未最终确定是否需要的主入口处的钢结构雨篷工程的安装工作 | 项 | 500 000 | 此部分的设计图纸有待进一步完善 |
| 2 | 其他 | 项 | 600 000 | |
| | 暂列金额合计 | | 1 100 000 | |

说明:投标人应将上述暂列金额计入投标总价中。

上述的暂列金额,尽管包含在投标总价中(所以也将包含在中标人的合同总价中),但并不属于承包人所有和支配,是否属于承包人所有受合同约定的开支程序的制约。如果在合同履行过程中,入口钢结构雨篷确定要实施,由发包人和承包人按照合同约定的共同招标操作程序和原则选择专业分包人负责完成,才能决定该项目的最终价款。

③ 材料暂估单价表:例表-12-2

暂估价是在招标阶段预见肯定要发生,只是因为标准不明确或者需要由专业承包人完成,暂时无法确定具体价格。暂估价数量和拟用项目应当在本表备注栏给予补充说明。

本规范要求招标人针对每一类暂估价给出相应的拟用项目,即按照材料设备的名称分别给出,这样的材料设备暂估价能够纳入到项目综合单价中。

还有一种是给一个原则性的说明,原则性说明对招标人编制工程量清单而言比较简单,能降低招标人出错的概率。但是,对投标人而言,就很难准确把握招标人的意图和目的,很难保证投标报价的质量,轻则影响合同的可执行力,极端的情况下,可能导致招标失败,最终受损失的也包括招标人自己,因此,这种处理方式是不可取的。

【例4-2】 工程中材料设备暂估价项目及其暂估价清单见表4-2。表中列明的材料设备的暂估价仅指此类材料、工程设备本身运至施工现场内工地地面价,不包括这些材料设备的安装和安装所必需的辅助材料以及发生在现场内的验收、存储、保管、开箱、二次搬运、从存放地点运至安装地点以及其他任何必要的辅助工作(以下简称"暂估价项目的安装及辅助工作")所发生的费用。与暂估价项目的安装及辅助工作所发生的费用应该包括在投标价格中并且固定包死。

表 4-2　材料暂估价表

| 序号 | 名　称 | 单位 | 数量 | 单价（元） | 合价（元） | 备　注 |
|---|---|---|---|---|---|---|
| 1 | 硬木装饰门 | m² | 2 423.40 | 1 000.00 | 2 423 400.00 | 含门框、门扇,其他特征描述见工程量清单,用于本工程的门安装工程项目。 |
| 2 | 低压开关柜<br>（CGD 190380/220 V） | 台 | 1 | 45 000.00 | 45 000.00 | 用于低压开关柜安装项目 |
| | （略） | | | | | |
| | 小　计 | | | | 2 468 400.00 | |

④ 专业工程暂估价表:例表-12-3

专业工程暂估价应在表内填写工程名称、工程内容、暂估金额,投标人应将上述金额计入投标总价中。

【例 4-3】　工程中专业工程暂估价项目及其暂估价清单见表 4-3。表中列明的专业工程暂估价,是指分包人实施专业分包工程含税金后的完整价(即包含了该分包工程中所有供应、安装、完工、调试、修复缺陷等全部工作),除了合同约定的承包人应承担的总包管理、协调、配合和服务责任所对应的总承包服务费用以外,承包人为履行其总包管理、配合、协调和服务等所需发生的费用应该包括在投标价格中。

表 4-3　专业工程暂估价表

| 序号 | 专业工程名称 | 工　程　内　容 | 金额（元） | 备　注 |
|---|---|---|---|---|
| 1 | 消防工程 | 合同图纸中标明的以及工程规范和技术说明中规定的各系统,包括但不限于消火栓系统、消防水池供水系统、水喷淋系统、火灾自动报警系统及消防联动系统中的设备、管道、阀门、线缆等的供应、安装和调试工作 | 9 500 000.00 | |
| | 小　计 | | 9 500 000.00 | |

⑤ 计日工表:例表-12-4

A. 编制工程量清单时,"项目名称"、"计量单位"、"暂估数量"由招标人填写。

B. 编制招标控制价时,人工、材料、机械台班单价由招标人按有关计价规定填写并计算合价。

C. 编制投标报价时,人工、材料、机械台班单价由投标人自主确定,按已给暂估数量计算合价计入投标总价中。

⑥ 总承包服务费计价表:例表-12-5

A. 编制工程量清单时,招标人应将拟定进行专业分包的专业工程、自行采购的材料设备等决定清楚,填写项目名称、服务内容,以便投标人决定报价。

B. 编制招标控制价时,招标人按有关计价规定计价。

C. 编制投标报价时,由投标人根据工程量清单中的总承包服务内容自主决定报价。

⑦ 索赔与现场签证计价汇总表:例表－12－6

本表是对发、承包双方签证认可的"费用索赔申请(核准)表"和"现场签证表"的汇总。

⑧ 费用索赔申请(核准)表:例表－12－7

本表将费用索赔申请与核准设置于一个表,非常直观。使用本表时,承包人代表应按合同条款的约定,阐述原因,附上索赔证据、费用计算报发包人,经监理工程师复核(按照发包人的授权,无论是监理工程师还是发包人现场代表均可),经造价工程师(此处造价工程师可以是发包人现场管理人员,也可以是发包人委托的工程造价咨询企业的人员)复核具体费用,经发包人审核后生效,该表以在选择栏中"□"内做标识"√"表示。

⑨ 现场签证表:例表－12－8

本表是对"计日工"的具体化,考虑到招标时,招标人对计日工项目的预估难免会有遗漏,带来实际施工发生后,无相应的计日工单价时,现场签证只能包括单价一并处理。因此,在汇总时,有计日工单价的可归并于计日工,如无计日工单价,归并于现场签证,以示区别。当然,现场签证全部汇总于计日工也是一种可行的处理方式。

**例表－12 其他项目清单与计价汇总表**

工程名称: 　　　　　　　标段: 　　　　　　　第 页 共 页

| 序号 | 项 目 名 称 | 计量单位 | 金额(元) | 备　　注 |
|---|---|---|---|---|
| 1 | 暂列金额 | | | 明细详见例表－12－1 |
| 2 | 暂估价 | | | |
| 2.1 | 材料暂估价 | | | 明细详见例表－12－2 |
| 2.2 | 专业工程暂估价 | | | 明细详见例表－12－3 |
| 3 | 计日工 | | | 明细详见例表－12－4 |
| 4 | 总承包服务费 | | | 明细详见例表－12－5 |
| 5 | | | | |
| | 合　　计 | | | |

注:材料暂估单价进入清单项目综合单价,此处不汇总。

**例表－12－1  暂列金额明细表**

工程名称：　　　　　　　　　标段：　　　　　　　　　　　　　　第　页  共　页

| 序号 | 项　目　名　称 | 计量单位 | 暂定金额(元) | 备　　注 |
|---|---|---|---|---|
| 1 | | | | |
| 2 | | | | |
| 3 | | | | |
| | | | | |
| 合　　计 | | | | |

注：此表由招标人填写，如不能详列，也可只列暂定金额总额，投标人应将上述暂列金额计入投标总价中。

**例表－12－2  材料暂估单价表**

工程名称：　　　　　　　　　标段：　　　　　　　　　　　　　　第　页  共　页

| 序号 | 材料名称、规格、型号 | 计量单位 | 单价(元) | 备　　注 |
|---|---|---|---|---|
| | | | | |
| | | | | |
| | | | | |
| | | | | |

注：① 此表由招标人填写，并在备注栏说明暂估价的材料拟用在哪些清单项目上，投标人应将上述材料暂估单价计入工程量清单综合单价报价中。

② 材料包括原材料、燃料、构配件以及按规定应计入建筑安装工程造价的设备。

**例表－12－3  专业工程暂估价表**

工程名称：　　　　　　　　　标段：　　　　　　　　　　　　　　第　页  共　页

| 序号 | 工　程　名　称 | 工程内容 | 金额(元) | 备　　注 |
|---|---|---|---|---|
| | | | | |
| | | | | |
| | | | | |
| | | | | |
| | | | | |
| | | | | |
| | | | | |
| 合　　计 | | | | |

注：此表由招标人填写，投标人应将上述专业工程暂估价计入投标总价中。

**例表－12－4 计日工表**

工程名称：　　　　　　　　　　标段：　　　　　　　　　　　　　　　第 页 共 页

| 编 号 | 项 目 名 称 | 单 位 | 暂定数量 | 综合单价 | 合 价 |
|---|---|---|---|---|---|
| 一 | 人 工 | | | | |
| 1 | | | | | |
| 2 | | | | | |
| 人 工 小 计 | | | | | |
| 二 | 材 料 | | | | |
| 1 | | | | | |
| 2 | | | | | |
| 材 料 小 计 | | | | | |
| 三 | 施工机械 | | | | |
| 1 | | | | | |
| 2 | | | | | |
| 施工机械小计 | | | | | |
| 总 计 | | | | | |

　　注：此表项目名称、数量由招标人填写，编制招标控制价时，单价由招标人按有关计价规定确定；投标时，单价由投标人自主报价，计入投标总价中。

**例表－12－5 总承包服务费计价表**

工程名称：　　　　　　　　　　标段：　　　　　　　　　　　　　　　第 页 共 页

| 序 号 | 项 目 名 称 | 项目价值(元) | 服务内容 | 费率(%) | 金额(元) |
|---|---|---|---|---|---|
| 1 | 发包人发包专业工程 | | | | |
| 2 | 发包人供应材料 | | | | |
| | | | | | |
| | | | | | |
| | | | | | |
| | | | | | |
| 合 计 | | | | | |

**例表－12－6 索赔与现场签证计价汇总表**

工程名称：　　　　　　　　　　标段：　　　　　　　　　　　　　　第 页 共 页

| 序号 | 签证及索赔项目名称 | 计量单位 | 数量 | 单价(元) | 合价(元) | 索赔及签证依据 |
|------|------------------|----------|------|----------|----------|----------------|
| | | | | | | |
| | | | | | | |
| | | | | | | |
| | | | | | | |
| | | | | | | |
| 本页小计 | | | | | | |
| 合　　计 | | | | | | |

注：签证及索赔依据是指经双方认可的签证单和索赔依据的编号。

**例表－12－7 费用索赔申请(核准)表**

工程名称：　　　　　　　　　　标段：　　　　　　　　　　　　　　编号：

| |
|---|
| 致：(发包人全称)<br>　　根据施工合同条款第＿＿＿＿条的约定，由于＿＿＿＿＿＿＿＿＿＿＿＿＿＿＿＿原因，我方要求索赔金额(大写)＿＿＿＿＿＿＿＿＿＿＿＿＿＿元，(小写)＿＿＿＿＿＿＿元，请予核准。<br>　　附：1. 费用索赔的详细理由和依据：<br>　　　　2. 索赔金额的计算：<br>　　　　3. 证明材料：<br><br>　　　　　　　　　　　　　　　　　　　　　　　　　　承包人(章)<br>　　　　　　　　　　　　　　　　　　　　　　　　　　承包人代表＿＿＿＿＿＿<br>　　　　　　　　　　　　　　　　　　　　　　　　　　日　　期＿＿＿＿＿＿＿ |

| 复核意见：<br>　　根据施工合同条款第＿＿＿＿条的约定，你方提出的费用索赔申请经复核：<br>　　□不同意此项索赔，具体意见见附件。<br>　　□同意此项索赔，索赔金额的计算，由造价工程师复核。<br><br>　　　　　　　监理工程师＿＿＿＿＿＿<br>　　　　　　　日　　期＿＿＿＿＿＿ | 复核意见：<br>　　根据施工合同条款第＿＿＿＿条的约定，你方＿＿＿＿＿＿＿＿＿＿提出的费用索赔申请经复核，索赔金额为(大写)＿＿＿＿＿＿＿＿＿＿元，(小写)＿＿＿＿＿元。<br><br>　　　　　　　造价工程师＿＿＿＿＿＿<br>　　　　　　　日　　期＿＿＿＿＿＿ |
|---|---|

| |
|---|
| 审核意见：<br>　　□不同意此项索赔。<br>　　□同意此项索赔，与本期进度款同期支付。<br><br><br>　　　　　　　　　　　　　　　　　　　　　　　　　　发包人(章)<br>　　　　　　　　　　　　　　　　　　　　　　　　　　发包人代表＿＿＿＿＿＿<br>　　　　　　　　　　　　　　　　　　　　　　　　　　日　　期＿＿＿＿＿＿＿ |

注：① 在选择栏中的"□"内做标识"√"。
　　② 本表一式四份，由承包人填报，发包人、监理人、造价咨询人、承包人各存一份。

## 例表-12-8 现场签证表

工程名称：　　　　　　　　标段：　　　　　　　　　　　　　编号：

| 施工部位 | | 日　期 | |
|---|---|---|---|

致:(发包人全称)

　　根据_____(指令人姓名)　年　月　日的口头指令或你方_____

(或监理人)　年　月　日的书面通知,我方要求完成此项工作应支付价款金额为(大写)_____

_____元,(小写)_____元,请予核准。

　　附:1. 签证事由及原因:

　　　　2. 附图及计算式:

承包人(章)

承包人代表_____

日　　期_____

| 复核意见:<br><br>　　你方提出的此项签证申请经复核:<br>　　□不同意此项签证,具体意见见附件。<br>　　□同意此项签证,签证金额的计算,由造价工程师复核。<br><br><br><br>　　　　监理工程师_____<br>　　　　日　　期_____ | 复核意见:<br><br>　　□此项签证按承包人中标的计日工单价计算,金额为(大写)_____元,(小写)_____元。<br>　　□此项签证因无计日工单价,金额为(大写)_____元,(小写)_____元。<br><br><br>　　　　造价工程师_____<br>　　　　日　　期_____ |
|---|---|

审核意见:

　　□不同意此项签证。

　　□同意此项签证,价款与本期进度款同期支付。

发包人(章)

发包人代表_____

日　　期_____

注:① 在选择栏中的"□"内做标识"√"。

② 本表一式四份,由承包人在收到发包人(监理人)的口头或书面通知后填写,发包人、监理人、造价咨询人、承包人各存一份。

（7）规费、税金项目清单与计价表：例表－13

本表按建设部、财政部印发的《建筑安装工程费用项目组成》（建标〔2003〕206 号）列举的规费项目列项，在施工实践中，有的规费项目，如工程排污费，并非每个工程所在地都要征收，实践中可作为按实计算的费用处理。此外，按照国务院《工伤保险条例》，工伤保险建议列入，与"危险作业意外伤害保险"一并考虑。

例表－13　规费、税金项目清单与计价表

工程名称：　　　　　　　　标段：　　　　　　　　　　　　　第　页　共　页

| 序　号 | 项目名称 | 计算基础 | 费率（％） | 金额（元） |
|---|---|---|---|---|
| 1 | 规费 | | | |
| 1.1 | 工程排污费 | | | |
| 1.2 | 社会保障费 | | | |
| （1） | 养老保险费 | | | |
| （2） | 失业保险费 | | | |
| （3） | 医疗保险费 | | | |
| 1.3 | 住房公积金 | | | |
| 1.4 | 危险作业意外伤害保险 | | | |
| 1.5 | 工程定额测定费 | | | |
| 2 | 税金 | 分部分项工程费＋措施项目费＋其他项目费＋规费 | | |
| 合　计 | | | | |

注：根据建设部、财政部发布的《建筑安装工程费用组成》（建标〔2003〕206 号）的规定，"计算基础"可为"直接费"、"人工费"或"人工费＋机械费"。

（8）工程款支付申请（核准）表：例表－14

本表将工程款支付申请和核准设置于一表，表达直观，由承包人代表在每个计量周期结束后向发包人提出由发包人授权的现场代表复核工程量（本表中设置为监理工程师），由发包人授权的造价工程师（可以是委托的造价咨询企业）复核应付款项，经发包人批准实施。

**例表-14　工程款支付申请(核准)表**

工程名称：　　　　　　　　标段：　　　　　　　　　　　　编号：

致(发包人全称)

我方于_____至_____期间已完成了_____工作,根据施工合同的约定,现申请支付本期的工程款额(大写)_____元,(小写)_____元,请予核准。

| 序　号 | 名　　称 | 金额(元) | 备　注 |
|---|---|---|---|
| 1 | 累计已完成的工程价款 | | |
| 2 | 累计已实际支付的工程价款 | | |
| 3 | 本周期已完成的工程价款 | | |
| 4 | 本周期完成的计日工金额 | | |
| 5 | 本周期应增加和扣减的变更金额 | | |
| 6 | 本周期应增加和扣减的索赔金额 | | |
| 7 | 本周期应抵扣的预付款 | | |
| 8 | 本周期应扣减的质保金 | | |
| 9 | 本周期应增加或扣减的其他金额 | | |
| 10 | 本周期实际应支付的工程价款 | | |

承包人(章)

承包人代表_____

日　　期_____

复核意见：

□与实际施工情况不相符,修改意见见附表。

□与实际施工情况相符,具体金额由造价工程师复核。

监理工程师_____

日　　期_____

复核意见：

你方提出的支付申请经复核,本期间已完成工程款额为(大写)_____元,(小写)_____元,本期间应支付金额为(大写)_____元,(小写)_____元。

造价工程师_____

日　　期_____

审核意见

□不同意。

□同意,支付时间为本表签发后的15天内。

发包人(章)

发包人代表_____

日　　期_____

注：① 在选择栏中的"□"内做标识"√"。

② 本表一式四份,由承包人填报,发包人、监理人、造价咨询人、承包人各存一份。

（9）计价表格使用规定

① 工程量清单与计价宜采用统一格式。各省、自治区、直辖市建设行政主管部门和行业建设主管部门可根据本地区、本行业的实际情况，在本规范计价表格的基础上补充完善。

② 工程量清单的编制应符合下列规定：

A. 工程量清单编制使用表格包括：封－1、例表－01、例表－08、例表－10、例表－11、例表－12（不含例表－12－6～例表－12－8）、例表－13。

B. 封面应按规定的内容填写、签字、盖章，造价员编制的工程量清单应有负责审核的造价工程师签字、盖章。

C. 总说明应按下列内容填写：

a. 工程概况：建设规模、工程特征、计划工期、施工现场实际情况、自然地理条件、环境保护要求等。

b. 工程招标和分包范围。

c. 工程量清单编制依据。

d. 工程质量、材料、施工等的特殊要求。

e. 其他需要说明的问题。

③ 招标控制价、投标报价、竣工结算的编制应符合下列规定：

A. 使用表格

a. 招标控制价使用表格包括：封－2、例表－01、例表－02、例表－03、例表－04、例表－08、例表－09、例表－10、例表－11、例表－12（不含例表－12－6～例表－12－8）、例表－13。

b. 投标报价使用的表格包括：封－3、例表－01、例表－02、例表－03、例表－04、例表－08、例表－09、例表－10、例表－11、例表－12（不含例表－12－6～例表－12－8）、例表－13。

c. 竣工结算使用的表格包括：封－4、例表－01、例表－05、例表－06、例表－07、例表－08、例表－09、例表－10、例表－11、例表－12、例表－13、例表－14。

B. 封面应按规定的内容填写、签字、盖章，除承包人自行编制的投标报价和竣工结算外，受委托编制的招标控制价、投标报价、竣工结算若为造价员编制的，应有负责审核的造价工程师签字、盖章以及工程造价咨询人盖章。

C. 总说明应按下列内容填写：

a. 工程概况：建设规模、工程特征、计划工期、合同工期、实际工期、施工现场及变化情况、施工组织设计的特点、自然地理条件、环境保护要求等。

b. 编制依据等。

D. 投标人应按招标文件的要求，附工程量清单综合单价分析表。

E. 工程量清单与计价表中列明的所有需要填写的单价和合价，投标人均应填写，未填写的单价和合价，视为此项费用已包含在工程量清单的其他单价和合价中。

6）附录

（1）附录 A 为建筑工程工程量清单项目及计算规则，适用于工业与民用建筑物和构筑物工程。

（2）附录 B 为装饰装修工程工程量清单项目及计算规则，适用于工业与民用建筑物和构筑物的装饰装修工程。

（3）附录 C 为安装工程工程量清单项目及计算规则，适用于工业与民用安装工程。

（4）附录 D 为市政工程工程量清单项目及计算规则，适用于城市市政建设工程。

（5）附录 E 为园林绿化工程工程量清单项目及计算规则，适用于园林绿化工程。

（6）附录 F 为矿山工程工程量清单项目及计算规则，适用于矿山工程。

# 4.3　工程量清单的编制

## 4.3.1　分部分项工程量清单编制

分部分项工程量清单是指构成拟建工程实体的全部分项实体项目名称和相应数量的明细清单。

分部分项工程量清单应包括项目编码、项目名称、项目特征、计量单位和工程量。

1）项目编码

项目编码是分部分项工程量清单项目名称的数字标识，应采用十二位阿拉伯数字表示。一至九位应按附录的规定设置，十至十二位应根据拟建工程的工程量清单项目名称设置，同一招标工程的项目编码不得有重码。

例如：

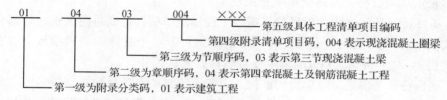

（1）第一级表示附录分类码（第 1、2 位）

编码 01 代表附录 A，建筑工程工程量清单项目；编码 02 代表附录 B，装饰装修工程工程量清单项目；编码 03 代表附录 C，安装工程工程量清单项目；编码 04 代表附录 D，市政工程工程量清单项目；编码 05 代表附录 E，园林绿化工程工程量清单项目；编码 06 代表附录 F，矿山工程工程量清单项目。

（2）第二级表示各附录的章顺序码（第 3、4 位）

以建筑工程为例，共设置八章，分别为：编码 0101 为"A.1 土（石）方工程"；编码 0102 为"A.2 桩与地基基础工程"；编码 0103 为"A.3 砌筑工程"；编码 0104 为"A.4 混凝土及钢筋混凝土工程"；编码 0105 为"A.5 厂库房大门、特种门、木结构工程"；A.6 金属结构工程；A.7 屋面及防水工程；A.8 防腐、隔热、保温工程等。

（3）第三级表示各章的节顺序码（第 5、6 位）

以现浇混凝土工程为例，编码 010401 表示 A.4.1 现浇混凝土基础的项目；编码 010402 表示 A.4.2 现浇混凝土柱的项目；编码 010403 表示 A.4.3 现浇混凝土梁的项目等。

（4）第四级表示附录清单项目码（第 7、8、9 位）

以现浇混凝土梁为例，编码 010403001 为"现浇混凝土基础梁"项目；编码 010403002 为"现浇混凝土矩形梁"项目；编码 010403003 为"现浇混凝土异形梁"等等。

（5）第五级表示具体工程清单项目码（第 10、11、12 位）

例如某框架结构现浇混凝土基础梁，根据设计要求，基础梁的混凝土强度等级有 C20 和 C30，则清单编制人可以从 001 开始依次编码：编码 010403001001 代表"现浇混凝土基础梁 C20"；编码 010403001002 代表"现浇混凝土基础梁 C30"；编码 010403001003 代表"现浇抗渗混凝土基础梁 C30"。如果还有不同类型的基础梁，则可依次往下编码。

2）项目名称

分部分项工程量清单的项目名称应按附录的项目名称结合拟建工程的实际确定。清单项目名称设置和划分原则上以形成工程实体为原则。例如，砖基础、实心砖墙、混凝土矩形柱等均是构成建筑工程实体的分项名称。清单实体分项工程是一个综合实体，它一般包含一个或几个单一实体（即若干个子项）。清单分项名称常以其中的主要实体子项名称命名。如清单项目"砖基础"，该分项中包含了"基础垫层"、"砖基础"、"基础防潮层"三个单一的子项。

3）项目特征

构成分部分项工程量清单项目、措施项目自身价值的本质特征，应按附录中规定的项目特征，结合拟建工程项目的实际予以描述。

分部分项工程量清单的项目特征是确定一个清单项目综合单价的重要依据，在编制的工程量清单中必须对其项目特征进行准确和全面的描述。

工程量清单项目特征描述的重要意义在于：

（1）项目特征是区分清单项目的依据。工程量清单项目特征是用来表述分部分项清单项目的实质内容，用于区分计价规范中同一清单条目下各个具体的清单项目。没有项目特征的准确描述，对于相同或相似的清单项目名称就无从区分。

（2）项目特征是确定综合单价的前提。由于工程量清单项目的特征决定了工程实体的实质内容，必然直接决定了工程实体的自身价值。因此，工程量清单项目特征描述的准确与否，直接关系到工程量清单项目综合单价的准确确定。

（3）项目特征是履行合同义务的基础。实行工程量清单计价，工程量清单及其综合单价是施工合同的组成部分，因此，如果工程量清单项目特征的描述不清甚至漏项、错误，从而引起在施工过程中的更改，都会引起分歧，导致纠纷。

4）计量单位

分部分项工程量清单的计量单位应按本规范附录中规定的计量单位确定。当计量单位有两个或两个以上时，应根据所编工程量清单项目的特征要求，选择最适宜表现该项目特征并方便计量的单位。例如"08 规范"对门窗工程的计量单位已修订为"樘/m²"两个计量单位，实际工作中，就应选择最适宜、最方便计量的单位来表示。

5）工程量

分部分项工程量清单的工程量应按附录中规定的工程量计算规则计算。

（1）以"吨"为计量单位的应保留小数点后三位，第四位小数四舍五入。

（2）以"立方米"、"平方米""米"、"千克"为计量单位的应保留小数点后两位，第三位小数四舍五入。

（3）以"项"、"个"等为计量单位的应取整数。

6）缺项补充

编制工程量清单出现附录中未包括的项目，编制人应作补充，并报省级或行业工程造价管理机构备案，省级或行业工程造价管理机构应汇总报住房和城乡建设部标准定额研究所。

补充项目的编码由附录的顺序码与 B 和三位阿拉伯数字组成，并应从×B001 起顺序编制，同一招标工程的项目不得重码。工程量清单中需附有补充项目的名称、项目特征、计量单位、工程量计算规则、工程内容。

编制人在编制补充项目时应注意以下三个方面：

（1）补充项目的编码必须按本规范的规定进行，即由附录的顺序码（A、B、C、D、E、F）与 B 和三位阿拉伯数字组成。

（2）在工程量清单中应附补充项目的项目名称、项目特征、计量单位、工程量计算规则和工作内容。

（3）将编制的补充项目报省级或行业工程造价管理机构备案。

表 4-4 为补充项目举例。

表 4-4　A.2.1 桩基础（编码：010201）

| 项目编码 | 项目名称 | 项目特征 | 计量单位 | 工程量计算规则 | 工程内容 |
|---|---|---|---|---|---|
| AB001 | 钢管桩 | 1. 地层描述<br>2. 送桩长度/单桩长度<br>3. 钢管材质、管径、壁厚<br>4. 管桩填充材料种类<br>5. 桩倾斜度<br>6. 防护材料种类 | m/根 | 按设计图示尺寸以桩长（包括桩尖）或根数计算 | 1. 桩制作、运输<br>2. 打桩、试验桩、斜桩<br>3. 送桩<br>4. 管桩填充材料、刷防护材料 |

7）注意事项

分部分项工程量清单为不可调整的闭口清单，投标人对招标文件提供的分部分项工程量清单必须逐一计价，对清单所列内容不允许作任何更改变动，对清单内容及工程数量经核实后便可进行报价，核实的结果并不一定在投标期间告知招标人，对于在招标文件中的清单项目漏项和算量错，原则上谁中标谁进行调整。

8）分部分项工程量清单编制实例（见表 4-5）

表 4-5　分部分项工程量清单与计价表

工程名称：××工程　　　　　标段：　　　　　　　　　　　　　　　第　页　共　页

| 序号 | 项目编码 | 项目名称 | 项目特征描述 | 计量单位 | 工程量 | 金额（元） | | |
|---|---|---|---|---|---|---|---|---|
| | | | | | | 综合单价 | 合价 | 其中：暂估价 |
| A.1　土（石）方工程 | | | | | | | | |
| 1 | 010101001001 | 平整场地 | Ⅱ类土<br>土方就地挖填找平 | m² | 226.55 | | | |

续表 4-5

| 序号 | 项目编码 | 项目名称 | 项目特征描述 | 计量单位 | 工程量 | 金额(元) | | |
|---|---|---|---|---|---|---|---|---|
| | | | | | | 综合单价 | 合价 | 其中:暂估价 |
| 2 | 010101003001 | 挖基础土方 | Ⅱ类土<br>条形基础<br>垫层底宽 1.2 m<br>挖土深度 1.6 m<br>弃土运距为 7 km | m³ | 116.74 | | | |
| 3 | 010101003002 | 挖基础土方 | Ⅱ类土<br>独立基础<br>垫层底宽 1.2 m<br>挖土深度 1.6 m<br>弃土运距为 7 km | m³ | 40.25 | | | |
| | | | (其他略) | | | | | |
| | | 本页小计 | | | | | | |
| | | 合　计 | | | | | | |

### 4.3.2　措施项目清单的编制

措施项目清单是指为完成工程项目施工,发生于该工程施工前和施工过程中的技术、生活、安全等方面的非工程实体项目的明细清单,如脚手架、模板等。

(1)措施项目清单应根据拟建工程的实际情况列项。通用措施项目可按表 4-6 选择列项,专业工程的措施项目可按附录中规定的项目选择列项。若出现本规范未列的项目,可根据工程实际情况补充。

表 4-6　通用措施项目一览表

| 序　号 | 项　目　名　称 |
|---|---|
| 1 | 安全文明施工(含环境保护、文明施工、安全施工、临时设施) |
| 2 | 夜间施工 |
| 3 | 二次搬运 |
| 4 | 冬雨季施工 |
| 5 | 大型机械设备进出场及安拆 |
| 6 | 施工排水 |
| 7 | 施工降水 |
| 8 | 地上、地下设施,建筑物的临时保护设施 |
| 9 | 已完工程及设备保护 |

（2）措施项目中可以计算工程量的项目清单宜采用分部分项工程量清单的方式编制，列出项目编码、项目名称、项目特征、计量单位和工程量计算规则；不能计算工程量的项目清单，以"项"为计量单位。

（3）措施项目清单编制注意事项。措施项目清单为可调整清单，投标人对招标文件中所列项目，可根据企业自身特点作适当的变更增减。措施项目的内容与工程的具体实际情况结合紧密，也与施工组织和施工方法有关，因此，清单编制人必须熟悉施工图设计文件，根据经验和有关规范的规定拟定合理的施工方案，为投标人提供较全面的措施项目清单。投标人在报价时要对拟建工程可能发生的措施项目和措施费用做全面的考虑，如果报出的清单中没有列项，施工中又必须发生的措施项目，投标人不得以任何借口提出变更与索赔。

（4）措施项目清单编制举例（见表4-7、4-8）

表4-7 措施项目清单与计价表（一）

工程名称：××工程　　　　　　标段：　　　　　　　　　　　　第 页 共 页

| 序号 | 项 目 名 称 | 计算基础 | 费率（%） | 金额（元） |
|---|---|---|---|---|
| 1 | 安全文明施工费 | | | |
| 2 | 夜间施工费 | | | |
| 3 | 二次搬运费 | | | |
| 4 | 冬雨季施工 | | | |
| 5 | 大型机械设备进出场及安拆费 | | | |
| 6 | 施工排水 | | | |
| 7 | 施工降水 | | | |
| 8 | 地上、地下设施，建筑物的临时保护设施 | | | |
| 9 | 已完工程及设备保护 | | | |
| 10 | 各专业工程的措施项目 | | | |
| （1） | 垂直运输机械 | | | |
| （2） | 脚手架 | | | |
| 合　　计 | | | | |

注：① 本表适用于以"项"计价的措施项目。

② 根据建设部、财政部发布的《建筑安装工程费用组成》（建标〔2003〕206号）的规定，"计算基础"可为"直接费"、"人工费"或"人工费＋机械费"。

**表 4 - 8 措施项目清单与计价表(二)**

工程名称:××工程          标段:          第 页 共 页

| 序号 | 项目编码 | 项目名称 | 项目特征描述 | 计量单位 | 工程量 | 金额(元) | |
|------|---------|---------|-------------|---------|--------|----------|---|
| | | | | | | 综合单价 | 合价 |
| 1 | AB001 | 现浇钢筋混凝土平板模板及支架 | 矩形板,支模高度 3 m | m² | 1 200 | | |
| 2 | AB002 | 现浇钢筋混凝土有梁板及支架 | 矩形梁,断面 200 mm×400 mm,梁底支模高度 2.6 m,板底支模高度 3 m | m² | 1 500 | | |
| | | | (其他略) | | | | |
| | | | 本页小计 | | | | |
| | | | 合 计 | | | | |

注:本表适用于以综合单价形式计价的措施项目。

### 4.3.3 其他项目清单的编制

1)其他项目清单列项内容

(1)暂列金额。

(2)暂估价,包括材料暂估单价、专业工程暂估价。

(3)计日工。

(4)总承包服务费。

2)其他项目清单编制实例(见表 4 - 9～表 4 - 14)

**表 4 - 9 其他项目清单与计价汇总表**

工程名称:××工程          标段:          第 页 共 页

| 序号 | 项 目 名 称 | 计量单位 | 金额(元) | 备 注 |
|------|-----------|---------|----------|-------|
| 1 | 暂列金额 | 项 | 300 000 | 明细详见表 4 - 10 |
| 2 | 暂估价 | | 100 000 | |
| 2.1 | 材料暂估价 | | — | 明细详见表 4 - 11 |
| 2.2 | 专业工程暂估价 | 项 | 100 000 | 明细详见表 4 - 12 |
| 3 | 计日工 | | | 明细详见表 4 - 13 |
| 4 | 总承包服务费 | | | 明细详见表 4 - 14 |
| 5 | | | | |
| | | | | |
| | | | | |
| | | | | |
| | 合 计 | | | |

注:材料暂估单价进入清单项目综合单价,此处不汇总。

**表 4 - 10　暂列金额明细表**

工程名称:××工程　　　　　标段:　　　　　　　　　　　　第　页　共　页

| 序号 | 项　目　名　称 | 计量单位 | 暂定金额(元) | 备　注 |
|---|---|---|---|---|
| 1 | 工程量清单中工程量偏差和设计变更 | 项 | 100 000 | |
| 2 | 政策性调整和材料价格风险 | 项 | 100 000 | |
| 3 | 其他 | 项 | 100 000 | |
| 4 | | | | |
| 5 | | | | |
| 6 | | | | |
| 7 | | | | |
| 8 | | | | |
| 9 | | | | |
| 10 | | | | |
| | 合　　计 | | 300 000 | |

注:此表由招标人填写,如不能详列,也可只列暂定金额总额,投标人应将上述暂列金额计入投标总价中。

**表 4 - 11　材料暂估单价表**

工程名称:××工程　　　　　标段:　　　　　　　　　　　　第　页　共　页

| 序号 | 材料名称、规格、型号 | 计量单位 | 单价(元) | 备　注 |
|---|---|---|---|---|
| 1 | 钢筋(规格、型号综合) | t | 5 000 | 用在所有现浇混凝土钢筋清单项目 |
| | | | | |
| | | | | |
| | | | | |
| | | | | |
| | | | | |
| | | | | |
| | | | | |
| | | | | |
| | | | | |
| | | | | |
| | | | | |

注:① 此表由招标人填写,并在备注栏说明暂估价的材料拟用在哪些清单项目上,投标人应将上述材料暂估单价计入工程量清单综合单价报价中。

② 材料包括原材料、燃料、构配件以及按规定应计入建筑安装工程造价的设备。

#### 表 4 - 12　专业工程暂估价表

工程名称：××工程　　　　　标段：　　　　　　　　　　　　　　第　页　共　页

| 序号 | 工程名称 | 工程内容 | 金额(元) | 备　　注 |
|---|---|---|---|---|
| 1 | 入户防盗门 | 安装 | 100 000 | |
| | | | | |
| | | | | |
| | | | | |
| | | | | |
| | | | | |
| | | | | |
| | | | | |
| | | | | |
| | | | | |
| | | | | |
| | | | | |
| | 合　　计 | | 100 000 | |

注：此表由招标人填写，投标人应将上述专业工程暂估价计入投标总价中。

#### 表 4 - 13　计日工表

工程名称：××工程　　　　　标段：　　　　　　　　　　　　　　第　页　共　页

| 编号 | 项　目　名　称 | 单位 | 暂定数量 | 综合单价 | 合　　价 |
|---|---|---|---|---|---|
| 一 | 人工 | | | | |
| 1 | 普工 | 工日 | 200 | | |
| 2 | 技工(综合) | 工日 | 50 | | |
| 3 | | | | | |
| 4 | | | | | |
| | 人　工　小　计 | | | | |
| 二 | 材料 | | | | |
| 1 | 钢筋(规格、型号综合) | t | 1 | | |
| 2 | 水泥 42.5 | t | 2 | | |
| 3 | 中砂 | m³ | 10 | | |
| 4 | 砾石(5～40 mm) | m³ | 5 | | |
| 5 | 页岩砖(240 mm×115 mm×53 mm) | 千匹 | 1 | | |

| 编号 | 项 目 名 称 | 单位 | 暂定数量 | 综合单价 | 合 价 |
|---|---|---|---|---|---|
| 6 | | | | | |
| 材 料 小 计 | | | | | |
| 三 | 施工机械 | | | | |
| 1 | 自升式塔式起重机(起重力矩 1 250 kN·m) | 台班 | 5 | | |
| 2 | 灰浆搅拌机(400 L) | 台班 | 2 | | |
| 3 | | | | | |
| 4 | | | | | |
| 施工机械小计 | | | | | |
| 总 计 | | | | | |

注:此表项目名称、数量由招标人填写,编制招标控制价时,单价由招标人按有关计价规定确定;投标时,单价由投标人自主报价,计入投标总价中。

### 表 4－14 总承包服务费计价表

工程名称:××工程　　　　　标段:　　　　　　　　　第1页 共1页

| 序号 | 项目名称 | 项目价值(元) | 服务内容 | 费率(%) | 金额(元) |
|---|---|---|---|---|---|
| 1 | 发包人发包专业工程 | 100 000 | 1. 按专业工程承包人的要求提供施工工作面并对施工现场进行统一管理,对竣工资料进行统一整理汇总;<br>2. 为专业工程承包人提供垂直运输机械和焊接电源接入点,并承担垂直运输费和电费;<br>3. 为防盗门安装后进行补缝和找平并承担相应费用 | | |
| 2 | 发包人供应材料 | 1 000 000 | 对发包人供应的材料进行验收及保管和使用发放 | | |
| | | | | | |
| | | | | | |
| | | | | | |
| | | | | | |
| 合 计 | | | | | |

3）注意事项

工程建设标准的高低、工程的复杂程度、工程的工期长短、工程的组成内容、发包人对工程管理要求等都直接影响其他项目清单的具体内容,现仅提供四项内容作为列项参考。其不足部分,编制人可根据工程的具体情况进行补充。

### 4.3.4　规费、税金项目清单的编制

1）规费项目清单的编制

规费是指根据省级政府或省级有关权力部门规定必须缴纳的，应计入建筑安装工程造价的费用。根据建设部、财政部印发的《建筑安装工程费用项目组成》（建标〔2003〕206号）的规定，规费是工程造价的组成部分。根据财政部、国家发展和改革委员会、建设部"关于专项治理涉及建筑企业收费的通知"（财综〔2003〕46号）规定的行政事业收费的政策界限："各地区凡在法律、法规规定之外，以及国务院或者财政部、原国家计委和省、自治区、直辖市人民政府及其所属财政、价格主管部门规定之外，向建筑企业收取的行政事业性收费，均属于乱收费，应当予以取消。"规费由施工企业根据省级政府或省级有关权力部门的规定进行缴纳，但在工程建设项目施工中的计取标准和办法由国家及省级建设行政主管部门依据省级政府或省级有关权力部门的相关规定制定。

规费项目清单应包括的内容有：

（1）工程排污费。

（2）工程定额测定费（江苏省现已停征）。

（3）社会保障费，包括养老保险费、失业保险费、医疗保险费。

（4）住房公积金。

（5）危险作业意外伤害保险。

2）税金项目清单的编制

税收是国家为了实现本身的职能，按照税法预先规定的标准，强制地、无偿地取得财政收入的一种形式，是国家参与国民收入分配和再分配的工具。本处税金是指依据国家税法的规定应计入建筑安装工程造价内，由承包人负责缴纳的营业税、城市维护建设税以及教育费附加等的总称。

税金项目清单应包括的内容有：

（1）营业税。

（2）城市维护建设税。

（3）教育费附加。

3）规费、税金项目清单的编制实例

#### 表4-15　规费、税金项目清单与计价表

工程名称：××工程　　　　　标段：　　　　　　　　　　　　　　　　第　页　共　页

| 序号 | 项 目 名 称 | 计 算 基 础 | 费率（%） | 金额（元） |
|---|---|---|---|---|
| 1 | 规费 | | | |
| 1.1 | 工程排污费 | 按工程所在地环保部门规定按实计算 | | |
| 1.2 | 社会保障费 | （1）＋（2）＋（3） | | |
| （1） | 养老保险费 | 定额人工费 | | |
| （2） | 失业保险费 | 定额人工费 | | |

| 序号 | 项 目 名 称 | 计 算 基 础 | 费率(%) | 金额(元) |
|------|------------|------------|---------|----------|
| (3) | 医疗保险费 | 定额人工费 | | |
| 1.3 | 住房公积金 | 定额人工费 | | |
| 1.4 | 危险作业意外伤害保险 | 定额人工费 | | |
| 1.5 | 工程定额测定费 | 税前工程造价 | | |
| 2 | 税金 | 分部分项工程费＋措施项目费＋其他项目费＋规费 | | |
| 合　　计 | | | | |

注:根据建设部、财政部发布的《建筑安装工程费用项目组成》(建标〔2003〕206号)的规定,"计算基础"可为"直接费","人工费"或"人工费＋机械费"。

4)注意事项

规费作为政府和有关权力部门规定必须缴纳的费用,政府和有关权力部门可根据形势发展的需要对规费项目进行调整。因此,对建筑安装工程费用项目组成未包括的规费项目,在计算规费时应根据省级政府和省级有关权力部门的规定进行补充。

如国家税法发生变化或地方政府及税务部门依据职权对税种进行了调整,应对税金项目清单进行相应的调整。

# 5 清单计价分析及案例

## 5.1 工程量清单计价模式概述

工程量清单计价模式是在原来定额计价基础上发展而来的。自《建设工程工程量清单计价规范》颁布后应以工程量清单计价为主,但是定额计价在我国实行了几十年,虽然有些不适应的地方,但并不影响其计价的准确性,而且我国各地经济发展状况不同,市场经济的程度存在差异,所以定额计价在今后一段时期内将发挥其过渡的作用。

很多人片面认为现在是推广清单报价了,定额没用了,可以退出历史舞台了。其实目前大部分的清单编制及投标报价都是离不开定额的运用的,定额是编制清单计价的基础。

### 5.1.1 工程量清单编制过程中综合计价定额的作用

工程量清单是表现拟建工程的分部分项工程项目、措施项目、其他项目名称、规费税金和相应数量的明细清单。反映拟建工程的全部工程内容以及为实现这些内容而进行的其他工程量清单包括分部分项工程量清单、措施项目清单、其他项目清单、规费项目清单和税金项目清单,其中分部分项工程量清单包括项目编码、项目名称、项目特征、计量单位和工程量;在《建设工程工程量清单计价规范》的附录中给出了六个专业工程的清单项目及工程量计算规则;在措施项目清单一览表中给出了安全文明施工及建筑工程、装饰装修工程、安装工程等常见的措施项目名称;其他项目清单包括暂列金额、暂估价、计日工、总承包服务费;规费项目清单包括工程排污费、工程定额测定费、社会保障费、住房公积金和危险作业意外伤害保险;税金项目清单包括营业税、城市维护建设税、教育费附加。

首先,我们应该注意工程量计算过程中清单与定额二者的不同。

(1) 表现形式不同。

(2) 项目填写内容规定不同。清单共设 12 位,数字全国统一,为的是工程造价信息全国共享;项目名称的设置与划分是以形成工程实体为原则,均以工程实体命名;项目特征是用来表述项目名称的,它直接影响项目实体的价值;计量单位按照国际惯例,均采用基本计量单位,与定额计量单位有所不同;清单工程量计算规则与预算定额的工程量计算规则有着原则性的区别,工程量清单计价原则是以实体部位的净尺寸计算,不包括因施工方法、措施的不同而人为规定的预留量,给施工企业进行竞争留下了余地;工作内容应包括完成实体的全部内容,所以对工作内容的描述非常重要。

① 项目编码

《建设工程工程量清单计价规范》中项目的综合性提高了,原来定额子目比较多,实行工程量清单计价规范后的项目综合了原来计价定额的许多子目,在编制清单时要注意分析对比,找出存在的差异,以便分解组合。

② 项目名称设置与项目特征描述

项目名称设置方便工程实体的计量,项目特征的描述包括完成项目的所有工作,注意实体项目与措施项目的区分,原来的脚手架分部、钢筋混凝土中的模板工程、垂直运输机械计算、超高费的计算都进入了措施费中,要注意区分开来。相对来说,对于清单中没有列项而在实际工作时又必须完成的工作,要计入相应的工程量清单的工程内容中。因为综合单价定额子目较细致,这些子目可以参照使用,以组合出清单中施工过程所包含的内容。

③ 项目清单的编制措施与项目清单的编制

清单可以参考综合单价定额中的脚手架、垂直运输机械、超高费等分部工程以及费用定额中的其他直接费、现场经费、间接费中的内容。项目在报价计算时,很多企业由于没有相应的企业定额,依然依据从计价定额中计算出来的报价作为参考的依据。

### 5.1.2 综合单价编制过程中综合单价计价定额的作用

《建设工程工程量清单计价规范》中的综合单价指"完成工程量清单中的一个规定计量单位项目所需的人工费、材料费、机械使用费、管理费和利润,并考虑风险因素"。其中,"投标报价应根据招标文件中的工程量清单和有关要求、施工现场实际情况及拟定的施工方案或施工组织设计,依据企业定额和市场价格信息,或参照建设行政主管部门发布的社会平均消耗定额进行编制。

从中可以看出,综合单价反映的应是企业的个别成本,应该用企业定额来进行消耗指标的确定。但是我们清楚,定额的编制是个庞大的系统工程,需要投入大量的人力物力;况且在原来的建筑管理体制下,作为生产消耗管理的定额是由国家主管部门统一管理的,建筑施工企业中也没有设置专门的生产消耗管理机构,企业定额实际上是不存在的。

在目前普遍没有编制企业定额的情况下,综合单价中人工费、材料费、机械台班使用费的确定仍然要参照政府有关主管部门发布的计价定额。而在《建设工程工程量清单计价规范》中并没有计价项目消耗量的规定,工程造价的改革从"控制量、指导价、竞争费"的量价分离模式一下要达到"政府宏观控制、企业自主报价、市场形成价格"只是一种理想状态。《建设工程工程量清单计价规范》的实施,并不意味着工程造价管理体制的改革已经达到了市场经济要求的市场价格状况。但事实并非如此,在分部分项工程综合单价分析表中,如果不借助现行的综合单价计价定额,就根本无法顺利完成报价操作。

企业定额是施工企业根据本企业的施工技术和管理水平以及有关工程造价资料制定的,并供本企业使用的人工、材料和机械台班消耗量标准。必须认识到,工程量清单计价模式与综合单价定额都是工程造价的依据。综合单价定额作为工程造价的计价基础,目前在我国有其不可替代的地位和作用。现行全国统一基础定额是生产要素的量的消耗标准,是提供工程计价的参考依据,所以不可能否定或抛弃定额。相反,应进一步认识和理解定额的性质和作用,尤其是消耗定额,它是工程造价改革的平台。因为,就目前建筑企业的发展状况来看,大部分企业还不具备建立和拥有企业定额的条件,消耗量定额仍是企业投标报价的计算基础,也是编制工程量清单进行项目划分和组合的基础。总之,综合单价定额计价与工程量清单计价都是工程造价的计价方法。而工程量清单计价模式更加接近市场确定价格,较之定额计价是一种历史进步。

### 5.1.3 《建设工程工程量清单计价规范》相关规定

本章定额选用 2004 年《江苏省建筑与装饰工程计价表》为基础对比清单计价。本章"规范"特指《建设工程工程量清单计价规范》2008 版简称。

规范 4.1.1 条：采用工程量清单计价，建设工程造价由分部分项工程费、措施项目费、其他项目费、规费和税金组成。

规范 4.1.2 条：分部分项工程量清单应采用综合单价计价。

规范 4.2.4 条：分部分项工程费应根据招标文件中的分部分项工程量清单项目的特征描述及有关要求，按本清单计价（2008 版）规范 4.2.3 条的规定确定综合单价计算。

综合单价中应包括招标文件中要求投诉人承担的风险费用。

招标文件中提供的暂估单价的材料，按暂估的单价计入综合单价。

# 5.2 建筑工程分部分项工程量清单计价

## 5.2.1 土(石)方工程

1) 土(石)方工程清单计价注意要点

(1)"平整场地"可能出现±30cm 以内全部是挖方或全部是填方，需外运土方或取(够)土回填时，在工程量单项目中应描述弃土运距(或弃土地点)或取土运距(或取土地点)，这部分的运输应包括在"平整场地"项目报价内；如施工组织设计规定超面积平整场地时，超出部分面积的费用应包括在报价内。

(2)"挖基础土方"项目计价时，根据施工方案规定的放坡、操作工作面和机械挖土进出施工工作面的坡道等增加的施工量，应包括在挖基础土方报价内。

(3) 工程量清单"挖基础土方"项目中应描述弃土运距，施工增量的弃土运输包括在报价内。

(4) 深基础的支护结构，如钢板桩、H 钢柱、预制钢筋混凝土板桩、钻孔灌注混凝土排桩挡墙、预制钢筋混凝土排桩挡墙、人工挖孔灌注混凝土排桩挡墙、旋喷桩地下连续墙和基坑内的水平钢支撑、水平钢筋混凝土支撑、锚杆拉固、基坑外拉锚、排桩的梁圈、H 钢柱之间的木挡土板以及施工降水等，应列入工程量清单措施项目费内。

(5) 管沟开挖加宽工作面、放坡和接口处加宽工作面，应包括在管沟土方报价内。

(6)"石方开挖"项目中石方爆破的超挖量，应包括在报价内。

(7)"土(石)方回填"项目中基础土方放坡等施工的增加量，应包括在报价内。

(8) 土石方清单项目报价应包括指定范围内的土石一次或多次运输、装卸以及基底夯实、修理边坡、清理现场等全部施工工序。

(9) 因地质情况变化或设计变更引起的土(石)方工程量的变更，由业主与承包人双方现场认证，依据合同条件进行调整。

2）举例

【例 5‑1】　某三类建筑工程人工开挖基坑土方项目，基础垫层尺寸（每边比基础宽100 mm)2 m×4 m，挖土深度 2 m，三类干土，双轮车弃土距离 100 m，共 20 个基坑。计算该分项工程清单工程量，按计价表计算该分部分项工程综合单价（坡度系数按 $K=0.33$ 考虑，人工、材料、机械、管理费、利润按定额不做调整）。

【解】　（1）确定项目编码及单位：010101003001　单位 $m^3$

（2）清单工程量为 $2 \text{ m} \times 4 \text{ m} \times 2 \text{ m} \times 20 = 320 \text{ m}^3$

（3）按计价表计算含量

① 人工挖三类土

$[20 \times (2.4 \times 4.4 + 3.72 \times 5.72 + 6.12 \times 10.12) \times 2 \div 6] \div 320 = 1.95 \text{ m}^3/\text{m}^3$

② 双轮车运土 $1.95 \text{ m}^3/\text{m}^3$

（4）套用计价表计算各工程内容（含量）单价及清单综合单价

| | | |
|---|---|---|
| 1‑56 人工挖三类干土 | $1.95 \times 19.4 = 37.83$ 元/$m^3$ | |
| (1‑92+1‑95)双轮车运土 | $1.95 \times (6.25 + 1.18) = 14.49$ 元/$m^3$ | |
| 人工挖基坑土土方综合单价： | $37.83 + 14.49 = 52.32$ 元/$m^3$ | |

（5）清单计价格式

工程名称：　　　　　　　　　　　　　　　　　　　　　　　　　　第　页　共　页

| 序号 | 项目编码 | 项目名称 | 计量单位 | 工程数量 | 金额（元） | |
|---|---|---|---|---|---|---|
| | | | | | 综合单价 | 合　价 |
| 1 | 010101003001 | 人工挖基坑土方 | $m^3$ | 320 | 52.32 | 16 742.4 |

## 5.2.2　桩与地基基础工程

1）桩与地基基础工程清单计价注意要点

（1）试桩与打桩之间间歇时间，机械在现场的停置，应包括在打试桩报价内。

（2）"预制钢筋混凝土桩"项目中预制桩刷防护材料应包括在报价内。

（3）"混凝土灌注桩"项目中人工挖孔时采用的护壁（如砖砌护壁、预制钢筋混凝土护壁、现浇钢筋混凝土护壁、钢模周转护壁、钢护桶护壁等），应包括在报价内。

（4）钻孔护壁泥浆的搅拌运输，泥浆池、泥浆沟槽的砌筑、拆除，应包括在报价内。

（5）"砂石灌注桩"的砂石级配、密实系数均应包括在报价内。

（6）"挤密桩"的灰土级配、密实系数均应包括在报价内。

（7）"地下连续墙"项目中的导槽，由投标人考虑在地下连续墙综合单价内。

（8）"锚杆支护"项目中的钻孔、布筋、锚杆安装、灌浆、张拉等搭设的脚手架，应列入措施项目费内。

（9）各种桩（除预制钢筋混凝土桩）的充盈量，应包括在报价内。

（10）振动沉管、锤击沉管若使用预制钢筋混凝土桩尖时，应包括在报价内。

（11）爆扩桩扩大头的混凝土量，应包括在报价内。

2）举例

【例 5‑2】　某工程现场搅拌钢筋混凝土钻孔灌注桩，土壤类别三类土，单桩设计长度

10 m,桩直径 450 mm,设计桩顶距自然地面高度 2 m,混凝土强度等级 C30,泥浆外运在 5 km 以内,共计 100 根桩,计算出的分部分项工程量清单,按计价表计算该分部分项工程综合单价(人工、材料、机械、管理费、利润按定额不做调整)。

【解】 (1)确定项目编码及单位 010201003001 单位 m

(2)清单工程量为 10 m×100 根=1 000 m

(3)按计价表计算各项工程内容含量

① 钻土孔 0.225×0.225×3.14×(10+2)÷10=0.191 m³/m

② 桩身 0.225×0.225×3.14×(10+0.45)÷10=0.166 m³/m

③ 泥浆外运 0.191 m³/m

(4)套用计价表计算各工程内容(含量)单价及清单综合单价

| 2—29 | 钻土孔 | 0.191×177.38=33.88 元/m |
| 2—35 | 桩身 | 0.166×305.26=50.67 元/m |
| 2—37 | 泥浆外运 | 0.191×76.45=14.6 元/m |
| 桩 68 注 3 砖 | 砌泥浆池 | 0.166×1.00=0.17 元/m |

钻孔灌注综合单价: 33.88+50.67+14.60+0.17=99.32 元/m

(5)清单计价格式

工程名称: 　　　　　　　　　　　　　　　　　　　　　　　　　第 页 共 页

| 序号 | 项目编码 | 项目名称 | 计量单位 | 工程数量 | 金额(元) | |
|---|---|---|---|---|---|---|
| | | | | | 综合单价 | 合 价 |
| 1 | 010201003001 | 钢筋混凝土钻孔灌注桩 | m | 1 000 | 99.32 | 99 320 |

### 5.2.3 砌筑工程

1)砌筑工程清单计价注意要点

(1)"实心砖墙"项目中墙内砖平旋、砖拱旋、砖过梁的体积不扣除,应包括在报价内。

(2)"砖窨井、检查井"、"砖水池、化粪池"项目中包括挖土、运输、回填、井池底板、池壁、井池盖板、池内隔断、隔墙、隔栅小梁、隔板、滤板、内外粉刷等全部工程内容,应全部计入报价内。

(3)"石基础"项目包括剔打石料天、地座荒包等全部工序及搭拆简易起重架等应全部计入报价内。

(4)"石勒脚"、"石墙"项目中石料天、地座打平、拼缝打平、打扁口等工序包括在报价内。

(5)"石挡土墙"项目报价时应注意:

① 变形缝、泄水孔、压顶抹灰等应包括在项目内。

② 挡土墙若有滤水层要求的应包括在报价内。

③ 搭、拆简易起重架应包括在报价内。

2)举例

【例5-3】 根据图5-1计算出的分部分项工程量清单,按计价表计算该分部分项工程综合单价(人工、材料、机械、管理费、利润按定额不做调整)。

【解】 (1)确定项目编码和计量单位　编码　010301001001　单位 m³

(2)清单工程量计算砖基础工程量:

$$0.24×(1.60+0.197)×[(9.0+5.0)×2+4.76×2]=16.18 \text{ m}^3$$

(3)按计价表规定计算各项工程内容的工程量

① 砖基础　$0.24×(1.60+0.197)×[(9.0+5.0)×2+4.76×2]=16.18 \text{ m}^3$

② 防潮层　$0.24×[(9.0+5.0)×2+4.76×2]=9.0 \text{ m}^2$

(4)套用计价表计算各项工程内容的综合价

① 3—1 换　　砖基础　　$16.18×188.24=3 045.72$ 元

② 3—42　　防潮层　　$0.90×80.68=72.61$ 元

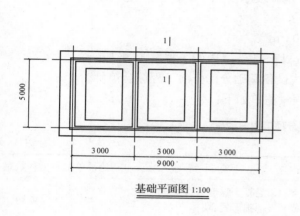

基础平面图 1:100

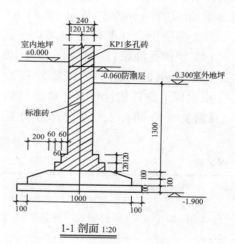

1-1 剖面 1:20

图 5-1

(5)计算砖基础的综合价、综合单价

砖基础的工程量清单综合价:$3 045.72+72.61=3 118.33$ 元

砖基础的工程量清单综合单价:$3 118.33÷16.18=192.73$ 元/m³

## 5.2.4　混凝土及钢筋混凝土工程

1)混凝土及钢筋混凝土工程清单计价注意要点

(1)"设备基础"项目的螺栓孔灌浆包括在报价内。

(2)混凝土板采用浇筑复合高强薄型空心管时,其工程量应扣除空心管所占体积,复合高强薄型空心管应包括在报价内。采用轻质材料浇筑在有梁板内,轻质材料应包括在报价内。

(3)"散水、坡道"项目需抹灰时,应包括在报价内。

(4)"水磨石构建"需要打蜡抛光时,打蜡抛光的费用应包括在报价内。

(5)购入的商品构配件以商品价进入报价。

(6)钢筋的制作、安装、运输损耗由投标人考虑在报价内。

(7)预制构件的吊装机械(除塔式起重机)包括在项目内,塔式起重机应列入措施项目费。

(8) 滑膜的提升设备(如千斤顶、液压操作台等)应列在模板及支撑费内。

(9) 钢网架在地面组装后的整体提升、倒锥壳水箱在地面就位预制后的提升设备(如液压千斤顶及操作台等)应列在措施项目(垂直运输费)内。

(10) 基础垫层应单独列项。

2) 举例

【例 5-4】 业主根据某工厂框架式设备基础施工图计算(人工、材料、机械、管理费、利润按定额不做调整):

(1) 混凝土强度等级 C35。

(2) 柱基础为块体,工程量 6.24 m³,墙基础为有梁式带型基础,工程量 4.16 m³,柱截面 450 mm×450 mm,工程量 12.75 m³,基础墙厚度 300 mm,工程量 10.85 m³,基础梁截面 350 mm×700 mm,工程量 17.01 m³,基础板厚度 300 mm,工程量 40.53 m³。

(3) 混凝土合计工程量 91.54 m³。

(4) 螺栓孔灌浆:1:3 水泥砂浆 12.03 m³。

(5) 钢筋:φ12 以内,工程量 2.829 t;φ12～φ25 以内的工程量 4.362 t。

根据以上条件按计价表计算该框架式设备基础分部分项工程综合单价。

【解】 (1) 招标人编制分部分项工程量清单如下:

**分部分项工程量清单**

工程名称:某工厂 第 页 共 页

| 序号 | 项目编码 | 项目名称 | 项目特征 | 计量单位 | 工程数量 |
|---|---|---|---|---|---|
| 1 | 010401004001 | 框架式设备基础柱基 | 1. 混凝土强度等级:C35<br>2. 基础形式:块体 | m³ | 6.24 |
| 2 | 010401004002 | 框架式设备基础墙基 | 1. 混凝土强度等级:C35<br>2. 基础形式:带型 | m³ | 4.16 |
| 3 | 010401004003 | 框架式设备基础柱 | 1. 混凝土强度等级:C35<br>2. 柱截面:450 mm×450 mm | m³ | 12.75 |
| 4 | 010401004004 | 框架式设备基础墙 | 1. 混凝土强度等级:C35<br>2. 墙体厚度:300 mm | m³ | 10.85 |
| 5 | 010401004005 | 框架式设备基础梁、板 | 1. 混凝土强度等级:C35<br>2. 梁截面:350 mm×700 mm<br>3. 板厚度:300 mm<br>4. 螺栓孔灌浆:1:3 水泥砂浆 | m³ | 57.54 |
| 6 | 010401004006 | 现浇混凝土钢筋 | φ12 以内 | t | 2.829 |
| 7 | 010401004007 | 现浇混凝土钢筋 | φ12～φ25 以内 | t | 4.362 |

(2) 套用计价表计算该分部分项工程综合单价

① 框架式设备基础柱基

5—7 换 C35 柱基综合单价:253.15 元/m³

② 框架式设备基础墙基

5—3 换 C35 条形混凝土基础综合单价:254.19 元/m³

③ 框架式设备基础柱

5—13 换 C35 混凝土柱综合单价:290.52 元/m³

④ 框架式设备基础墙

5—26 换 C35 混凝土墙综合单价:285.49 元/m³

⑤ 框架式设备基础梁、板

5—32 换 C35 有梁板 57.54 m³×274.89 元/m³=15 817.17 元

5—8 螺栓孔灌浆 12.03 m³×204.42 元/m³=2 459.17 元

框架式设备基础梁、板综合单价:(15 817.17+2 459.17)÷57.54=317.63 元/m³

⑥ φ12 以内钢筋

4—1 换 φ12 以内钢筋综合单价:3 421.48 元/t

⑦ φ25 以内钢筋

4—2 换 φ25 以内钢筋综合单价:3 241.82 元/t

(3) 填写分部分项工程量清单计价表

**分部分项工程量清单计价**

工程名称:某工厂 　　　　　　　　　　　　　　　　　　　　第 页 共 页

| 序号 | 项目编码 | 项目名称 | 计量单位 | 工程数量 | 金额(元) | |
|---|---|---|---|---|---|---|
| | | | | | 综合单价 | 合价 |
| 1 | 010401004001 | 框架式设备基础柱基 | m³ | 6.24 | 253.15 | 1 579.66 |
| 2 | 010401004002 | 框架式设备基础墙基 | m³ | 4.16 | 254.19 | 1 057.43 |
| 3 | 010401004003 | 框架式设备基础柱 | m³ | 12.75 | 290.52 | 3 704.13 |
| 4 | 010401004004 | 框架式设备基础墙 | m³ | 10.85 | 285.49 | 3 097.57 |
| 5 | 010401004005 | 框架式设备基础梁、板 | m³ | 57.54 | 317.63 | 18 276.43 |
| 6 | 010401004001 | 现浇混凝土钢筋 | m³ | 2.829 | 3 421.48 | 9 679.37 |
| 7 | 010401004002 | 现浇混凝土钢筋 | m³ | 4.362 | 3 241.82 | 14 140.82 |

## 5.2.5 厂库房、特种门、木结构工程

1) 厂库房大门、特种门、木结构工程清单计价注意要点

(1)"钢木大门"项目的钢骨架制作安装包括在报价内。

(2)"木屋架"项目中与屋架相连接的檩木应包括在木屋架报价内;钢夹板构件、连接螺栓应包括在报价内。

(3)"钢木屋架"项目中的钢拉杆(下弦拉杆)、受拉腹杆、钢夹板、连接螺栓应包括在报价内。

(4)"木柱"、"木梁"项目中的接地、嵌入墙内部分的防腐应包括在报价内。

(5)"木楼梯"项目中防滑条应包括在报价内。

(6) 设计规定使用干燥木材时,干燥耗损及干燥费应包括在报价内。

(7) 木材的出材率应包括在报价内。

(8) 木结构有防虫要求时,防虫药剂应包括在报价内。

2) 举例

【例 5-5】 某跃层住宅室内木楼梯,共 1 套,楼梯斜梁截面为 80 mm×150 mm,踏步

板 900 mm×300 mm×25 mm,踢脚板 900 mm×150 mm×20 mm,楼梯栏杆 φ50,硬木扶手为圆形 φ60,除扶手材质为桦木外,其余材质为杉木。楼梯(不包括底面)刷防火漆、聚氨酯清漆各两遍,木栏杆、木扶手刷防火漆、聚氨酯漆两遍。业主根据全国工程量清单的计算规划计算出木楼梯工程量如下(三类工程):

(1) 木楼梯斜梁体积为 0.256 m³。

(2) 楼梯面积为 6.21 m²(水平投影面积)。

(3) 楼梯栏杆为 8.67 m(垂直投影面积为 7.31 m²)。

(4) 硬木扶手 8.89 m。

根据以上条件按计价表计算该室内木楼梯分部分项工程综合单价。

【解】 (1)招标人编制分部分项工程量清单如下表

**分部分项工程量清单**

工程名称:某跃层住宅 第 页 共 页

| 序号 | 项目编码 | 项目名称 | 项目特征 | 计量单位 | 工程数量 |
|---|---|---|---|---|---|
| 1 | 010503003001 | 木楼梯 | 1. 木材种类:杉木<br>2. 刨光要求:露面部分刨光<br>3. 踏步板 900×300×25<br>4. 踢脚板 900×150×20<br>5. 斜梁截面 80×150<br>6. 刷防火漆两遍<br>7. 刷聚氨酯清漆两遍 | m² | 6.21 |
| 2 | 020107002001 | 木栏杆(硬木扶手) | 1. 木材种类:栏杆杉木、扶手桦木<br>2. 刨光要求:刨光<br>3. 栏杆截面:φ50<br>4. 扶手截面:φ60<br>5. 刷防火漆两遍<br>6. 栏杆刷聚氨酯清漆两遍<br>7. 扶手刷聚氨酯清漆两遍 | m | 8.89 |

(2) 套用计价表计算该分部分项工程综合单价

① 木楼梯

8—65 换木楼梯(含楼梯斜梁、踢脚板)制作、安装

$$6.21 \text{ m}^2 × 2\,440.87 \text{ 元}/10 \text{ m}^2 ÷ 10 = 1\,515.78 \text{ 元}$$

16—226 楼梯刷防火漆两遍

$$6.21 \text{ m}^2 × 2.30(\text{系数}) × 113.79 \text{ 元}/10 \text{ m}^2 ÷ 10 = 162.53 \text{ 元}$$

(16—239—16—244)楼梯刷清漆两遍

$$6.21 \text{ m}^2 × 2.30(\text{系数}) × 91.10 \text{ 元}/10 \text{ m}^2 ÷ 10 = 130.12 \text{ 元}$$

木楼梯综合单价:

$$(1\,515.78 + 162.53 + 130.12) ÷ 6.21 = 291.21 \text{ 元}/\text{m}^2$$

② 木栏杆(硬木扶手)

12—164 木栏杆、木扶手制作安装

$$8.89 \text{ m} × 1\,230.60 \text{ 元}/10 \text{ m} ÷ 10 = 1\,094.00 \text{ 元}$$

16—212 木栏杆、木扶手刷防火漆两遍

   7.31 m² ×1.82（系数）×83.41 元/10 m² ÷10＝110.97 元

16—96 木栏杆、木扶手刷聚氨酯清漆两遍

   7.31 m² ×1.82（系数）×146.43 元/10 m² ÷10＝194.81 元

木栏杆（硬木扶手）综合单价：

   （1 094.00＋110.97＋194.81）÷8.89＝157.46 元/m

（3）填写分部分项工程量清单计价表

**分部分项工程量清单计价表**

工程名称:某跃层住宅             第　页　共　页

| 序号 | 项目编码 | 项目名称 | 计量单位 | 工程数量 | 金额（元） | |
|---|---|---|---|---|---|---|
| | | | | | 综合单价 | 合　价 |
| 1 | 010503003001 | 木楼梯 | m² | 6.21 | 291.21 | 1 808.41 |
| 2 | 020107002001 | 木栏杆（硬木扶手） | m | 8.89 | 157.46 | 1 399.82 |

## 5.2.6　金属结构工程

1）金属结构工程清单计价注意要点

（1）"钢管柱"项目中钢管混凝土柱的盖板、底板、穿心板、横隔板、加强环、明牛腿、暗牛腿应包括在报价内。

（2）钢构件的除锈刷漆包括在报价内。

（3）钢构件拼装台的搭拆和材料摊销应列入措施项目费。

（4）钢构件需探伤（包括射线探伤、超声波探伤、磁粉探伤、金相探伤、着色探伤、荧光探伤）应包括在报价内。

2）举例

【例5-6】　某单层工业厂房屋面钢屋架12榀,现场制作,根据"计价表"计算该屋架每榀2.76 t,刷红丹防锈漆一遍,防火漆两遍,调和漆两遍,构件安装,场内运输650 m,履带式起重机安装高度5.4 m,跨外安装,请按计价表计算钢屋架的综合单价（三类工程）。

【解】　（1）招标人编制分部分项工程量清单如下

**分部分项工程量清单**

工程名称:某单层工业厂房            第　页　共　页

| 序号 | 项目编码 | 项目名称 | 项　目　特　征 | 计量单位 | 工程数量 |
|---|---|---|---|---|---|
| 1 | 010601001001 | 钢屋架 | 1. 钢材品种规格:∟50×50×4<br>2. 单榀屋架重量:2.76 t<br>3. 屋架跨度 9 m,安装高度 5.4 m<br>4. 屋架无探伤要求<br>5. 屋架刷防火漆两遍<br>6. 屋架刷调和漆两遍 | 榀 | 12 |

（2）套用计价表计算该分部分项工程综合单价

单榀钢屋架工程量 2.76 t

| 6—7 | 钢屋架制作 | 2.76 t×4 716.44 元/t=13 017.37 元 |
|---|---|---|
| 16—264 | 钢屋架刷红丹防锈漆一遍 | 2.76 t×1.1(系数)×88.39 元/t=268.35 元 |
| 16—272 | 钢屋架刷防火漆两遍 | 2.76 t×291.54 元/t=804.65 元 |
| 16—260 | 钢屋架刷调和漆两遍 | 2.76 t×131.87 元/t=363.96 元 |
| 7—25 | 钢屋架运输 | 2.76 t×37.49 元/t=103.47 元 |
| 7—124 换 | 钢屋架安装(跨外) | 2.76 t×377.68 元/t=1042.40 元 |

单价换算：人工费　　68.12×1.18＝80.38 元

　　　　　　材料费　　27.44 元

　　　　　　机械费　　161.26＋77.82×0.18＝175.27 元

　　　　　　管理费　　(80.38＋175.27)×25％＝63.91 元

　　　　　　利　润　　(80.38＋175.27)×12％＝30.68 元

单价合计：377.68 元/t

钢屋架综合单价：15 600.20 元/榀

(3)填写分部分项工程量清单计价表

分部分项工程量清单计价表

工程名称：某单层工业厂房　　　　　　　　　　　　　　　　　　　　　　　第　页　共　页

| 序号 | 项目编码 | 项目名称 | 计量单位 | 工程数量 | 金额（元） | |
|---|---|---|---|---|---|---|
| | | | | | 综合单价 | 合　价 |
| 1 | 010601001001 | 钢屋架 | 榀 | 12 | 15 600.20 | 187 202.40 |

## 5.2.7　屋面及防水工程

1)屋面及防水工程清单计价注意要点

(1)"瓦屋面"项目中屋面基层包括檩条、椽子、木屋面板、顺水条、挂瓦条等,应全部计入报价中。

(2)"型材屋面"的钢檩条或木檩条以及骨架、螺栓、挂钩等应包括在报价中。

(3)"膜结构屋面"项目中支撑和拉固膜布的钢柱、拉杆、金属网架、钢丝绳、锚固的锚头等应包括在报价内。

(4)"屋面卷材防水"项目报价时应注意：

① 抹屋面找平层、基层处理(清理修补、刷基层处理剂)等应包括在报价内。

② 檐沟、天沟、水落口、泛水收头、变形缝等处的卷材附加层应包括在报价内。

③ 浅色、反射涂料保护层,绿豆沙保护层,细沙、云母及蛭石保护层,应包括在报价内。

(5)"屋面涂防水层"项目报价时应注意：

① 抹屋面找平层,基层处理(清理修补、刷基层处理剂)等,应包括在报价内。

② 需加强材料的应包括在报价内。

③ 檐沟、天沟、水落口、泛水收头、变形缝等处的附加层材料应包括在报价内。

④ 浅色、反射涂料保护层,绿豆沙保护层,细沙、云母、蛭石保护层,应包括在报价内。

(6)"屋面刚性防水"项目中的分格缝、泛水、变形缝部位的防水卷材、密封材料、背衬材料、沥青麻丝等应包括在报价内。

（7）"屋面排水层"项目报价时应注意：

① 排水管、雨水口、箅子板、水斗等应包括在报价内。

② 埋设管卡箍、裁管、接嵌缝应包括在报价内。

（8）"屋面天沟、檐沟"项目报价时应注意：

① 天沟、檐沟固定卡件、支撑件应包括在报价内。

② 天沟、檐沟的接缝、嵌缝材料应包括在报价内。

（9）"卷材防水、涂膜防水"项目报价时应注意：

① 抹找平层、刷基础处理剂、刷胶黏剂、胶黏防水卷材应包括在报价内。

② 特殊处理部位（如管道的通道部位）的嵌缝材料、附加卷材衬垫等应包括在报价内。

（10）"砂浆防水（潮）"的外加剂应包括在报价内。

（11）"变形缝"项目中的止水带安装和盖板制作、安装应包括在报价内。

2）举例

【例 5-7】 根据图 5-2 中工程的屋面及檐沟做法，列出图中屋面及防水工程的清单工程量，并按计价表计算该分部分项工程综合单价。落水管：雨水斗为 PVC 材质、$\phi100$，雨水口为铸铁（带罩），檐沟 C20 细石混凝土按平均厚 25 mm 考虑。

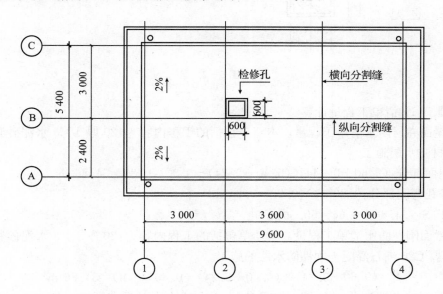

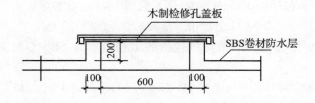

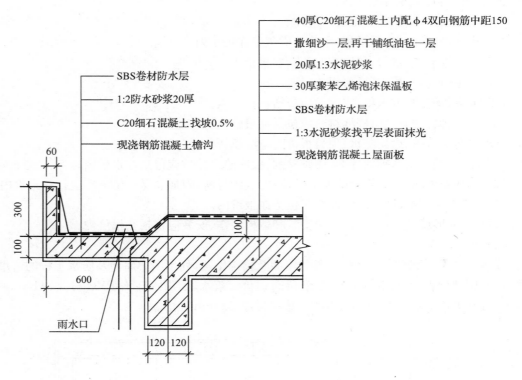

图 5－2

【解】 (1)清单工程量计算

① 屋面卷材防水清单工程量。本清单包括的工程内容为:20 厚 1：3 水泥砂浆找平层施工,卷材防水层施工。

平屋面部分:$(9.60+0.24)\times(5.40+0.24)-0.80\times0.80=54.86$ m$^2$

检修孔弯起部分:$0.80\times4\times0.20=0.64$ m$^2$

合计:$S=54.86+0.64=55.50$ m$^2$

② 屋面刚性防水清单工程量。本清单包括的工程内容为:20 厚 1：3 水泥砂浆找平层施工,40 厚 C20 细石混凝土刚性防水层的施工。

$$S=(9.60+0.24)\times(5.40+0.24)-0.80\times0.80=54.86 \text{ m}^2$$

③ 屋面排水管清单工程量。按檐口至设计室外地面垂直距离计算(室内外高差按0.3 m考虑),本条清单包括的工程内容为:落水管、雨水口、雨水斗。

$$L=(11.80+0.1+0.3)\times6=73.20 \text{ m}$$

④ 屋面檐沟清单工程量。本条清单包括的工程内容为 SBS 卷材防水、细石混凝土找坡、水泥砂浆抹面。

$$S=(9.84+5.64)\times2\times0.1+[(9.84+0.54)+(5.64+0.54)]\times2\times0.54$$
$$+[(9.84+1.08)+(5.64+1.08)]\times2\times(0.3+0.06)=33.68 \text{ m}^2$$

(2)根据每项清单项目所包含的工程内容分别套用计价表计算该分部分项工程综合单价

① 屋面卷材防水

9—30　SBS 改性沥青防水卷材　55.50 m²×389.78 元/10 m²÷10＝2 163.28 元

9—75　1∶3 水泥砂浆找平层（分格）　54.86 m²×89.13 元/10 m²÷10＝488.97 元

屋面卷材防水综合单价　（2 163.28＋488.97）÷55.50＝47.79 元/m²

② 屋面刚性防水

9—72　C20 细石混凝土防水层（分格）　54.86 m²×211.07 元/10 m²÷10＝1 157.93元

9—75　1∶3 水泥砂浆找平层（分格）　54.86 m²×89.13 元/10 m²÷10＝488.97 元

屋面刚性防水综合单价：(1 157.93＋488.97)÷54.86＝30.02 元/m²

③ 屋面排水管

9—188　PVC 落水管　φ100　73.20 m×289.94 元/10 m÷10＝2 122.36 元

9—196　铸铁（带罩）雨水口　φ100　6 只×172.65 元/10 只÷10＝103.59 元

9—190　PVC 雨水斗　φ100　6 只×257.2 元/10 只÷10＝154.21 元

屋面排水管综合单价：(2 122.36＋103.59＋154.21)÷73.20＝32.52 元/m

④ 屋面檐沟卷材防水

9—30 换　SBS 改性沥青防水卷材　33.68 m²×389.78 元/10 m²÷10＝1 312.78 元

计算檐沟细石混凝土找坡工程量，平均厚 25 mm。

$$(9.84＋0.54)＋(5.64＋0.54)×2×0.54＝17.88 \ m^2$$

(12—18)—(12—19)×3 C20 细石混凝土 25 厚

$$17.88 \ m^2×69.94 \ 元/10 \ m^2÷10＝125.05 \ 元$$

(9—70)—(9—71)1∶2 防水砂浆 20 厚(不分格)

$$33.68 \ m^2×97.36 \ 元/10 \ m^2÷10＝327.91 \ 元$$

屋面檐沟卷材防水综合单价：(1 312.78＋125.05＋327.91)÷336＝52.43 元/m²

(3) 填写分部分项工程量清单计价表

**分部分项工程量清单计价表**

工程名称：某工程　　　　　　　　　　　　　　　　　　　　　　　第　页　共　页

| 序号 | 项目编码 | 项目名称 | 计量单位 | 工程数量 | 金额(元) | |
|---|---|---|---|---|---|---|
| | | | | | 综合单价 | 合　价 |
| 1 | 010702001001 | 屋面卷材防水 | m² | 55.50 | 47.79 | 2 652.35 |
| 2 | 010702003001 | 屋面刚性防水 | m² | 54.86 | 30.02 | 1 646.90 |
| 3 | 010702004001 | 屋面排水管 | m | 73.20 | 32.52 | 2 380.46 |
| 4 | 010702005001 | 屋面檐沟卷材防水 | m² | 33.68 | 52.43 | 1 765.84 |

## 5.2.8　防腐、隔热、保温工程

1) 防腐、隔热、保温工程清单计价注意点

(1) "聚氯乙烯板面层"项目中聚氯乙烯板的焊接应包括在报价内。

(2) "防腐涂料"项目需刮腻子时应包括在报价内。

（3）"保温隔热屋面"项目中屋面保温隔热的找坡，找平层应包括在报价内，如果屋面防水层项目包括找平层和找坡，屋面保温隔热不再计算，以免重复。

（4）"保温隔热天棚"项目下贴式如需底层抹灰时，应包括在报价内。

（5）"保温隔热墙"项目报价时应注意：

① 外墙内保温和外墙保温的面层应包括在报价内。

② 外墙内保温和内墙保温踢脚线应包括在报价内。

③ 外墙外保温、内保温、内墙保温的基层抹灰或刮腻子应包括在报价内。

（6）防腐工程中需要酸化处理时应包括在报价内。

（7）防腐工程中的养护应包括在报价内。

2）举例

**【例 5-8】** 根据例 5-7 中的条件，计算屋面保温的清单工程量，并按计价表计算该分部分项工程综合单价。

**【解】** （1）清单工程量的计算

保温隔热屋面清单工程量。该清单工程量内容不仅包括保温隔热层施工，其找平层已计入屋面防水清单项目内，不再重复计算。工程量

$$S=(9.60+0.24)\times(5.40+0.24)-0.80\times0.80=54.86 \text{ m}^2$$

（2）根据该清单项目所包含的工程内容，套用计价表计算该分部分项工程综合单价。

按计价表规定计算屋面保温隔热工程量：54.86 m² × 0.03 m = 1.65 m³

9-216  屋面保温隔热聚苯乙烯泡沫板 1.65 m³ × 957.23 元/m³ = 1 579.43 元

屋面保温隔热综合单价：1 579.43 ÷ 54.86 = 28.79 元/m²

（3）填写分部分项工程量清单计价表

**分部分项工程量清单计价表**

工程名称：某工程　　　　　　　　　　　　　　　　　　　　　　　　　　第　页　共　页

| 序号 | 项目编码 | 项目名称 | 计量单位 | 工程数量 | 金额（元） | |
|---|---|---|---|---|---|---|
| | | | | | 综合单价 | 合　价 |
| 1 | 010803001001 | 保温隔热屋面 | m² | 54.86 | 28.79 | 1 579.43 |

# 5.3　装饰工程分部分项工程量清单计价

## 5.3.1　楼地面工程

楼地面工程清单计价注意要点：

（1）规范中无论是整体面层还是块料面层，其计算规则都相同，而计价表中整体面层和块料面层的计算规则是不同的。同是整体面层，其规则也不同。规范的计算规则是"不扣除间壁墙和 0.3 m² 以内的柱、垛、附墙烟囱及孔洞所占面积"，计价表则为"不扣除垛、柱、间壁

墙及面积在 0.3 m² 以内的孔洞所占面积",注意二者的区别。块料面层的计算规则二者区别就更大了。

(2) 踢脚线:计价规范的计算规则是"按设计长度乘以面积计算",而计价表中是以延长米为计量单位。计价表中无论是整体还是块料面层楼梯均包括踢脚线在内;而计价规范未明确,在实际操作中为便于计算,可参照计价表把楼梯踢脚线合并在楼梯报价内,但在楼梯清单的项目特征一栏应把踢脚线描述在内,在报价时不要漏掉。

(3) 楼梯:计价规范中无论是块料面层还是整体面层,均按水平投影面积计算,包括 50 mm 以内的楼梯井宽度。计价表中整体面层与块料面层楼梯的计算规则是不一样的,整体面层按楼梯水平投影面积计算,与规范仍有区别:① 楼梯井范围不同,规范是 50 mm 为控制指标,计价表以 200 mm 为界限;② 楼梯与楼地面相连时计价规范规定只算至楼梯梁内侧边缘,计价表规定应算至楼梯梁外侧面。

(4) 台阶:计价规范中无论是块料面层还是整体面层,均按水平投影面积计算;计价表中整体面层按水平投影面积计算,块料面层按展开(包括两侧)实铺面积计算。同时注意:台阶面层与平台面层使用同一种材料时,平台计算面积后,台阶不再计算最上一层踏步面积,应当将最后一步台阶的踢脚线板面层考虑在报价内。

(5) 栏杆:楼梯栏杆计价规范的计算规则是"按设计图示尺寸以扶手中心线长度(包括弯头长度)计算",即按实际展开长度计算;计价表中规定"楼梯踏步部分即楼梯段板的斜长部分的栏杆与扶手应按水平投影长度乘系数 1.18 计算",注意区分。

(6) 有填充层和隔离层的楼地面往往有两层找平层,报价时应注意。

(7) 当台阶面层与平台面层材料相同而最后一步台阶投影面积不计算时,应将最后一步台阶的踢脚板面层考虑在报价内。

### 5.3.2 墙柱面工程

墙柱面工程清单计价注意要点:

(1) 外墙面抹灰计价规范与计算规则有明显区别:规范中明确了门窗在洞口和孔洞的侧壁及顶面不增加面积(外墙长×外墙高-门窗洞口-外墙裙和单个大于 0.3 m² 孔洞+附墙柱、梁、垛、烟囱侧面积);而计价表规定,门窗洞口、空圈的侧壁、顶面及垛应按结构展开面积并入墙面抹灰中计算。因此,在计算清单工程量及计价表工程量时应注意区分。

(2) 关于阳台、雨篷的抹灰:在计价规范中无一般阳台、雨篷抹灰列项,可参照计价表中有关阳台、雨篷粉刷的计算规则,以水平投影面积计算,并以补充清单编码的形式列入 B.2.1 墙面抹灰中,并在项目特征一栏详细描述该粉刷部位的砂浆厚度(包括打底、面层)及相应的砂浆配合比。

(3) 装饰板墙面:计价规范中集该项目的龙骨、基层、面层、油漆于一体,采用一个计算规则;而计价表中不同的施工工序甚至同一施工工序但做法不同其计算规则都不一样。在进行清单计价时,特别要注意根据清单的项目特征及工程内容,通过计价表罗列完整全面的子目,并根据不同子目各自的计算规则调整相应的工程量,最后才能反推出该清单项目的综合报价。

(4) 柱(梁)面装饰:计价规范中不分矩形柱、圆柱均为一个项目,其柱帽、柱墩并入柱饰面工程量内;计价表分矩形柱、圆柱分别设子目,柱帽、柱墩也单独设子目,工程量单独计算。

（5）隔断:清单仅设置一个项目,计价表根据不同种类设置多个子目,工程量计算规则不尽相同。

### 5.3.3　天棚面工程

天棚面工程清单计价注意要点:

（1）楼梯天棚的抹灰:规范计算规则规定:"板式楼梯底面抹灰按斜面积计算,锯齿形楼梯底板抹灰按展开面积计算。"即按实际粉刷面积计算。计价表规则规定:"底板为斜板的混凝土楼梯、螺旋楼梯,按水平投影面积(包括休息平台)乘系数1.18,底板为锯齿形时(包括预制踏步板),按其水平投影面积乘系数1.5计算。"

（2）天棚吊顶:计价规范中也是集该项目的吊筋、龙骨、基层、油漆于一体,采用一个计算规则,计价表中分别设置不同子目且计算规则都不一样。

（3）抹装饰线条:线角的道数以一个突出的棱角为一道线,应在报价时注意。

### 5.3.4　门窗工程

门窗工程清单计价注意要点:

（1）计价规范与计价表关于门窗工程最大的区别在于其工程量计量单位的不同,规范中规定门窗的计量单位为"樘",计价表中规定门窗的计量单位为"$m^2$"。这就造成了同一项目,计价规范与计价表的工程量有天壤之别,这也是编制工程量清单时门窗项目繁多的原因所在。

（2）门窗套、门窗贴脸、筒子板等,计价规范中是在门窗工程中设立项目编码,计价表中把它们归为零星项目在第十七章中设置。门窗贴脸在计价规范中的计量单位是"$m^2$",而在计价表中的计量单位是"10 m"。窗台板计价规范中的计量单位是"m",而在计价表中的计量单位是"$10\ m^2$"。

### 5.3.5　油漆、涂料、裱糊工程

油漆、涂料、裱糊工程清单注意要点:

（1）油漆、涂料、裱糊工程的项目内容在计价规范中基本已包含在楼地面、墙柱面、天棚面、门窗等的项目中,不必再单独列项。

（2）在计价规范中门窗油漆是以"樘"为计价单位,其余项目油漆基本以该项目的图示尺寸或长度或面积计算工程量;而在计价表中很多项目工程量须根据相应项目的油漆系数表乘过折算系数后才能套用定额子目。

（3）有线角、线条、压条的油漆、涂料面的工料消耗包括在报价内。

（4）空花格、栏杆刷涂料工程量按外框单面垂直投影面积计算,应注意其展开面积工料消耗包括在报价内。

### 5.3.6　其他工程

（1）招牌、灯箱:计价规范中招牌是"按设计图尺寸以正立面外框面积计算",而灯箱是"以设计图数量计算",计价表中是按基层、骨架、面层分别计算。箱体式钢结构招牌基层按外围体积计算。灯箱的面层按展开面积计算。

（2）货架、柜类：计价规范的工程量计算规则是"按设计图数量计算"；计价表中不同的项目其计量单位各不相同，柜台、吧台、附墙书柜（衣柜、酒柜）是以"m"为单位，货架以正立面的高乘以宽以"m²"计算，收银台以"个"为计量单位。

（3）台柜项目以"个"计算，应该按设计图纸说明，包括在台柜、台面材料（石材、皮革、金属、实木等）、内隔板材料、连接件、配件等，均应包括在报价内。

（4）洗漱台现场制作，切割、磨边等人工、机械费用应包括在报价内。

（5）金属旗杆也可将旗杆台座及台座面一并纳入报价。

### 5.3.7 具体应用

【例 5－9】 某混凝土地面垫层上 1：3 水泥找平，水泥砂浆贴 600 mm×600 mm 花岗岩板材，要求对格对缝，施工单位现场切割，要考虑切割后剩余板材应充分使用，房间墙中线尺寸 7 800 mm×9 000 mm，墙体为 240 mm 厚，编制该地面的工程量及清单造价。

【解】 （1）确定项目编码和计量单位：花岗岩楼地面查《计价规范》项目编码为020102001001，计量单位为 m²。

（2）按《计价规范》计算工程量

花岗岩楼地面：$(7.8-0.24)×(9-0.24)=7.56×8.76=66.23$ m²

（3）工程量清单

020102001001 花岗岩楼地面 66.23 m²

（4）项目特征描述

混凝土地面垫层上 20 厚 1：3 水泥砂浆找平层，8 厚 1：1 水泥砂浆结合层，上贴600 mm×600 mm 规格花岗岩板，酸洗打蜡，并进行成品保护。

（5）分部分项工程量清单综合价计算

工程名称：混凝土地面贴花岗岩　　　　　　　　　　　　　　计量单位：m²

项目编码：020102001001　　　　　　　　　　　　　　　　工程数量：66.23

项目名称：石材楼地面　　　　　　　　　　　　　　　　　　综合单价：463.31

| 序号 | 定额编号 | 工程内容 | 单位 | 数量 | 单价 | 小计 | 其　中 | | | | |
|---|---|---|---|---|---|---|---|---|---|---|---|
| | | | | | | | 人工费 | 机械费 | 材料费 | 管理费 | 利润 |
| 1 | 12—57换 | 黑色花岗岩镶边 | 10 m² | 0.58 | 3 522.58 | 2 043.10 | 141.96 | 2.88 | 1 815.70 | 60.83 | 21.73 |
| 2 | 12—57换 | 芝麻黑花岗岩镶贴 | 10 m² | 3.17 | 3 318.58 | 10 519.90 | 775.89 | 15.72 | 9 277.07 | 332.47 | 118.75 |
| 3 | 12—65换 | 复杂图案花岗岩镶贴 | 10 m² | 2.88 | 6 149.56 | 17 710.73 | 1 179.30 | 55.93 | 15 771.40 | 518.80 | 185.30 |
| 4 | 12—121换 | 块料面层酸洗打蜡 | 10 m² | 6.62 | 48.03 | 317.96 | 184.30 | | 28.60 | 77.39 | 27.67 |

续表

| 序号 | 定额编号 | 工程内容 | 单位 | 数量 | 单价 | 小计 | 其 中 | | | | |
|---|---|---|---|---|---|---|---|---|---|---|---|
| | | | | | | | 人工费 | 机械费 | 材料费 | 管理费 | 利润 |
| 5 | 17—93换 | 成品保护 | 10 m² | 6.62 | 14.13 | 93.54 | 42.24 | | 27.21 | 17.73 | 6.36 |
| | | 合 计 | | | | 30 685.23 | | | | | |

# 5.4 措施项目清单计价

规范 4.1.4 条:措施项目清单计价应根据拟建工程的施工组织设计,可以计算工程量的措施项目,应按分部分项工程量清单的方式采用综合单价计价;其余的措施项目可以"项"为单位的方式计价,应包括除规费、税金外的全部费用。

2009 年《江苏省建设工程费用定额》对措施项目费计算标准和方法作出了规定,但同时特别说明费用定额是建设工程编制设计概算、施工图预(结)算、招标控制价(或标底)以及调解处理工程造价纠纷的依据,是确定投标价、工程结算审核的指导,是企业内部核算和制定企业定额的参考。

江苏省在《关于〈建设工程工程量清单计价规范〉(GB 50500—2008)的贯彻意见》(苏建价〔2009〕40 号)中明确,措施项目分为按"费率"和按"项"计价两种形式。

(1) 按"费率"计价的措施项目按分部分项工程费为基础乘系数计算。

(2) 按"项"计价措施项目分为两类:一类是 2004 年建筑与装饰工程计价表中有对应子目可以套用的,按对应子目计价;另一类是 2004 年建筑与装饰工程计价表中没有对应子目可以套用,需要依据有关规定和工程实际情况,由编标人自定或投标人自报的项目。

## 5.4.1 按"费率"计算的措施项目

(1) 现场安全文明施工措施费:为满足施工现场安全、文明施工以及环境保护、职工健康生活所需要的各项费用。本项为不可竞争费用。

(2) 夜间施工增加费:规范、规程要求正常作业而发生的夜班补助、夜间施工降效、照明设施摊销及照明用电等费用。

(3) 冬雨季施工增加费:在冬雨季施工期间所增加的费用。包括冬季作业、临时取暖、建筑物门窗洞口封闭及防雨措施、排水、工效降低等费用。

(4) 已完工程及设备保护费:对已施工完成的工程和设备采取保护措施所发生的费用。

(5) 临时设施费:施工企业为进行工程施工所必须搭设的生活和生产用的临时建筑物、构筑物和其他临时设施等费用。包括:临时宿舍、文化福利及公用事业房屋与构筑物、仓库、办公室、加工厂等以及规定范围内(建筑物沿边起 50 m 以内,多幢建筑两幢间隔 50 m 内)围墙、道路、水电、管线和轨道垫底等。

(6) 企业检验试验费:施工企业按规定进行建筑材料、构配件等试样的制作、封样和其他为保证工程质量进行的材料检验试验工作所发生的费用。

（7）赶工措施费：施工合同约定工期比定额工期提前，施工企业为缩短工期所发生的费用。

（8）工程按质论价：施工合同约定质量标准超过国家规定，施工企业完成工程质量达到经有权部门鉴定或评为优质工程所必须增加的施工成本费。

（9）住宅工程质量分户验收：是指在施工单位提交工程竣工报告后，单位工程竣工验收前，施工企业配合建设单位按照国家现行的工程质量验收规范、标准和《江苏省住宅工程质量分户验收规则》的要求，组织对住宅工程的每一户及公共部位，涉及主要使用功能和观感质量进行的专门验收所产生的费用。该费用仅适用于住宅工程。

上述各措施项目的具体费率见表 5-1。

表 5-1　有关措施项目费率标准表

| 项　　目 | | 计算基础 | 各专业工程费率 | |
|---|---|---|---|---|
| | | | 建筑工程 | 单独装修 |
| 一 | 现场安全文明施工措施费 | 分部分项工程费 | 见表 2.1.1-1 | |
| 二 | 夜间施工增加费 | | 0～0.1 | 0～0.1 |
| 三 | 冬雨季施工增加费 | | 0.05～0.2 | 0.05～0.1 |
| 四 | 已完工程及设备保护 | | 0～0.05 | 0～0.1 |
| 五 | 临时设施费 | | 1～2.2 | 0.3～1.2 |
| 六 | 企业检验试验费 | | 0.2 | 0.2 |
| 七 | 赶工费 | | 0～2.5 | 1～2.5 |
| 八 | 按质论价费 | | 1～3 | 1～3 |
| 九 | 住宅分户验收 | | 0.08 | |

## 5.4.2　可套用 2004 年建筑与装饰工程计价表子目的以"项"计算的措施项目

（1）二次搬运费：因施工场地狭小等特殊情况而发生的二次搬运费用。按建筑与装饰工程计价表中第二十二章计算。

（2）大型机械设备进出场及安拆：机械整体或分体自停放地运至施工现场，或由一个施工地点运至另一个施工地点所发生的机械进出场运输转移、机械安装、拆卸等费用。按建筑与装饰工程计价表中附录二计算。

（3）混凝土、钢筋混凝土模板及支架：模板及支架制作、安装、拆除、维护、运输及周转材料摊销等费用。按建筑与装饰工程计价表中第二十章计算。

（4）脚手架费：脚手架的搭设、加固、拆除、运输以及周转材料摊销等费用。按建筑与装饰工程计价表中第十九章计算。

（5）施工排水、降水：为确保工程在正常条件下施工，采取各种排水、降水措施所发生的费用。按建筑与装饰工程计价表中第二十一章计算。

（6）垂直运输机械费：指在合理工期内完成单位工程全部项目所需的垂直运输机械台

班费用。按建筑与装饰工程计价表中第二十二章计算。

### 5.4.3 由编标人自定或投标人自报的以"项"计算的措施项目

（1）室内空气污染测试：指对室内空气相关参数进行检测而发生的人工和检测设备的摊销等费用。

（2）特殊条件下施工增加费：包括地下不明障碍物、铁路、航空、航运等交通干扰造成的施工降效以及有毒有害环境下施工人员的保健费。

（3）地上、地下设施和建筑物的临时保护设施：工程施工过程中，对已经建成的地上、地下设施和建筑物的保护。

# 5.5 其他项目清单计价

规范 3.4.1 条：其他项目清单宜按照下列内容列项：

（1）暂列金额。

（2）暂估价：包括材料暂估价、专业工程暂估价。

（3）计日工。

（4）总承包费。

### 5.5.1 暂列金额

暂列金额是招标人在工程质量清单中暂定并包括在合同价款中的一笔款项，用于施工合同签订时尚未确定或者不可预见的所需材料、设备、服务的采购，施工中可能发生的工程变更、合同约定调整因素出现时的工程价款调整以及发生的索赔、现场签证确认等的费用。

通常情况下，暂列金额不宜超过分部分项工程费的 10%。

### 5.5.2 暂估价

招标人在工程量清单中提供的用于支付必然发生但暂时不能确定的材料的单价以及专业工程的金额。

（1）暂估价材料的单价由招标人提供，材料单价组成中应包括场外运输与采购保管费。投标人根据该单价计算相应分部分项工程和措施项目的综合单价，并在材料暂估价格表中列出暂估材料的数量、单价、合价和汇总价格，该汇总价格不计入其他项目工程费的合计中。

（2）"专业工程暂估价"是必然发生但暂时不能确定的价格，是由总承包人与专业工程分包人签订分包合同的专业工程的暂估价格，该价格中不包括规费和税金。

### 5.5.3 计日工

在施工过程中，完成发包人提出的施工图纸以外的零星项目或工作，按合同中约定的综合单价计价。

### 5.5.4 总承包费

总承包费是总承包人为配合协调发包人进行的工程分包、自行采购的设备、材料等进行管理、配合服务以及施工现场管理、竣工资料汇总整理等服务所需费用。

招标人应根据招标文件列出的内容和向总承包人提出的要求，参照下列标准计算：

(1) 招标人仅要求对分包的专业工程进行总承包管理和协调时，按分包的专业工程估算造价的1％计算。

(2) 招标人要求对分包的专业工程进行总承包管理和协调，并同时要求提供配合服务时，根据招标文件中列出的配合服务内容和提出的要求，按分包的专业工程估算造价的2‰~3‰计算。

## 5.6 规费、税金的计算

### 5.6.1 规费

规费应按照有关文件的规定计算，作为不可竞争费，不得让利，也不得任意调整计算标准。

(1) 工程排污费：按有关部门规定计取。

(2) 建筑安全监督管理费：按有关部门规定计取。

(3) 社会保障费以及住房公积金计取标准见表5-2。

表5-2 社会保障费费率及公积金费率标准

| 序号 | 工程类别 | 计算基础 | 社会保障费率 | 公积金费率 |
|---|---|---|---|---|
| 1 | 建筑工程、仿古园林 | | 3 | 0.5 |
| 2 | 预制构件制作、构件吊装、打预制桩、桩基工程 | 分部分项工程费＋措施项目费＋其他项目费 | 1.2 | 0.22 |
| 3 | 单独装饰工程 | | 2.2 | 0.38 |
| 4 | 大型土石方工程 | | 1.2 | 0.22 |
| 5 | 点工 | 人工工日 | 15 | |
| 6 | 包工不包料 | | 13 | |

注：① 社会保障费包括养老保险费、失业保险费、医疗保险费、工伤保险费、生育保险费；② 点工和包工不包料的社会保障费和公积金已经包含在人工工资单价中；③ 人工挖孔桩的社会保障费率和公积金费率按2.8和0.5计取；④ 社会保障费率和公积金费率将随着社保部门要求和建设工程实际率的提高进行适当调整。

### 5.6.2 税金

税金是指国家税法规定的计入建筑安装工程造价内的营业税、城市维护建设税及教育费附加。按各市有权部门规定计取。

（1）营业税：是指以产品销售或劳务取得的营业额为对象的税种。

（2）城市建设维护税：是为加强城市公共事业和公共设施的维护建设而开征的税，它以附加形式依附于营业税。

（3）教育费附加：是为发展地方教育事业，扩大教育经费来源而征收的税种。它以营业税的税额为计征基数。

## 5.7 清单法计价履约期间的计量、调整与支付

规范 4.4.4 条：发、承包人双方应在合同条款中对下列事项进行约定；合同中没有约定或约定不明的，由双方协商确定；协商不能达成一致的按本规范执行。

（1）预付工程款的数额、支付时间及抵扣方式。

（2）工程计量与支付工程进度款的方式、数额及时间。

（3）工程价款的调整因素、方法、程序、金额确认与支付时间。

（4）索赔与现场签证的程序、金额确认与支付时间。

（5）发生工程价款争议的解决方法及时间。

（6）承担风险的内容、范围以及超出约定内容、范围的调整办法。

（7）工程竣工价款结算编制与核对、支付及时间。

（8）工程质量保证（保修）金的数额、预扣方式及时间。

（9）与履行合同、支付价款有关的其他事项等。

根据规范 4.4.4 条的规定，要求上述九条事项需要在合同中进行约定。由于目前我国建设工程施工合同管理水平和方法等方面都存在不足，当双方对清单计价法履约期间的计量、调整和支付无约定时，可以参照有关法律法规执行，如《建设工程价款结算暂行办法》。

## 5.8 清单计价模式下投标报价方法

工程量清单计价是在建设工程招投标中，招标人根据设计图纸、工程量清单计价规范和消耗量定额，采用统一的工程量计算规则，将拟招标工程项目的全部内容按工程部位、性质等列入统一的工程量清单，形成招标文件的商务标，作为投标单位自主报价的基础。投标人则按照量价分离的原则，依据企业自身的技术实力、管理水平和市场行情，并结合自己制定的施工组织设计，考虑工程进度计划、施工方案、分包计划、资源安排计划以及投标风险等因素，测算各工程量清单子项单价和措施费用，确定投标报价。招标人对技术条件满足招标文件要求的投标文件，实行低价中标。

工程量清单是国际上普遍采用的一个比较完善成熟的计价方法。国际承包工程采用的 FIDIC 条款对投标报价要求采用工程量清单形式，它是适应与国际接轨和建立以市场形成

工程造价机制的有效方法。

### 5.8.1　工程量清单报价的特点

与传统的工程造价计价模式相比,工程量清单报价方式在适应市场经济方面有着独到的特点:

(1) 实现了量价分离、风险分担。采用工程量清单报价方式后,量的变化由甲方承担,投标单位只对自己所报的单位价格负责,做到了合理分担风险。

(2) 由企业自主报价、市场竞争形成价格,把工程价格的决定权交给了企业和市场。

(3) 将以预算定额为基础的静态计价模式变为将各种因素考虑在全费用单价内的动态计价模式。

(4) 工程量清单报价有利于施工企业加强管理,依靠科技进步来促进自身的发展。那些综合实力强、社会信誉较好的企业通过其较高的自身素质,可以有效地降低施工成本,进而确定较低的投标报价,从而增加其中标概率。

(5) 工程量清单报价中的综合单价具有法定性。也就是说,投标人报出的综合单价经中标书确认后即具有法律意义,在施工结算中不可随意变更。由企业自主报价、市场竞争形成价格。

### 5.8.2　清单模式下投标报价的方法和程序

1) 对招标文件的研究

招标文件是投标的主要依据,投标人在投标报价前,应仔细研究其要求及内容组成。主要有:工程范围,工期,合同类型,清单项目和细目的含义,单价的组成,施工期间人、材、机等各种费用的调价方式,各种费用计入报价的方法,工程变更及相应的合同价格调整。

对于概念模糊的内容应要求招标人进行解释和澄清,以便预测可能存在的风险,在投标中采取相应的防范措施。

2) 做好报价前的准备工作

(1) 勘察现场。了解施工现场的地形、地质、地貌、气象、地下水位、水文、交通、用电、环保、社会环境、场地、公共设施和临时设施等方面的情况,以便清楚施工现场是否达到了招标文件中所规定的情况。如了解施工现场场地、公共设施和临时设施等方面的情况,就可根据场地大小确定材料是否需要二次搬运;根据场地内的原有设施确定报价中临时设施费。现场条件是工程施工中的制约因素,也是报价中重要的影响因素之一。

(2) 熟悉图纸。投标报价前,充分熟悉图纸是保证正确报价的关键性步骤之一。

(3) 调查市场行情。市场行情包括工程所在地三材、砂石料及动力设备燃料等主要材料价格,劳动力价格,设备、周转材料租赁价格,专业分包价格等。准确地掌握市场价格行情对报出合理的投标价格起着决定性的作用。

(4) 了解业主和投标对手的相关信息。只有知己知彼,才能百战百胜。具体地说,就是要弄清投资主体和建设单位的真实意图,报价能"投其所好"、恰如其分,过高肯定没戏,过低一样出局。另外,在投标时还应充分了解其他几家投标单位的情况。根据他们以往的投标策略给自己定位,适当地调整投标报价。

3）对工程量进行审核

审核中，要视招标单位是否容许对工程量清单内所列的工程量误差进行调整决定审核的办法。如果容许调整，就要详细审核工程量清单内所列的各项工程项目的工程量，对有较大误差的，通过招标答疑会提出调整意见，取得招标单位同意后进行调整；如果不容许调整，则不需对工程量进行详细审核，只对主要项目和工程量大的项目进行审核，发现这些项目有较大误差时，可以利用投标技巧调整这些项目单价。

4）报价编制

在现阶段，企业定额还不健全，仍要根据最新工程概预算定额编制投标报价。但为了提高报价的竞争力和保证能完成施工合同，可结合本企业的施工技术管理水平，同时必须根据工程所在地的实际情况对各项定额及费率作适当的调整。

不可忽视的是，在建筑工程造价中，材料费用占总造价的 60% 以上，准确地把握市场的材料价格行情对报出合理的投标价格起着十分重要的作用。针对材料询价方面，尤其是那些新型的不常用的或进口的材料应引起特别关注。对于这类材料价格的确定，我们通常采用上网搜索、电话咨询的办法。例如，投标中，冲渣沟用铸石板（厚度 40 mm，工程数量 270 m²）的价格确定，可咨询七八家潜在供货商的价格，综合考虑产品质量、厂家信誉、供货渠道及价格等因素取定该项材料的价格。对于价格相对容易把握的当地材料或常用材料，因其所占比重往往较大，即使价差较小，但对总价的影响也是相当大的，所以也应多家询价并进行对比，定出比较合理的价格。

措施项目、其他项目、零星项目费用一般为包干使用，结算时不做调整，在报价的过程中应与做技术标的人员多沟通，加强联系。施工组织设计的总平面布置图、施工工艺、施工组织管理、施工进度计划等一切与完成该工程有关的施工技术措施、组织措施费用在计算时都要考虑。除招标方提列的相关费用外，投标方也可根据招标文件的规定及自己的现场调查与经验合理增列项目，并计取费用。

按定额编制计算出的投标单价和总价只能是最初的指导价，实际价还需根据市场行情，结合适当的报价技巧进行调整。

对主要项目、工程量大、价格高的，对报价影响重大的清单项目应进行适当拆分，计算出人工费、材料费及机械费在造价中所占的比重，让材料供应商、专业分包商（如桩基础施工，当地的劳务公司等）分别进行报价，根据不同情况也可与之草签协议，汇总这些价格并综合考虑管理费、利润、税金等后再计算出总报价。这样做既能降低报价水平，提高中标机会，也可为今后的分包工程做好铺垫。例如某钢结构厂房，主要结构采用 Q345B 钢材，钢材 3 800 元/t，按定额测算全费用单价每吨达 8 500 元，而如果根据市场行情，按"综合单价＝主材价×主材损耗系数＋制造安装费＋管理费＋利润＋税金"计算出的报价每吨只有 6 601 元，每吨少 1 900 元，采用市场价格大大降低了投标价格。

5）指标分析、复审

报价编制完后，要做出单项工程的主要指标分析，如单方造价、每平方米主材用量分析、每平方米用工量分析，结合结构类型相同，使用功能、装修档次、使用材料相近的以往工程的指标量进行对比分析。如果指标相近，说明计算准确性较高；如果指标相差很远，就有可能是由于计算不准确造成的，应该再对报价进行复审。

6）风险评估及报价决策

在以上工作完成后组织有关人员对影响工程造价的各个因素进行综合评价,如工程中的总价承包项目有无工程量量差的风险;根据以往经验及对市场材料价格涨落形势的分析,判断材料有无价格方面的风险;还有因延误工期引起的罚款、管理费的增加以及其他不可预见费用等。

根据已计算出的投标报价和风险评估的结果,结合当地市场供应情况,并考虑竞争对手以往的报价水平,以及本企业历次类似工程的中标情况,科学地做出决策。报价决策实质为在可接受的最小预期利润和最大风险间做出选择。决策阶段应全面考虑企业期望的利润和所能承担风险的能力,尽可能避免较大的风险,采取转移措施或风险防范措施,并取得一定的利润,企业的决策者应当在风险和利润之间进行权衡,做出选择。

### 5.8.3　常见的报价技巧

1）根据项目的不同特点并结合企业实力采用不同的报价

对技术含量高,施工难度大,工期要求紧,地质水文、气候条件较差的工程,往往竞争对手较少,企业凭借自己先进的施工技术和精良的机械装备以及难得的施工资质,报价可适当提高。某企业的桩基施工口碑好,在类似的工程招标时其信誉占据了很大优势,此时该单位的报价就应考虑一定的经济效益。反之,对施工条件好、工作简单、工程量大、业主支付能力好的一般工程项目,由于竞争激烈,应适当降低报价,争取先中标,再在施工中加强管理和进一步挖掘本企业的优势项目,尽可能争取较大利润。对企业开拓新市场、新领域具有战略意义的工程也应考虑低价中标,即使亏本也在所不惜。

2）不平衡报价法

采用这种报价法,一般是在总价确定后,在不提高总报价的前提下,通过研究中标后索赔的可能性大小,对不同分部分项工程报价进行调整,以期既不影响中标,又能在今后施工中通过索赔得到理想的经济效益。

（1）对能先结算工程价款的项目（如基础、桩基工程等）,可适当提高其报价,这样有利于加速资金周转;对后期项目（如装饰工程、安装工程）其报价可适当低一些。

（2）预计工程会变化的项目可按工程量变化的趋势调整单价。即对那些在施工过程中预计工程量增加的项目,调高其单价;反之则降低。

（3）对业主有可能指定分包的项目降低报价。

（4）只填单价,不计总额的项目可提高单价。

（5）估计暂定工程,对以后一定要施工的部分,其单价可高一些,估计不会施工的部分单价可低一些。

但是对于不平衡报价必须合理掌握调整的幅度,一般控制在10%以内,以免因明显不合理,可能被招标单位看出而拒绝,从而造成废标。目前市场上很多评标软件,当发现调整过大时,会认定该投标为废标。

3）按照不同的评标办法确定报价

根据招标文件中公布的评标记分方法,对分值较高的项目适当降低报价,以获取高分;而对分值不高但会影响日后结算单价的项目则适当提高报价,以补偿其他低报价项目的损失,从而既能获取高分又能保住成本并取得利润。

### 5.8.4 清单报价的现实困难

工程量清单计价情况下,单位工程造价由分部分项工程费用、措施项目费用、其他项目费用、规费和税金组成。除了规费和税金是按照国家法律法规规定上交,属于非竞争性费用之外,其他费用均属于竞争性费用。由于目前施工企业技术及管理水平的限制,缺乏对成本测算资料的积累和相关经验,大多数施工企业没有建立自己的企业定额或企业定额不完善,依旧全部或部分使用国家、地方或行业颁布的定额计价,所报的单价仍不能真正体现企业的成本价格和工程项目的实际造价。

要改变这种现状,施工企业应尽快建立和完善自己的企业定额。

(1) 施工企业要在每一个工程实施过程中和结束后,收集积累关于劳动力消耗、材料消耗、机械消耗的指标,分类分析处理,找出节约和浪费的原因。经过多个工程的积累,经过数据的分析和处理,建立起企业的消耗量定额,并随着企业的发展不断地更新,体现企业的经营管理水平、技术生产力水平、劳动生产率水平和机械化水平。

(2) 施工企业要建立企业的各种价格信息网络,积累不同时期工人工资价格、各种材料的价格、各种施工机械的租赁价格,应用计算机技术建立工程造价管理数据库和信息网络,发展完备的造价信息库。辅以现代统计手段,对各种价格的行情和走势作出分析,及时地为本企业提供值得信赖的合理的价格信息。

(3) 根据积累的资料分析、处理,制定出符合企业特点的企业定额。企业定额能真正具体体现出企业管理水平、技术专长、施工设备、采购优势、降低工程成本的具体措施,反映的是企业的先进水平,进而根据企业定额的报价才能体现企业个别成本。只有企业定额的水平高于社会平均水平,在投标报价中才占有优势。

# 5.9 工程案例

### 5.9.1 清单工程量、定额计价表工程量计算对比

本章案例选用某地区小别墅工程。

工程概况:本工程为私人别墅,为三层建筑,占地面积 123.79 m²,建筑面积 566.62 m²。建筑高度 12 m,工程图见附图建筑施工图、附图结构施工图。

【案例 5-1】 (1) 外墙清单工程量案例

工程名称:三层私人小别墅(1 层楼)

| 序 号 | 构件信息 | 单位 | 工程量 | 计 算 式 |
|-------|---------|------|--------|----------|
|  | A.3 砌筑工程 |  |  |  |
| 1 | 010301001001 外墙<br>砂浆强度等级:M5 | m³ | 16.11 |  |

续表

| 序　号 | 构件信息 | 单位 | 工程量 | 计　算　式 |
|---|---|---|---|---|
| 1.1 | 1层 | m³ | 16.11 | |
| 1.1.1 | ZWQ240 | m³ | 16.11 | |
| 1.1.1.1 | 1/B—H | m³ | 4.54 | (0.24×2.5)×10.5−0.536[构造柱]−0.359[平行梁]−0.361[圈梁]−0.072[过梁]−0.432[窗] |
| 1.1.1.2 | 3/B—C | m³ | 0.34 | (0.24×2.5)×1−0.108[混凝土柱]−0.089[构造柱]−0.066[平行梁] |
| 1.1.1.3 | 4/G—H | m³ | 0.10 | (0.24×2.5)×1.2−0.073[构造柱]−0.065[圈梁]−0.03[过梁]−0.453[门] |
| 1.1.1.4 | 5/A—C | m³ | 0.51 | (0.24×0.96)×2.6−0.028[交叉]−0.055[混凝土柱]−0.007[构造柱] |
| 1.1.1.5 | 5/C—G | m³ | 3.08 | (0.24×2.5)×8.3−0.536[构造柱]−0.167[平行梁]−0.349[圈梁]−0.072[过梁]−0.778[窗] |
| 1.1.1.6 | A/4—5 | m³ | 0.37 | (0.24×0.96)×1.6 |
| 1.1.1.7 | A/4—5 | m³ | 0.19 | (0.24×0.366)×2.18 |
| 1.1.1.8 | B/1—3 | m³ | 0.61 | (0.24×2.5)×4.2−0.179[构造柱]−0.238[圈梁]−1.492[门] |
| 1.1.1.9 | C/3—5 | m³ | 2.14 | (0.24×2.5)×7.2−0.432[混凝土柱]−0.089[构造柱]−0.325[平行梁]−0.178[圈梁]−0.094[过梁]−1.058[门] |
| 1.1.1.10 | G/4—5 | m³ | 1.52 | (0.24×2.5)×3.9−0.089[构造柱]−0.227[圈梁]−0.075[过梁]−0.432[窗] |
| 1.1.1.11 | H/1—4 | m³ | 2.71 | (0.24×2.5)×7.5−0.357[构造柱]−0.421[圈梁]−0.144[过梁]−0.864[窗] |

注:本表计算过程采用清单计价规范(GB 50500—2008)中的清单计价计算规则,要扣除构造柱、圈梁、门窗洞口等。具体规则见清单计价规范(GB 50500—2008)。

（2）外墙定额工程量计算案例

工程名称:三层私人小别墅(1层楼)

| 序　号 | 项目编码 | 项目名称 | 单位 | 工程量 | 计　算　式 |
|---|---|---|---|---|---|
| | A.3 砌筑工程 | | | | |

续表

| 序　号 | 项目编码 | 项目名称 | 单位 | 工程量 | 计　算　式 |
|---|---|---|---|---|---|
| 1 | 010301001001 | 外墙:MU10 粘土多孔砖墙 240×115×115 1 砖墙[M5] | m³ | 16.11 | |
| 1.1 | 3—17 | MU10 粘土多孔砖墙 240×115×115 1 砖墙[M5] | m³ | 16.11 | |
| 1.1.1 | 1层 | | m³ | 16.11 | |
| 1.1.1.1 | ZWQ240 | | m³ | 16.11 | |
| 1.1.1.1.1 | 1/B—H | | m³ | 4.54 | (0.24×2.5)×10.5−0.536[构造柱]−0.359[平行梁]−0.361[圈梁]−0.072[过梁]−0.432[窗] |
| 1.1.1.1.2 | 3/B—C | | m³ | 0.34 | (0.24×2.5)×1−0.108[混凝土柱]−0.089[构造柱]−0.066[平行梁] |
| 1.1.1.1.3 | 4/G—H | | m³ | 0.10 | (0.24×2.5)×1.2−0.073[构造柱]−0.065[圈梁]−0.03[过梁]−0.453[门] |
| 1.1.1.1.4 | 5/A—C | | m³ | 0.51 | (0.24×0.96)×2.6−0.028[交叉]−0.055[混凝土柱]−0.007[构造柱] |
| 1.1.1.1.5 | 5/C—G | | m³ | 3.08 | (0.24×2.5)×8.3−0.536[构造柱]−0.167[平行梁]−0.349[圈梁]−0.072[过梁]−0.778[窗] |
| 1.1.1.1.6 | A/4—5 | | m³ | 0.37 | (0.24×0.96)×1.6 |
| 1.1.1.1.7 | A/4—5 | | m³ | 0.19 | (0.24×0.366)×2.18 |
| 1.1.1.1.8 | B/1—3 | | m³ | 0.61 | (0.24×2.5)×4.2−0.179[构造柱]−0.238[圈梁]−1.492[门] |
| 1.1.1.1.9 | C/3—5 | | m³ | 2.14 | (0.24×2.5)×7.2−0.432[混凝土柱]−0.089[构造柱]−0.325[平行梁]−0.178[圈梁]−0.094[过梁]−1.058[门] |

| 序　号 | 项目编码 | 项目名称 | 单位 | 工程量 | 计　算　式 |
|---|---|---|---|---|---|
| 1.1.1.1.10 | G/4—5 | | m³ | 1.52 | (0.24×2.5)×3.9—0.089[构造柱]—0.227[圈梁]—0.075[过梁]—0.432[窗] |
| 1.1.1.1.11 | H/1—4 | | m³ | 2.71 | (0.24×2.5)×7.5—0.357[构造柱]—0.421[圈梁]—0.144[过梁]—0.864[窗] |
| 1.2 | 13—17 | 钢丝网 | 10 m² | 2.67 | |
| 1.2.1 | 1层 | | 10 m² | 2.67 | |
| 1.2.1.1 | ZWQ240 | | 10 m² | 2.67 | |
| 1.2.1.1.1 | 1/B—H | | 10 m² | 0.57 | (18.860[水平长度]×0.300)/10 |
| 1.2.1.1.2 | 3/B—C | | 10 m² | 0.20 | ((2.760[水平长度]—0.300[混凝土柱]+5.000[竖直长度]—0.800[次梁])×0.300)/10 |
| 1.2.1.1.3 | 4/G—H | | 10 m² | 0.01 | ((1.200[水平长度]—0.900[门])×0.300)/10 |
| 1.2.1.1.4 | 5/A—C | | 10 m² | 0.19 | ((2.720[水平长度]—0.240[混凝土柱]+3.840[竖直长度])×0.300)/10 |
| 1.2.1.1.5 | 5/C—G | | 10 m² | 0.30 | ((12.540[水平长度]—2.400[窗])×0.300)/10 |
| 1.2.1.1.6 | A/4—5 | | 10 m² | 0.05 | (1.720[水平长度]×0.300)/10 |
| 1.2.1.1.7 | A/4—5 | | 10 m² | 0.07 | (2.180[水平长度]×0.300)/10 |
| 1.2.1.1.8 | B/1—3 | | 10 m² | 0.04 | ((4.440[水平长度]—2.960[门])×0.300)/10 |
| 1.2.1.1.9 | C/3—5 | | 10 m² | 0.88 | ((10.740[水平长度]—0.990[混凝土柱]—2.100[门]+25.000[竖直长度]—3.200[次梁])×0.300)/10 |
| 1.2.1.1.10 | G/4—5 | | 10 m² | 0.12 | (3.900[水平长度]×0.300)/10 |
| 1.2.1.1.11 | H/1—4 | | 10 m² | 0.24 | (7.860[水平长度]×0.300)/10 |

续表

| 序 号 | 项目编码 | 项目名称 | 单位 | 工程量 | 计 算 式 |
|---|---|---|---|---|---|
| 1.3 | 19—1 | 砌墙脚手架里架子高 3.60 m 内 | 10 m² | 12.37 | |
| 1.3.1 | 1层 | | 10 m² | 12.37 | |
| 1.3.1.1 | ZWQ240 | | 10 m² | 12.37 | |
| 1.3.1.1.1 | 1/B—H | | 10 m² | 2.85 | (2.65×10.74)/10 |
| 1.3.1.1.2 | 3/B—C | | 10 m² | 0.27 | (2.65×1)/10 |
| 1.3.1.1.3 | 4/G—H | | 10 m² | 0.32 | (2.65×1.2)/10 |
| 1.3.1.1.4 | 5/A—C | | 10 m² | 0.30 | (1.11×2.72)/10 |
| 1.3.1.1.5 | 5/C—G | | 10 m² | 2.23 | (2.65×8.42)/10 |
| 1.3.1.1.6 | A/4—5 | | 10 m² | 0.19 | (1.11×1.72)/10 |
| 1.3.1.1.7 | A/4—5 | | 10 m² | 0.11 | (0.489×2.18)/10 |
| 1.3.1.1.8 | B/1—3 | | 10 m² | 1.18 | (2.65×4.44)/10 |
| 1.3.1.1.9 | C/3—5 | | 10 m² | 1.84 | (2.65×6.96)/10 |
| 1.3.1.1.10 | G/4—5 | | 10 m² | 1.03 | (2.65×3.9)/10 |
| 1.3.1.1.11 | H/1—4 | | 10 m² | 2.05 | (2.65×7.74)/10 |

注:本表计算过程采用江苏省建筑安装工程计价表计算规则进行计算,要扣除构造柱、圈梁、门窗洞口等。但要考虑脚手架、钢丝网片等计算在内。

清单与定额计价在工程量计算规则方面有以下区别:

(1)现行预算基础定额的项目一般是按施工工序、工艺进行设置的,定额项目包括的工程内容一般是单一的。

(2)工程量清单项目的设置是以一个"综合实体"考虑的,"综合项目"一般包括多个子目工程内容。

**【案例 5-2】** (1)天棚工程清单工程量案例

工程名称:三层私人小别墅(1层楼)

| 序 号 | 项目编码 | 项目名称 | 单位 | 工程量 | 计 算 式 |
|---|---|---|---|---|---|
| | | B.3 天棚工程 | | | |
| 1 | 020301001001 | 天棚抹灰(白色内墙乳胶漆) | m² | 115.12 | |
| 1.1 | | 1层 | m² | 115.12 | |
| 1.1.1 | | 天棚做法 | m² | 115.12 | |
| 1.1.1.1 | | 1—5/B—H | | m² | 115.12 | 99.92+15.203[次梁侧面] |

注:本表计算过程采用清单计价规范(GB 50500—2008)中的清单计价计算规则进行计算。

(2) 天棚定额工程量计算案例

工程名称:三层私人小别墅(1层楼)

| 序 号 | 项目编码 | 项 目 名 称 | 项目特征 | 单位 | 工程量 | 计 算 式 |
|---|---|---|---|---|---|---|
| | B.3 天棚工程 | | | | | |
| 1.1 | 14—111 | 现浇混凝土天棚纸筋12厚1:1:6石灰砂浆面 | | 10 m² | 11.51 | |
| 1.1.1 | 1层 | | | 10 m² | 11.51 | |
| 1.1.1.1 | 天棚做法 | | | 10 m² | 11.51 | |
| 1.1.1.1.1 | 1—5/B—H | | | 10 m² | 11.51 | (99.92+15.203[次梁侧面])/10 |
| 1.2 | 16—336 | 天棚白色乳胶漆 | | 10 m² | 11.51 | |
| 1.2.1 | 1层 | | | 10 m² | 11.51 | |
| 1.2.1.1 | 天棚做法 | | | 10 m² | 11.51 | |
| 1.2.1.1.1 | 1—5/B—H | | | 10 m² | 11.51 | (99.92+15.203[次梁侧面])/10 |
| 1.3 | 19—7 | 满堂脚手架基本层高5 m内 | | 10 m² | 9.99 | |
| 1.3.1 | 1层 | | | 10 m² | 9.99 | |
| 1.3.1.1 | 天棚做法 | | | 10 m² | 9.99 | |
| 1.3.1.1.1 | 1—5/B—H | | | 10 m² | 9.99 | 99.92/10 |

注:本表计算过程采用江苏省建筑安装工程计价表规则进行计算。

## 5.9.2 清单与定额计价在工程量计算规则各方面区别分析

1) 项目设置

(1) 现行预算基础定额的项目一般是按施工工序、工艺进行设置的,定额项目包括的工程内容一般是单一的。

(2) 工程量清单项目的设置是以一个"综合实体"考虑的,"综合项目"一般包括多个子目工程内容。

2) 定价原则

(1) 按工程造价管理机构发布的有关规定及定额中的基价定价。

(2) 按照清单的要求,企业自主报价,反映的是市场决定价格。

3) 计价价款构成

(1) 定额计价价款包括分部分项工程费、利润、措施项目费、其他项目费、规费和税金,而分部分项工程费中的子目基价是指为完成综合定额,分部分项工程所需的人工费、材料费、机械费、管理费。子目基价是综合定额价,它没有反映企业的真正水平,也没有考虑风险因素。

(2)工程量清单计价款是指完成招标文件规定的工程量清单项目所需的全部费用,即包括:分部分项工程费、措施项目费、其他项目费、规费和税金,完成每项工程内容所需的全部费用(规费、税金除外),工程量清单中没有体现的,施工中又必须发生的工程内容所需的费用,考虑风险因素而增加的费用。

4)单价的构成

(1)定额计价采用定额子目基价,它只包括定额编制时期的人工费、材料费、机械费、管理费,并不包括利润和各种风险因素带来的影响。

(2)工程量清单采用综合单价,它包括人工费、材料费、机械费、管理费和利润,且各项费用均由投标人根据企业自身情况和考虑各种风险因素自行编制。

5)价差调整

(1)按工程承发包双方约定的价格与定额价对比,调整价差。

(2)清单计价按工程承发包双方约定的价格直接计算,除招标文件规定外,不存在价差调整问题。

6)计价过程

(1)招标方只负责编写招标文件,不设置工程项目内容,也不计算工程量。工程计价的子目和相应的工程量是由投标方根据文件确定的。项目设置、工程量计算、工程计价等工作在一个阶段内完成。

(2)招标方必须设置清单项目并计算清单工程量,同时,在清单中对清单项目的特征和包括的工程内容必须清晰、完整地告诉投标人,以便投标人报价。清单计价模式由两个阶段组成:

① 由招标方编制工程量清单。

② 投标方拿到工程量清单后根据清单报价。

7)人工、材料、机械消耗量

(1)定额计价的人工、材料、机械消耗量按综合定额标准计算,综合定额标准按社会平均水平编制。

(2)工程量清单计价的人工、材料、机械消耗量由投标人根据企业的自身情况或企业定额自定,它真正反映企业的自身水平。

8)工程量计算规则

(1)定额计价按定额工程量计算规则。

(2)清单计价按清单工程量计算规则。

9)计价方法

(1)根据施工工序计价,即将相同施工工序的工程量相加汇总,选套定额,计算出一个子项的定额分部分项工程费,每个项目独立计价。

(2)按一个综合实体计价,即子项目随主体项目计价。由于主体项目与组合项目是不同的施工工序,所以往往要计算多个子项才能完成一个清单项目的分部分项工程综合单价,每一个项目组合计价。

10) 价格表现形式

(1) 只表现工程总价，分部分项工程费不具有单独存在的意义。

(2) 主要为分部分项工程综合单价，是投标、评标、结算的依据，单价一般不调整。

11) 使用范围

(1) 编审标底，设计概算，工程造价鉴定。

(2) 全部使用国有资金投资或以国有资金为主的大中型建设工程和需招标的小型工程。

12) 工程风险

(1) 工程量由投标人计算和确定，差价一般可调整，故投标人一般只承担工程量计算风险，不承担材料价格风险。

(2) 招标人编制工程量清单、计算工程量，数量不准会被投标人发现并利用。投标人要承担差量的风险，投标人报价应考虑多种因素，由于单价通常不调整，故投标人要承担组成价格的全部因素风险。

# 下篇　预算软件应用

20 世纪 90 年代初,随着计算机技术在各领域的渗透,建筑造价领域中也逐渐应用了一系列计算机软件,这些软件利用计算机强大的运算能力,针对不同目标提出了不同的软件解决方案。建筑工程造价软件便是其中一大类。

建筑造价领域中比较通用的软件有工程量计算软件、钢筋计算软件、组价软件等造价类软件。目前工程量计算软件、钢筋计算软件和组价软件之间已经开发了良好的接口,数据已经可以实现互相读入,应用非常广泛。

本书建筑工程量算量软件、钢筋计算软件采用的是图形法(二维平面解析法和三维图形算量方法)表示。图形法工程量计算软件包括二维平面解析法软件和三维图形算量法软件,目前二维平面解析法软件业已淘汰或升级到三维图形算量法软件(本书的图形法工程量计算软件皆指三维图形算量法软件)。图形法工程量计算软件主要通过使用设计院广泛采用的 AutoCAD 设计平台,实现快速三维图形建模,并套用定额,由电脑自动进行工程量计算及汇总。

图形法算量软件以计算规则为依据。预算人员通过画图确定构件实体的位置,并输入与算量有关的构件属性后,软件通过默认的计算规则,自动计算得到构件实体的工程量,自动进行汇总统计,得到工程量清单。直观显示构件的三维位置关系,能够更容易发现一些画图和属性设置错误,也比较容易绘制和定位重叠的三维构件。人性化的操作界面,实现良好的"人机对话",可以减少算量人员的工作压力。国内目前流行的图形法算量软件一般是基于 CAD 进行二次开发的,且目前建筑设计院的设计图纸也多是采用 CAD 对应的文件格式,这样就为建筑图纸的自动识别提供了便利。图形法算量软件可以通过软件接口导入设计院图纸,预算人员甚至不用画图就可以准确地计算出工程结构的工程量。

对于工程量计算,很多新入门的造价人员由于缺乏对工程造价计算要素信息的归纳、整理和抽象能力,因此计算工程量时往往会感到无从下手,对应该计算的项目经常丢三落四。而使用图形法则不需要对工程造价计算要素进行抽象归纳和整理,只需简单地把图纸抄录到电脑中去,这样他们就可以凭借在 CAD 方面的一些优势来弥补造价经验不足的缺陷。所以经验相对不丰富的初学者选择图形法可以快速提高预算水平。

充分使用预算软件不仅能大大降低预算人员的工作强度和工作复杂程度,而且从根本上改变了算量工作流程。计算机是未来的发展趋势,手工操作方法必然被淘汰。在当今社会,谁掌握了先进的技术,谁就拥有了时间和生存发展的条件。本书选取了目前较为先进的鲁班算量软件作为工具,讲解图形算量的使用方法,分别选取了鲁班公司的土建工程量算量软件和钢筋预算软件。对于投标报价所用的组价软件,本书选取了智慧组价软件进行讲解。

# 6　土建工程量计算软件应用

鲁班土建软件是国内率先基于 AutoCAD 平台开发的工程量自动计算软件，它利用 AutoCAD 强大的图形功能，充分考虑了我国工程造价模式的特点及未来造价模式的发展变化，内置了全国各地定额的计算规则，可靠、细致，与定额完全吻合，不需再做调整。由于软件采用了三维立体建模的方式，使得整个计算过程可视，工程均可以三维显示，最真实地模拟现实情况。智能检查系统，可智能检查用户建模过程中的错误。强大的报表功能，可灵活多变的输出各种形式的工程量数据，满足不同的需求。

## 6.1　软件安装与运行

### 6.1.1　软件运行环境

表 6-1

| 硬件与软件 | 最低配置 | 推荐配置 |
| --- | --- | --- |
| 处理器 | Pentium 133 MHz | PentiumⅢ 1.0 GHz 或以上 |
| 内存 | 32 M | 512 MB 或以上 |
| 硬盘 | 80 MB 磁盘空间 | 300 MB 磁盘空间或以上 |
| 光驱 | 4 倍速 CD-ROM | 52 倍速 CD-ROM 或以上 |
| 显示器 | 800×600 分辨率 | 1 280×1 024 分辨率或以上 |
| 鼠标 | 标准两键鼠标 | 标准三键＋滚轮鼠标 |
| 键盘 | PC 标准键盘 | PC 标准键盘＋鲁班快手 |
| 操作系统 | Windows 98 简体中文版 | Windows 2000/XP 简体中文版 |
| CAD 图形软件 | AutoCAD 2002 简体中文版 | AutoCAD 2006 简体中文版 |

### 6.1.2　软件安装方法

安装"鲁班算量软件"工程量计算软件的方法：

鲁班算量（土建版）软件以光盘的形式发行，安装之前请先阅读说明文件。在安装鲁班算量（土建版）软件前，要确认计算机上已安装有 AutoCAD 2002 或者 AutoCAD 2006 软件，并且能够正常运行。运行鲁班算量 2010(土建版)光盘中的安装文件"lbtj.exe"，首先出现安装提示框(如图 6-1 所示)。

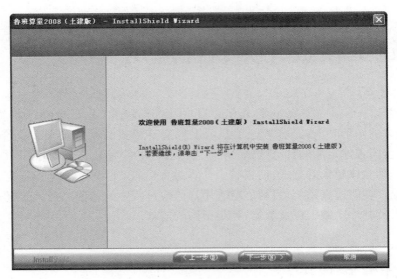

图 6-1

点击"下一步",出现许可证协议对话框(如图 6-2 所示)。

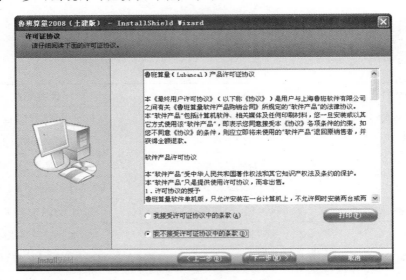

图 6-2

选择"我接受许可证协议中的条款",并点击"下一步",出现安装类型选择对话框(如图 6-3 所示)。

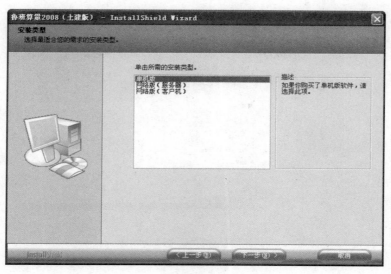

图 6-3

　　按照需要选择安装类型为"单机版"或"网络版（服务器）"或"网络版（客户机）"，对话框右边有详细的安装类型选择的说明。选择好后，点击"下一步"，出现安装路径对话框（如图6-4所示）。

图 6-4

　　默认安装路径为"C:\Iubansoft"，如果需要将软件安装到其他路径，请点击"更改"，设置好安装路径后，点击"下一步"，出现选择程序图标的文件夹的对话框（如图6-5所示）。

图 6 - 5

选择好后,点击"下一步",出现安装桌面提示框(如图 6 - 6 所示)。

图 6 - 6

点击"下一步"按钮,出现安装提示对话框(如图 6 - 7 所示)。

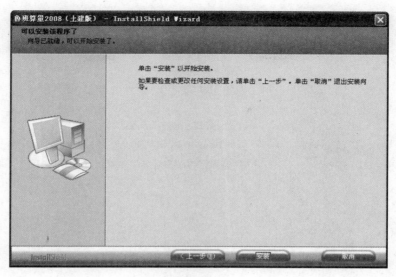

图 6-7

点击"安装",软件开始安装程序(如图6-8所示)。

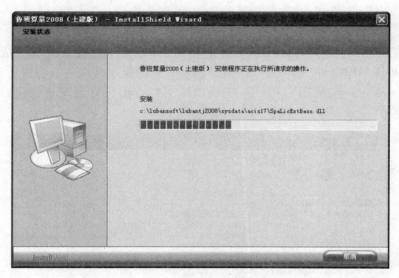

图 6-8

安装完成后,出现安装完成对话框(如图6-9所示)。

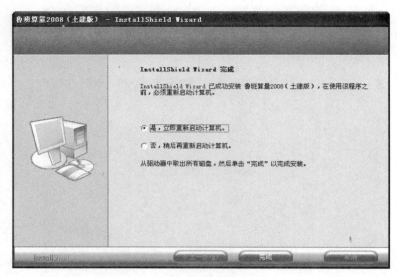

图 6 - 9

选择"重新启动计算机",点击"完成"重启计算机,鲁班算量(土建版)软件安装完毕。

### 6.1.3 定额库、清单库以及计算规则的安装

鲁班算量 2010(土建版)软件是需要配合使用当地定额库和清单库来完成工程量计算的。定额库和清单库文件不需要另外再行安装,只需把定额库文件直接拷贝到安装目录\lubantj2010\sysdata\定额库\目录下,把清单库文件直接拷贝到安装目录\lubantj2010\sysdata\清单库\目录下即可(如图 6 - 10 和图 6 - 11 所示)。

图 6 - 10

图 6 - 11

## 6.1.4 卸载方法

点击 Windows"开始"命令按钮,在图 6 - 12 中选择"所有程序"→"鲁班软件"→"土建专业版"→"卸载算量 2010(土建版)",按照提示即可完成卸载工作。

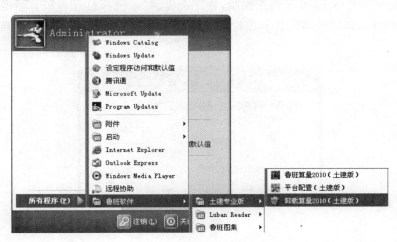

图 6 - 12

## 6.1.5 启动方法

(1) 左键双击桌面上的鲁班算量 2010(土建版)图标(图 6 - 13),进入鲁班算量的欢迎界面(图 6 - 14)。

图 6 - 13

图 6 - 14

注意：如果加密狗没有插好，或加密狗接口有问题，界面的右下角会提示：当前版本为学习版，您需要检查一下加密狗是否已正确连接至 USB 接口。

初次运行鲁班算量 2010 土建定额版，软件会提示"请选择打开鲁班算量的 CAD 版本"（图 6 - 15），您可以根据机器配置和已经安装的 CAD 版本选择对应的项目，点击"确定"按钮即可。

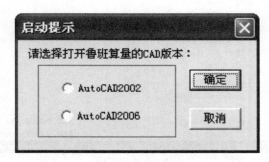

图 6 - 15

（2）选择"新建工程"，点击右上角的"进入"按钮（图 6 - 14）。

提示：如何新建工程，我们将在"新建工程"中做详细介绍。

（3）用户界面如图 6 - 16 所示。

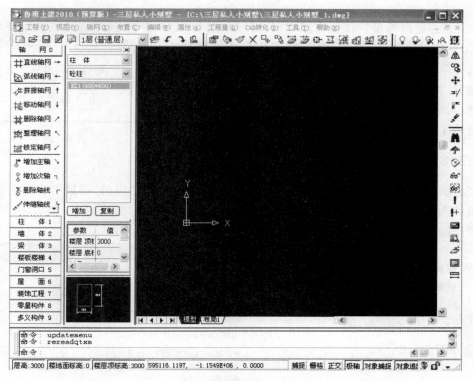

图 6－16

### 6.1.6　退出方法

如果想退出系统，可选择"工程"下拉菜单中的"退出系统"命令（图 6‑17），也可以直接点击关闭窗口按钮，即可退出。

### 6.1.7　CAD 平台与加密锁切换

（1）若在初始设置后想更改打开鲁班算量的 CAD 版本，可以在图 6‑12 中选择，"所有程序"→"鲁班软件"→"土建专业版"→"平台配置（土建版）"，如图 6‑18 所示，选择需要的 CAD 版本，确定即可完成平台配置。

图 6－17

图 6－18

注意：若只安装了一个 CAD 的版本，则"请选择 CAD 版本"中将只有该 CAD 版本可供选择。

（2）若想更改算量软件加密锁类型，可以在图 6-18 中选择，在请"选择加密锁类型"一栏中用户可根据自己需要选择单机版或是网络版。

注意：鲁班算量软件正在运行时无法更改软件加密锁类型，否则会弹出如图 6-19 所示对话框，必须先把软件关闭后才可以进行更改。

图 6-19

### 6.1.8 更新方法

当电脑与网络连接在一起，然后打开软件，左键单击菜单栏内的"帮助"，在其中选择智能升级如图 6-20 所示对话框，软件会自动转到最高版本提示出如图 6-21 所示对话框。当软件已经是最高版本，软件会提示现在软件是最新版本。

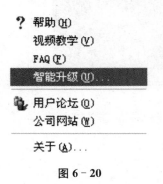

图 6-20

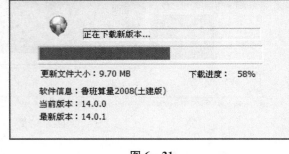

图 6-21

## 6.2 软件自动算量的概念与方法

### 6.2.1 软件算量的思路

自从我国采用建筑工程定额造价管理以来，建筑工程量计算工作就在工程造价管理工作中占有重要地位，并消耗了工程预算人员大量的时间和精力，人们在工作实践中也试图寻找新的方法和捷径来完成这一工作。经过几十年的探索，效果并不明显，这其中大致经历了以下几个过程：手工算量、手工表格算量、计算器表格算量、电脑表格算量、探索电脑图形算量。进入 20 世纪 90 年代，计算机性能迅猛发展，各种软件开发工具日趋完善，才使得计算机自动算量成为可能。正是在这样的技术背景下，一些公司投入大量人力物力攻克技术难关，实质性地解决了图形算量三维扣减问题，开创了可视智能图形算量的新概念。其具体思路是：利用计算机容量大、速度快、保存久、易操作、便管理、可视强等特点，模仿人工算量的思路方法及操作习惯，采用一种全新的操作方法——电脑鼠标器和键盘，将建筑工程图输入电脑中，由电脑完成自动算量、自动扣减、统计分类、汇总打印等工作，极大地提高了工作效率,减轻了预算人员的劳动强度,为广大工程预算人员所喜爱。

计算机是未来发展的趋势,手工操作方法必然被淘汰。在当今社会,谁掌握了先进的技术,谁就拥有时间、效率和生存发展的条件。

### 6.2.2 软件算量的方法

采用轴线图形法,即根据工程图纸纵、横轴线的尺寸,在电脑屏幕上以同样的比例定义轴线。然后,使用软件中提供的特殊绘图工具,依据图中的建筑构件尺寸,将建筑图形描绘在计算机中。计算机根据所定义的扣减计算规则,采用三维矩阵图形数学模型,统一进行汇总计算,并打印出计算结果、计算公式、计算位置、计算图形等,方便甲乙双方审核和核对。计算的结果也可直接套价,从而实现了工程造价预决算的整体自动计算。

### 6.2.3 软件算量输出的方法

软件提供三种计算结果的输出方式:图形输出、表格输出、预算接口文件。

1)图形输出

以算量平面图为基础,在构件附近标注构件与定额子目对应的工程量值,这是一种直观的表达方式。图形输出可以按照不同的构件类型、不同的材质、施工工艺分别标注。除了便于校对以外,"工程量标注图"在施工安排、监理过程中的指导作用,是"鲁班算量"提供给用户的一项强大功能,如其中的"砌筑工程量标注图"、"现浇混凝土工程量标注图"等。

2)表格输出

表格输出是传统的输出方式,鲁班算量最新定额版提供:

汇总定额项目;

分层汇总定额项目;

分层分构件计算定额项目;

建筑面积表;

门窗汇总表;

按房间类型汇总房间装饰;

按层、房间类型汇总装饰。

提供的表格中既可以有构件的总量,也可以有构件详细的计算公式。

3)预算接口文件

目前本软件提供 txt 格式、Excel 格式的文件输出数据,可供其他套价软件使用。

### 6.2.4 "鲁班算量"的工程量计算项目

"鲁班算量"按照构件的"计算项目"来计算工程量。

从工程量计算的角度,一种构件可以包含多种计算项目,每一个计算项目都可以对应具体的计算规则和计算公式。例如:墙体作为一种构件,可以计算的项目有实体、实体模板、实体超高模板(3.6 m 以上部分)、实体脚手架、附墙、压顶共六项。表 6 - 2 是鲁班算量最新能计算的项目。

表 6 - 2

| 构件名称 | 计算项目 | 构件名称 | 计算项目 | 构件名称 | 计算项目 |
|---|---|---|---|---|---|
| 电梯井墙<br>混凝土外墙<br>混凝土内墙 | 实体 | 门 | 实体 | 砖石条基 | 实体 |
| | 实体模板 | | 门窗框 | | 垫层 |
| | 实体超高模板 | | 门窗内侧粉刷 | | 垫层模板 |
| | 实体脚手架 | | 门窗外侧粉刷 | | 平面防潮层 |
| | 附墙 | | 筒子板 | | 立面防潮层 |
| | 压顶 | 窗 | 实体 | 集水井 | 实体 |
| | | | 门窗内侧粉刷 | | 垫层 |
| 砖外墙<br>砖内墙 | 实体 | | 门窗外侧粉刷 | | 挖土方 |
| | 实体脚手架 | | 窗台 | 人工挖孔桩 | 桩心混凝土 |
| | 附墙 | | 窗帘盒 | | 桩成孔 |
| | 压顶 | | 筒子板 | | 护壁混凝土 |
| 填充墙<br>间壁墙 | 实体 | 飘窗<br>转角飘窗 | 实体 | | 凿护壁 |
| | | | 上挑板实体 | | 挖土方 |
| | | | 下挑板实体 | | 挖中风化岩 |
| 混凝土柱 | 实体 | | 上挑板上表面粉刷 | | 挖微风化岩 |
| | 实体模板 | | 上挑板下表面粉刷 | | 挖淤泥 |
| | 实体超高模板 | | 下挑板上表面粉刷 | 其他桩 | 实体 |
| | 实体脚手架 | | 下挑板下表面粉刷 | | 送桩、截桩 |
| | 实体粉刷 | | 上、下挑板侧面粉刷 | | 泥浆外运 |
| 暗柱 | 实体 | | 墙洞壁粉刷 | 装饰 | |
| | 实体模板 | | 窗帘盒 | | 面层 |
| | 实体超高模板 | | 筒子板 | 楼地面 | 基层 |
| | 实体粉刷 | | | | 楼地面防潮层 |

| 构件名称 | 计算项目 | 构件名称 | 计算项目 | 构件名称 | 计算项目 |
|---|---|---|---|---|---|
| 构造柱 | 实体 | 满堂基 | 实体 | 天棚 | 面层 |
| | 实体模板 | | 实体模板 | | 基层 |
| | 实体超高模板 | | 垫层 | | 满堂脚手架 |
| 砖柱 | 实体 | | 垫层模板 | 踢脚线 | 面层 |
| | 实体脚手架 | | 挖土方 | 墙裙 | 面层 |
| | 实体粉刷 | | 土方支护 | 外墙面 内墙面 | 面层 |
| | | | 满堂脚手架 | | 基层 |
| 框架梁 次梁 独立梁 | 实体 | 独立基 混凝土 条基 基础梁 | 实体 | | 装饰脚手架 |
| | 实体模板 | | 实体模板 | 柱踢脚 | 面层 |
| | 实体粉刷 | | 垫层 | 柱裙 | 面层 |
| | 实体脚手架 | | 垫层模板 | 柱面 | 面层 |
| 圈梁 过梁 | 实体 | | 挖土方 | | 基层 |
| | 实体模板 | | 土方支护 | | 装饰脚手架 |
| 现浇板 预制板 | 实体 | 楼梯 | 实体 | 屋面 | 实体 |
| | 实体模板 | | 实体模板 | | 屋面防水层 |
| | | | 楼梯展开面层装饰 | | 屋面保温,隔热层 |
| 点实体 线实体 面实体 实体 | 点 | | 踢脚 | 阳台 雨篷 | 出挑板 |
| | 线 | | 楼梯底面粉刷 | | 栏板,栏杆 |
| | 面 | | 楼梯井侧面粉刷 | | |
| | 构件体积 | | 栏杆 | | |
| | 构件个数 | | 靠墙扶手 | | |

## 6.3 软件算量与手工算量的比较

传统的工程量计算,预算人员先要读图,在脑子中要将多张图纸间建立工程三维立体联系,导致工作强度大。而用算量软件则完全改变了工作流程,拿到其中一张图就将这张图的信息输入电脑,一张一张地进行处理,不管每张图之间三维关系,而三维关联的思维工作会由计算机根据模型轴网、标高等几何关系自动解决代替了,这样就大大降低了预算员的工作强度和工作复杂程度,从而也改变了算量工作流程。

手工算法流程:

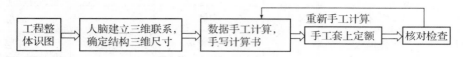

土建三维工程量计算软件(鲁班软件)流程:

# 6.4　算量平面图与构件属性介绍

### 6.4.1　算量平面图

算量平面图是指使用鲁班算量软件计算建筑工程的工程量时,要求在鲁班算量界面中建立的一个工程模型图。它不仅包括建筑施工图上的内容,如所有的墙体、门窗、装饰,所用材料甚至施工做法,还包括结构施工图上的内容,如柱、梁、板、基础的精确尺寸以及标高的所有信息。

平面图能够最有效地表达建筑物及其构件,精确的图形才能表达精确的工程模型,才能得到精确的工程量计算结果。

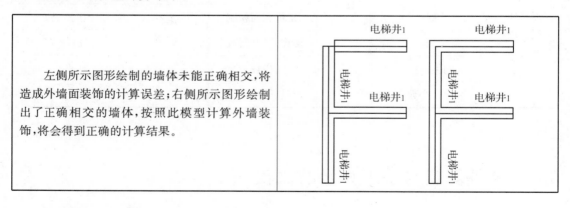

"鲁班算量"遵循工程的特点和习惯,把构件分成三类:

(1)骨架构件:需精确定位。骨架构件的精确定位是工程量准确计算的保证,即骨架构件的不正确定位会导致附属构件、区域型构件的计算不准确。如柱、墙、梁等。

(2)寄生构件:需在骨架构件绘制完成的情况下才能绘制。如门窗、过梁、圈梁、砖基、条基、墙柱面装饰等。

（3）区域型构件：软件可以根据骨架构件自动找出其边界，从而自动形成这些构件。例如，楼板是由墙体或梁围成的封闭形区域，当墙体或梁精确定位以后，楼板的位置和形状也就确定了。同样，房间、天棚、楼地面、墙面装饰也是由墙体围成的封闭区域，建立起了墙体，等于自动建立起了楼板、房间等"区域型"构件。

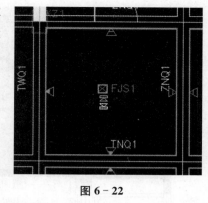

**图 6-22**

为了编辑方便，在图形中，"区域型"构件用形象的符号来表示。图 6-22 是一张鲁班算量平面图的局部，图中除了墙、梁等与施工图中相同的构件以外，还有施工图中所没有的符号，我们用这些符号作为"区域型"构件的形象表示。几种符号分别代表房间、天棚、楼地面、现浇板、预制板、墙面装饰。写在线条、符号旁边的字符是它们所代表构件的属性名称。这张图称为"算量平面图"。

### 6.4.2　构件属性

创建的算量平面图中，我们是以构件作为组织对象的，因而每一个构件都要具有自己的属性。

构件属性是指构件在算量平面图上不易表达的、工程量计算又必需的构件信息。

构件属性主要分为四类：

（1）物理属性（主要是构件的标识信息，如构件名称、材质等）。

（2）几何属性（主要指与构件本身几何尺寸有关的数据信息，如长度、高度、面积、体积、断面形状等）。

（3）扩展几何属性（是指由于构件的空间位置关系而产生的数据信息，如工程量的调整值等）。

（4）清单（定额）属性（主要记录该构件的工程做法，即套用的相关清单（定额）信息，实际上也就是计算规则的选择）。

构件的属性一旦赋予后并不是不可变的，用户可以通过"属性工具栏"或"构件属性定义"按钮对相关属性进行重定义和编辑。

# 6.5　算量平面图与楼层的关系

### 6.5.1　楼层包含的内容

一张"鲁班算量"平面图即表示一个楼层中的建筑、结构构件，如果是几个标准层，则表示几个楼层中的建筑、结构构件。

一张算量平面图中究竟表达了哪些构件呢？如图 6-23 的上、中、下三图，它们分别表示了顶层算量平面图、中间某层算量平面图、基础算量平面图中所表达的构件及其在空间的位置。

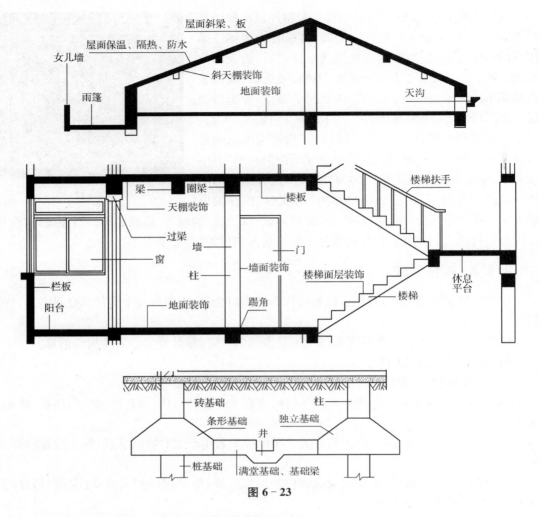

图 6 - 23

### 6.5.2　楼层的划分原则与楼层编号

对于一个实际工程,需要按照以下原则划分出不同的楼层,以分别建立起对应的算量平面图,楼层用编号表示:

0:表示基础层。

1:表示地上的第一层。

2—99:表示地上除第一层之外的楼层。此范围之内的楼层,如果是标准层,图形可以合并成一层,如"2,5"表示从第 2 层到第 5 层是标准层。"6/8/10"表示隔层是标准层。

—3,—2,—1:表示地下层。

### 6.5.3　算量平面图中构件名称说明

从前面的表 6 - 2 中可以看到,在算量平面图中,每一个构件都有一个名称。

从鲁班算量 2007 开始,构件就进行了细化,如表 6 - 3 中"墙体",就分为电梯井墙等七种墙体。构件编号是由软件自动命名的,命名方法见表 6 - 3。构件的名称也可以由用户自己命名。但应注意,在细化的构件中,例如"电梯井墙",不可以出现相同的名称,如两个都为

"电梯井墙 1"。算量平面图中构件名称显示用户自定义的名称,如果没有自定义的名称则显示软件自动命名的编号。

表 6 - 3

| 构 件 | | 属性命名规则 | 构 件 | | 属性命名规则 |
|---|---|---|---|---|---|
| 墙体 | 电梯井墙 | DTQ+序号 | 装饰 | 房间 | FJS+序号 |
| | 混凝土外墙 | TWQ+序号 | | 楼地面 | DMS+序号 |
| | 混凝土内墙 | TNQ+序号 | | 天棚 | TPS+序号 |
| | 砖外墙 | ZWQ+序号 | | 踢脚线 | TJS+序号 |
| | 砖内墙 | ZNQ+序号 | | 墙裙 | QQS+序号 |
| | 填充墙 | TCQ+序号 | | 外墙面 | WQS+序号 |
| | 间壁墙 | JBQ+序号 | | 内墙面 | NQS+序号 |
| 梁 | 框架梁 | KL+序号 | | 柱踢脚 | ZTJS+序号 |
| | 次梁 | CL+序号 | | 柱裙 | ZQS+序号 |
| | 独立梁 | DL+序号 | | 柱面 | ZMS+序号 |
| | 圈梁 | QL+序号 | | 屋面 | WMS+序号 |
| | 过梁 | GL+序号 | 基础 | 满堂基础 | MTJ+序号 |
| 柱 | 混凝土柱 | TZ+序号 | | 独立基 | DLJ+序号 |
| | 暗柱 | AZ+序号 | | 柱状独立基 | ZDLJ+序号 |
| | 构造柱 | GZ+序号 | | 砖石条形 | ZSJ+序号 |
| | 砖柱 | ZZ+序号 | | 混凝土条形 | TTJ+序号 |
| 门窗洞 | 门 | M+序号 | | 井 | JSJ+序号 |
| | 窗 | C+序号 | | 基础梁 | JCL+序号 |
| | 飘窗 | PC+序号 | | | |
| | 转角飘窗 | ZPC+序号 | | 其他桩 | QTZJ+序号 |
| | 洞 | D+序号 | | 人工挖孔桩 | RGZJ+序号 |
| 零星构件 | 阳台 | YTLX+序号 | 多义构件 | 点实体 | DTY+序号 |
| | 雨篷 | YPLX+序号 | | 面实体 | MTY+序号 |
| | 排水沟 | PSG+序号 | | 线实体 | XTY+序号 |
| | 散水 | SSLX+序号 | | 实体 | TTY+序号 |
| | 自定义线形构件 | ZDYX+序号 | | | |
| 板楼梯 | 现浇板 | XB+序号 | | | |
| | 预制板 | YB+序号 | | | |
| | 楼梯 | LTB+序号 | | | |

在构件属性表或属性工具栏中，总是存在一个墙体名称"Q0"，它的厚度为 5 mm。不管给它赋予何种属性，"Q0"总被系统当作"虚墙"看待，"Q0"的工程量不计算。"Q0"主要是起划分楼板、楼地面、形成封闭房间等辅助作用。

### 6.5.4 算量软件工程量计算规则说明

鲁班算量计算规则以一种表格的形式出现，如图 6-24。

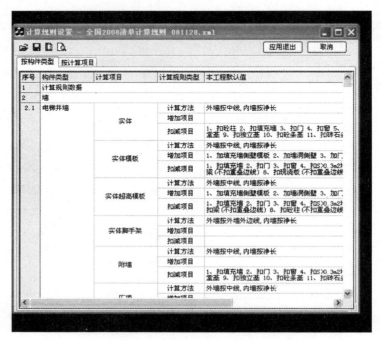

图 6-24

在这个表中，可以对所有构件的计算规则进行一次性调整，对于单个构件计算规则的调整仍然在属性定义中调整。调整的方法会在后面详细讲解。

提示：对于初学者，我们建议对各计算项目的计算规则查看一遍，从而做到心中有数。

### 6.5.5 算量平面图中的寄生构件说明

在实际工程中，如果没有墙体，不可能存在门窗，门窗就是寄生在墙体上的构件，"鲁班算量"遵循这种寄生原则。表6-4列出寄生构件与寄生构件所依附的主体构件之间的关系。

表6-4

| 骨 架 构 件 | 寄 生 构 件 |
|---|---|
| 墙体 | 墙面装饰、门、窗、圈梁、条形基础、砖基 |
| 柱 | 柱面装饰 |
| 门、窗 | 过梁 |

注意：寄生构件具有以下性质：① 主体构件不存在的时候，无法建立寄生构件；② 删除了主体构件，寄生构件将同时被删除，还可以随主体构件被移动。

# 6.6 "鲁班算量"的建模原则

## 6.6.1 建模包含内容

"建模"包括两个方面的内容：

（1）绘制算量平面图。主要是确定墙体、梁、柱、门窗、过梁、基础等骨架构件及寄生构件的平面位置，其他的构件由软件自动确定。

（2）定义每种构件的属性。构件类别不同，具体的属性不同，其中相同的是定额查套机制，可以灵活运用。

## 6.6.2 建模的顺序

根据你自己的喜好，可以按照以下三种顺序完成建模工作：

（1）先绘制算量平面图，再定义构件属性。

（2）先定义构件属性，再绘制算量平面图。

（3）在绘制算量平面图的过程中，同时定义构件的属性。

技巧：对于门窗、梁、墙等构件较多的工程，在熟悉图纸后，一次性地将这些构件的尺寸在"属性定义"中加以定义，这样将提高绘制速度，同时也能保证不遗漏构件。

## 6.6.3 建模的原则

（1）需要用图形法计算工程量的构件，必须绘制到算量平面图中。

"鲁班算量"在计算工程量时，算量平面图中找不到的构件就不会计算，尽管用户可能已经定义了它的属性名称和具体的属性内容。

（2）绘制算量平面图上的构件，必须有属性名称及完整的属性内容。

软件在找到计算对象以后，要从属性中提取计算所需要的内容，如断面尺寸、套用定额等，如果没有套用相应的定额则得不到计算结果，如果属性不完善，可能得不到正确的计算结果。

（3）确认所要计算的项目。

鲁班算量2010会将有关此构件全部计算项目列出，确认需要计算后套相关定额即可。

（4）准备计算之前，请使用"区域整理"、"计算模型合法性检查"。

为保证用户已建立模型的正确性，保护用户的劳动成果，请使用"区域整理"。因为在画图过程中，软件为了保证绘图速度，没有采用"自动区域整理"整理构件。"计算模型合法性检查"将自动纠正计算模型中的一些错误。

注意：区域整理只能整理除区域构件之外的其他构件，如果在形成区域型构件之后改动了墙体或梁，区域型构件需做相应的改动（重新生成或移动边界）。

（5）灵活掌握，合理运用。

"鲁班算量"提供"网状"的构件绘制命令：达到同一个目的可以使用不同的命令，具体选择哪一种更为合适,将随用户的熟练程度与操作习惯而定。例如,绘制墙的命令有"连续布墙"、"轴网变墙"、"轴段变墙"、"线变墙"、"口式布墙"、"布填充墙"、"偏移复制"七种命令,各有其方便之处,其中奥妙,请读者细细品味。

## 6.7　蓝图与鲁班算量软件的关系

### 6.7.1　理解并适应"鲁班算量"计算工程量的特点

设计单位提供的施工蓝图是计算工程量的依据,手工计算工程量时,一般要经过熟悉图纸、列项、计算等步骤。在这个过程中,蓝图的使用是比较频繁的,要反复查看所有的施工图来找到所需要的信息。

在使用鲁班算量软件计算工程量时,蓝图的使用频率直接影响着工作效率和舒适程度,这也是为什么把"蓝图的使用"当作一个问题加以说明的原因。

在使用软件工作之前,不需要单独熟悉图纸,拿到图纸直接上机即可。这是因为,建立算量模型的过程,就是你熟悉图纸的过程。

### 6.7.2　蓝图使用与使用本软件建模进度的对应关系

在建立模型的过程中,可以依据单张蓝图进行工作,特别是在绘制算量平面图时,暂时用不到的图形不必理会。表6-5是所需蓝图与工作进度的关系。

表6-5

| 序号 | 蓝图内容 | 软件操作 | 备注 |
|---|---|---|---|
| 1 | 建施:典型剖面图一张 | 工程管理、系统设置、楼层层高设置 | 可能需要结构总说明,设置混凝土、砂浆的强度 |
| 2 | 建施:底层平面图 | 绘制轴网、墙体、阳台、雨篷 | 配合使用剖面图、墙身节点详图、其他节点详图 |
| 3 | 结施:二层结构平面图 | 梁、柱、圈梁、板 | 布置梁时,可考虑按纵向、横向布置,这样不易遗漏构件 |
| 4 | 建施:门窗表 | 属性定义:抄写门窗尺寸 | 为下一步布置门窗做准备 |
| 5 | 建施:底层平面图、设计说明 | 在平面图上布置门窗、过梁 | 由于门窗的尺寸直接影响平面图的外观,因此在抄写完门窗尺寸之后再布置到平面图中比较恰当 |
| 6 | 建施:说明、剖面图 | 设置房间装饰,包括墙面、柱面 | |
| 7 | 建筑剖面、结构详图 | 调整构件的高度 | 与当前楼层高度、缺省设置高度不相符的构件高度 |

完成了表6-5中的步骤以后,第一个算量平面图的建模工作就算完成了。按照这样的顺序完成全部楼层的算量平面图以后,对图纸的了解就比较全面了,各种构件的工程量应该如何计算已经心中有数,为下一步的计算奠定了基础。

注意:正如表6-5所示,实际的工程图纸中结构图关于楼层的称呼与鲁班算量软件中关于楼层的称呼有些不一致。如算量平面中,要布置某工程第一层的楼板与梁,在实际工程图纸中这一层的梁板是被放在"二层结构平面图"或"二层梁布置图"中的。

## 6.8    界面介绍

在正式进行图形输入前,有必要先熟悉一下本软件的操作界面(如图6-25)。使用软件一定要对软件的操作界面及功能按钮的位置熟悉,熟悉的操作才会带来工作效率的提高。

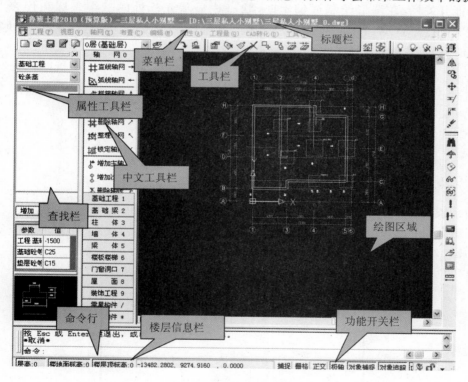

图 6-25

标题栏:显示软件的名称、版本号、当前的楼层号、当前操作的平面图名称。

菜单栏:菜单栏是 Windows 应用程序标准的菜单形式,包括"工程"、"视图"、"轴网"、"布置"、"编辑"、"属性"、"工程量"、"CAD 转化"、"工具"、"帮助"。

工具栏:这种形象而又直观的图标形式,让我们只需单击相应的图标就可以执行相应的操作,从而提高绘图效率,在实际绘图中非常有用。

属性工具栏:在此界面上可以直接复制、增加构件,并修改构件的各个属性,如标高、断面尺寸、混凝土的等级等。

中文工具栏:此处中文命令与工具栏中图标命令作用一致,用中文显示出来,更便于操作。例如左键点击"轴网",会出现所有与轴网有关的命令。

命令行:是屏幕下端的文本窗口。包括两部分:第一部分是命令行,用于接收从键盘输入的命令和命令参数,显示命令运行状态,CAD 中的绝大部分命令均可在此输入,如画线等;第二部分是命令历史记录,记录着曾经执行的命令和运行情况,它可以通过滚动条上下滚动,以显示更多的历史记录。

技巧:如果命令行显示的命令执行结果行数过多,可以通过 F2 功能键击活命令文本窗口的方法来帮助用户查找更多的信息。再次按 F2 功能键,命令文本窗口即消失。

状态栏:在执行"构件名称更换"、"构件删除"等命令时,状态栏中的坐标变为如下状态:

> 已选0个构件<-<增加<按TAB键切换[增加/移除]状态:按S键选择相同名称的构件>

提示:按 Tab 键,在增加与删除间切换,按 S 键,可以选择相同名称的构件。

功能开关栏:在图形绘制或编辑时,状态栏显示光标处的三维坐标和代表"捕捉"(SNAP)、"正交"(ORTHO)等功能开关按钮。按钮凹下去表示开关已打开,正在执行该命令;按钮凸出来表示开关已关闭,退出该命令。

# 6.9　工程管理与文件结构

### 6.9.1　新建

1) 新建工程

双击桌面上的鲁班算量图标,在出现的对话框中选择"新建工程",出现如图 6 - 26 所示的对话框。

**图 6 - 26**

操作过程如下:

(1) 新建一个工程,必须在"文件名(N)"栏目中输入新工程的名称,这个名称可以是汉字,也可以是英文字母,例如"A 小区 3 楼"、"school-1"都可以。

(2) 新工程名称设置好之后,点击"保存"按钮,软件会将此工程保存在默认的鲁班算量中的"userdata"文件夹内,如果需要保存在别的文件夹下,点击图 6-26 中的"保存在"文件夹 userdata 左边的下拉箭头,选择要保存此工程文件的位置,之后再点击"保存"按钮,会将此工程文件保存在所选择的位置。如图 6-27。

图 6-27

(3) 同时,点击"保存"按钮后,软件自动进入"选择属性模板"对话框,如图 6-28。

图 6-28

表 6-6

| 定额版软件默认属性模板 | 软件默认构件的属性,要按实际工程重新定义构件属性 |
|---|---|
| 华海大厦属性模板 | 利用已做工程构件的属性,省去属性定义、套定额、计算规则调整的时间 |

属性模板的保存参见构件属性定义。

新工程的"工程概况"对话框,如图 6-29 所示。

2) 工程概况

在图 6-29 中输入相关信息,以做封面打印之用。左键单击"下一步",进入"算量模式"

对话框,如图 6 - 30 所示。

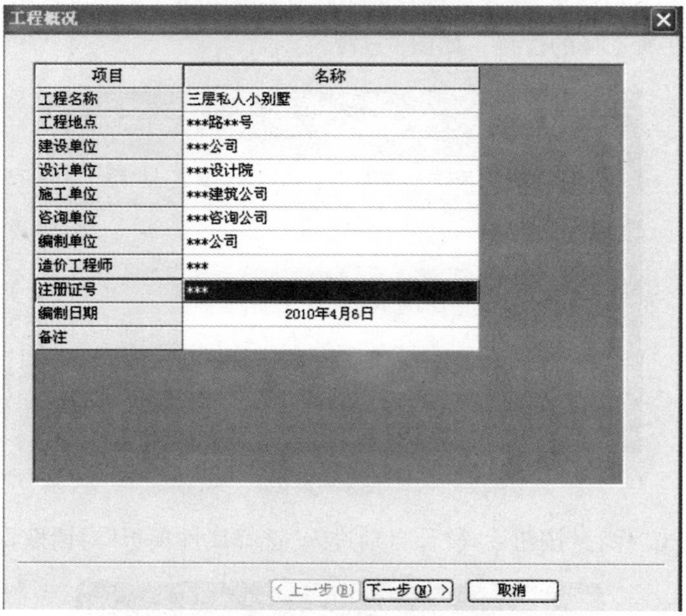

**图 6 - 29**

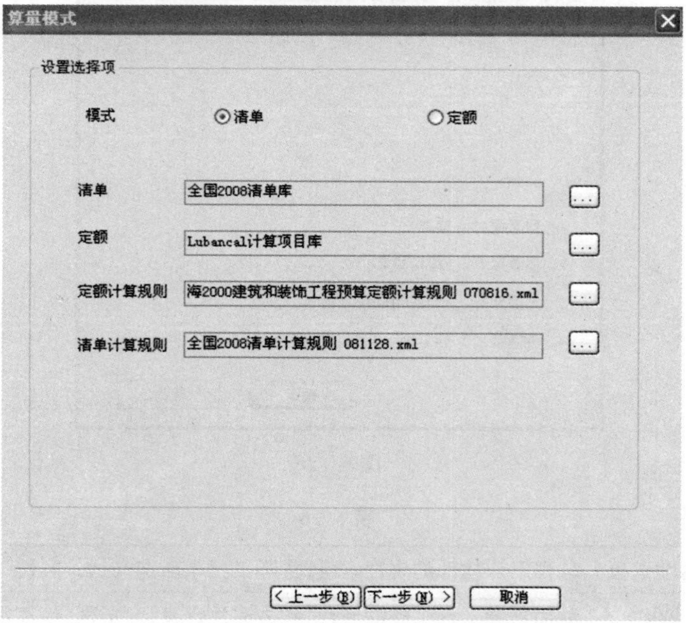

**图 6 - 30**

根据需要选择清单或者定额算量模式,然后选择需要的清单库、定额库以及对应的计算规则。

清单:左键点击右边的按钮,选择清单库。

定额:左键点击右边的按钮,选择定额库。

定额计算规则：可以选择系统已有的计算规则，也可以选择修改过的且保存为模板的计算规则。计算规则保存参见定额计算规则修改。

清单计算规则：可以选择系统已有的计算规则，也可以选择修改过的且保存为模板的计算规则。计算规则保存参见清单计算规则修改。

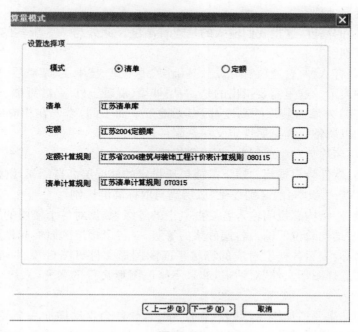

图 6 - 31

左键单击"下一步"，进入"楼层设置"对话框，如图 6 - 32 所示。

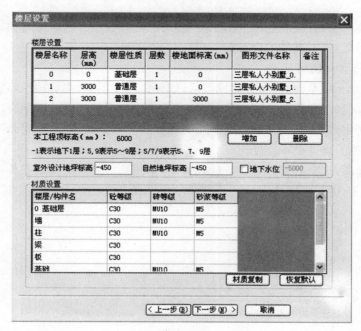

图 6 - 32

需要我们修改完成的项目有：

楼层名称：用数字表示楼层的编号。其中0层表示基础层；－1表示地下第一层；1表示地上第一层；1.5表示架空层或技术层，2，6表示2到6层为标准层，7/9/11表示隔层的7，9，11相同。需要指出的是：这里标准层指结构、建筑装饰完全相同（包括材料），部分不同的楼层不能按标准层处理。

层高：每一层的高度，这里我们输入的是建筑高度。此处与7.3版本的区别详见"取层高与取标高的区别"。

楼层性质：共有八种，普通层、标准层、基础层、地下室、技术层、架空层、顶层、其他，如楼层名称中的各种表示。这里需要指出的是：一层外墙（混凝土外墙、砖外墙、电梯井墙）、柱的超高模板、脚手架、外墙面装饰的高度，因有无地下室而不同，需要在相应的计算项目中的"附件尺寸"中加以调整。详见属性定义——附件尺寸。

层数：随楼层名称自动生成层数，不需要修改。

楼地面标高：软件会根据当前层下的楼层所设定的楼层层高自动累计楼层地面标高，此处与旧版本（如V7.3版本）的区别详见"取层高与取标高的区别"。

混凝土等级：按结构总说明输入各层混凝土的等级，数据对各个楼层的属性起作用。

砂浆等级：按结构总说明输入各层砂浆的等级，对各个楼层的属性起作用。

图形文件名称：表示各楼层对应的算量平面图图形文件（DWG文件）的名称。点击此按钮，可以进入"选择图形文件"对话框，如果不修改图形文件的名称，系统会自动设定图形文件的名称。

增加、删除：如果要增加楼层，点击"增加"按钮，软件会自动增加一个楼层；如果要删除某一楼层，先选中此楼层，楼层中的相关信息变蓝，再点击如图6-32中的"删除"按钮，会弹出一个"警告"对话框"是否要删除楼层？"，选择"是"，软件删除此楼层，选择"否"，软件不会删除此楼层。

室外设计地坪标高：蓝图上标注出来的室外设计标高（与外墙装饰有关）。

自然地坪标高：施工现场的地坪标高（与土方有关）。

3）取层高与取标高的区别

鲁班算量2010版本，构件布置完成以后，如果修改了层高，所有顶标高默认为"取层高"的构件，将随着层高的变化而自动变化，而经过人为修改过标高的构件的高度将不会随着层高的变化自动变化，如图6-33混凝土外墙的顶标高若不是默认的"取层高"，即使层高变化了，此混凝土外墙的高度也不会变化。

楼层地面标高：这个数据只有在0层起作用，如图6-34中的基础底标高"取标高"，实际是读取图6-35中的楼层地面标高－3 000。如果人为地改动了基础底标高的状态，道理与上一条一样。

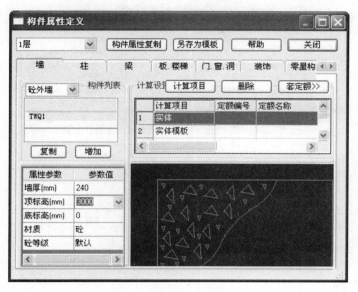

图 6－33

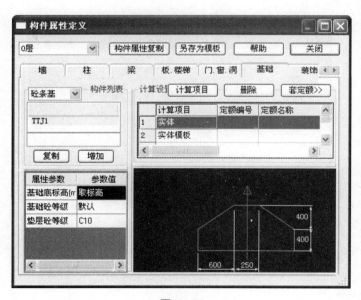

图 6－34

图 6 – 35

### 6.9.2 打开

双击桌面上的鲁班算量图标,打开软件,选择如图 6 – 36 中打开工程,然后选择相对应的工程文件打开。

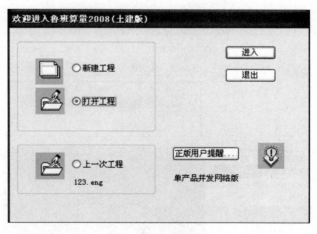

图 6 – 36

### 6.9.3 保存

执行菜单中"工程"→"保存"命令,可以保存工程的内容。

1) 工程另存为

执行菜单中"工程"→"另存为"命令,可以将工程的内容存储为其他工程。

2) 自动保存设置

执行菜单中"工具"→"自动保存设置"命令,可以设定工程自动保存的间隔分钟数和确定是否每次保存都创建备份，如图 6 - 37。

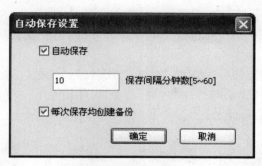

图 6 - 37

# 6.10  软件算量操作

### 6.10.1  画图基本步骤

根据你自己的喜好，可以按照以下三种顺序完成建模工作：

（1）先绘制算量平面图，再定义构件属性。

（2）先定义构件属性，再绘制算量平面图。

（3）在绘制算量平面图的过程中，同时定义构件的属性。

技巧：对于门窗、梁、墙等构件较多的工程，在熟悉图纸后，一次性地将这些构件的尺寸在"属性定义"中加以定义。这样将提高绘制速度，同时也能保证不遗漏构件。

### 6.10.2  鼠标使用

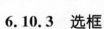

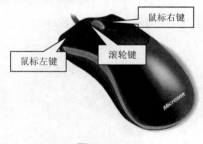

（1）鼠标左键：对象选择。

（2）鼠标右键：确定键及捷径菜单。

（3）滚轮键：向前推动——界面放大；向后推动——界面缩小；双击滚轮——图形充满界面。

图 6 - 38

### 6.10.3  选框

（1）实框选

从左往右框选，框为实线，被选图形必须完全框选在内，才可选中图形。

（2）虚框选

从右往左框选，框为虚线，被选图形不必完全框选在内，只要有图形的部分被框选中即可选中图形。

提示：实际绘图中经常会遇到图形的选择，请完全掌握和理解框选的方法，以便在复杂图形中能既快又准地选中需要的图形。

### 6.10.4 空格键的使用

（1）重复上一个命令：当用户执行完前一项命令时，需要重复执行该命令，直接敲击空格键即可。

（2）用空格键实现"拉伸"、"移动"、"镜像"、"旋转"、"缩放"：选中图形，单击其中一点，可对图形进行"拉伸"操作。每敲击一次空格命令，可切换至下一命令，根据命令提示栏的提示完成操作，同时可实现其他命令。

图 6-39

# 6.11 画图方法

### 6.11.1 轴网

若无 CAD 图，采用软件建模时首先必须建立轴网，其作用在于快速方便地对建模构件进行定位，以及在最终计算结果中显示构件位置。

1）直线轴网

图元特性：轴线—DOTE "LB_轴线"；轴符—AXTS "LB_轴线标注"。

功能：生成直线/弧线轴网，提供相关的编辑处理。

在点取命令 ╫建直线轴网 后，屏幕上出现"直线轴网"对话框，如图 6-40。

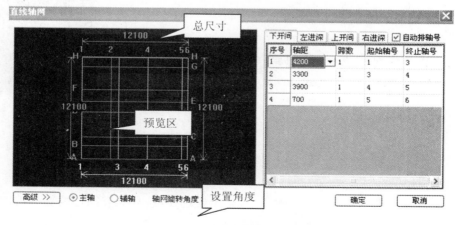

图 6-40 直线轴网设置界面 1

现在先就对话框中的某些选项说明（见表 6-7）。

表 6 - 7

| 预览区 | 显示直线轴网,随输入数据的改变而改变,"所见即所得" |
|---|---|
| 下开间 | 图纸下方标注轴线的开间尺寸 |
| 上开间 | 图纸上方标注轴线的开间尺寸 |
| 左进深 | 图纸左方标注轴线的进深尺寸 |
| 右进深 | 图纸右方标注轴线的进深尺寸 |
| 自动排轴号 | 根据起始轴号的名称,自动排列其他轴号的名称。例如:上开间起始轴号为 s1,上开间其他轴号依次为 s2、s3,… |
| 高级 | 轴网布置进一步操作的相关命令 |
| 轴网旋转角度 | 输入正值,轴网以下开间与左进深第一条轴线交点逆时针旋转;<br>输入负值,轴网以下开间与左进深第一条轴线交点顺时针旋转 |
| 确定 | 各个参数输入完成后可以点击"确定",退出直线轴网设置界面 |
| 取消 | 取消直线轴网设置命令,退出该界面 |

注:将"自动排轴号"前面的勾去掉,软件将不会自动排列轴号名称,此时可以任意定义轴号的名称。

点取"直线轴网"左下方"高级"按钮,展开隐藏设置选项,如图 6 - 41。

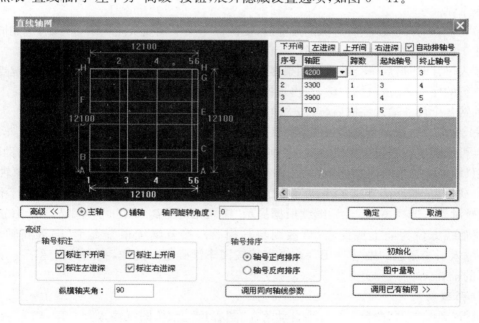

图 6 - 41　直线轴网设置界面 2

轴号标注:四个选项,如果不需显示某一部分的标注,将其前面的"√"去掉即可。

轴号排序:可以使轴号正向或反向排序。

纵横轴夹角:指轴网横、纵轴坐标方向之间的夹角,系统的默认值为 90°。

调用同向轴线参数:如果上下开间(左右进深)的尺寸相同,输入下开间(左进深)的尺寸后,切换到上开间(右进深),左键点击"调用同向轴线参数",上开间(右进深)的尺寸将拷贝下开间(左进深)的尺寸。

初始化:使目前正在进行设置的轴网操作重新开始,相当于删除本次设置的轴网。执行该命令后,轴网绘制图形窗口中的内容全部清空。

图中量取:量取 CAD 图形中轴线的尺寸。

调用已有轴网:在点取此按钮后,弹出"调用已有轴网"对话框,可以调用以前的轴网进行再编辑,如图 6-42。

例:小别墅工程直线轴网的建立。

执行"建直线轴网"命令。

光标会自动落在下开间"轴距"上,按图纸输入下开间尺寸,输完一跨后,按回车键,软件会自动增加一行,光标仍落在"轴距"上,依次输入各开间尺寸。

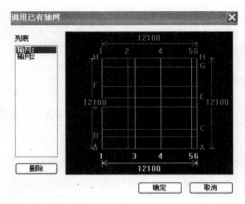

图 6-42

[下开间]:4200-3300-3900-700;

[左进深]:1600-4000-2700-3800;

[上开间]:3300-4200-3900-700;

[右进深]:2600-4200-4100-1200;

提示:

输入上、下开间或左、右进深的尺寸时,要确保第一根轴线从同一位置开始,例如同时从 A 轴或 1 轴开始,有时这要人工计算一下。

输入尺寸时,最后一行结束时如果多按了一下回车键,会再出现一行,鼠标左键点击一下那一行的序号,点击鼠标右键,在出现的菜单中选"删除"即可。

轴网各个尺寸输入完成后,点击"确定",回到软件主界面,

命令行提示:请确定位置,在"绘图区"中选择一个点作为定位点的位置,如果回车确定,定位点可以确定在原点坐标0,0,0。将所建轴网布置在绘图区。如果需要增加辅助轴线,可以用"增加主轴"和"增加次轴"的命令来实现。如在本案例中,左进深增加"1/B"轴,"B"轴到"1/B"轴的跨距为 1 800 mm。我们点击"增加轴线"命令后,根据左下角命令行中的提示"选择对象",选择 A 轴,然后继续根据提示"输入相对距离〈1000〉:",输入 1 800(正数表示新建轴线方位为向上或向右;负数则与其相反),接着继续根据提示"输入新轴名〈1/B〉:",输入所需新建的轴号"1/B"(或者直接按回车键确定),这样,我们就新建了一条名为"1/B"的轴线。

2)弧线轴网

执行"弧线轴网"命令。光标会自动落在"圆心角"上,按图纸输入圆心角,输完一个后,按回车键,软件会自动增加一行,光标仍落在"圆心角"上,依次输入圆心角。

如图 6-43,建立轴网。

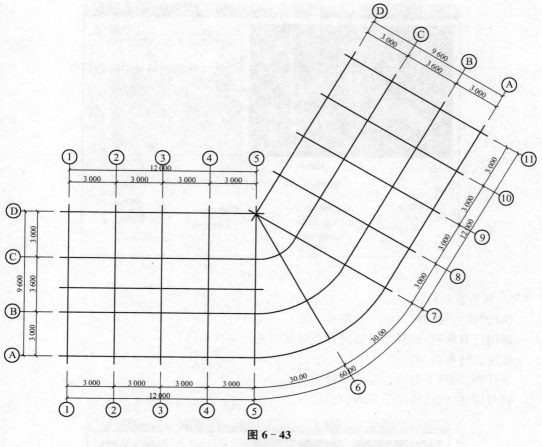

**图 6-43**

（1）执行"建直线轴网"命令。依次输入各开间尺寸。

［下开间］：3000－3000－3000－3000；

［左进深］：3000－3600－3000；

［上开间］：3000－3000－3000－3000；

［右进深］：3000－3600－3000；

（2）执行"弧线轴网"命令。依次输入圆心角和进深尺寸。

［圆心角］：30－30；起始轴号改为 5。

［进深］：3000－3600－3000；起始轴号改为 A。

［内圆弧半径］：0

［轴网旋转角度］：270

［轴号标注］：勾选标注圆心角。

单击"确定"后，放置于 D 轴、5 轴交点处。如图 6-44。

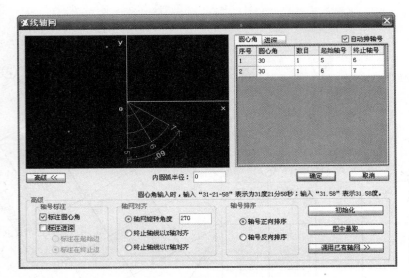

图 6-44

3）转角直线轴网

执行"建直线轴网"命令，如图 6-45。

调用已有轴网：选择之前建立的直线轴网进行再次编辑。

轴网旋转角度：60。

下开间：调整下开间的起始轴号为 7。

轴号标注：勾选标注下开间、右进深。

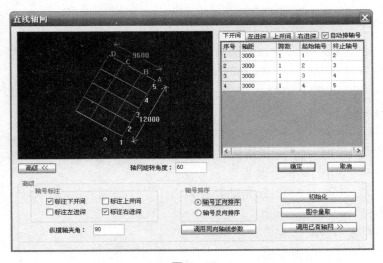

图 6-45

单击"确定"后，放置于 D 轴、5 轴交点处。轴网最终完成，如图 6-46。

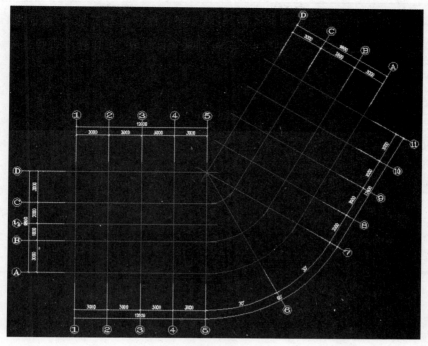

图 6 - 46

思考：

（1）在工程建模中轴网主要起什么作用？

（2）如何调用已有轴网？在何种情况下软件会将轴网自动保存，方便二次调用修改？

（3）分别采用 CAD 轴网转化及轴网建模命令完成光盘目录下"图纸—轴网练习"轴网。

## 6.11.2 墙体、门窗

软件中墙体分为砖内墙、砖外墙、混凝土内墙、混凝土外墙、间壁墙、电梯井墙，其计算规则、计算方法各不相同。

菜单位置："中文菜单栏"→"墙"。

构件特性：除填充墙、间壁墙外其他墙体同一位置中心线只允许布置一道。

功能：软件提供了多种绘制墙体的方法，及其相关的编辑处理命令。

1）基本命令菜单（图 6 - 47）

| 墙 | 构件类型 |
|---|---|
| 连续布墙 | 常用布墙命令,可结合输入"左边距离"快速布置偏心墙体; |
| 轴网变墙 | 此命令适用于至少有纵横各两根轴线组成的轴网; |
| 轴段变墙 | 利用现有轴段变墙,适用于墙中线在轴线上的墙体建模; |
| 线变墙 | 利用现有线段变墙,如基础梁中线变墙,以便布置砖基础等; |
| 口式布墙 | 形成的封闭区域的轴段快速生成墙体; |
| 布填充墙 | 属墙体寄生构件,不能单独布置; |
| 形成外墙外边线 | 用以指定边线,计算建筑面积及外墙装饰; |
| 内边线变外边线 | 对内墙内边线进行编辑; |
| 外边线变内边线 | 对外墙外边线进行编辑; |
| 墙偏移 | 对已布置墙体位置进行偏移; |
| 偏移复制 | 对已布置墙体进行复制后偏移; |
| 墙拉伸 | 对已布置墙体长度进行拉伸,输入负值,可收缩; |
| 山墙设置 | 可调整墙体两端部标高,生成山墙 |

图 6 - 47

2)偏心墙体布置

(1)左边距离

以墙体绘制方向中心线为分界线,利用改变墙体左方外边线离分界线的距离来快速布置偏轴线墙体。梁亦同理。

(2)参考点 R

同 CAD 中对象捕捉" 从... "命令,支持以某点为参考点,输入目标点与参考点间的距离,快速捕捉到目标点。

(3)辅助线

无轴网的区域,对构件进行定位,可采用 CAD 绘制辅助线的方式进行操作。完成后可执行"CAD 转化"→"清除多余图形"进行清除。

3)填充墙的灵活应用

软件中填充墙的功能非常强大,除自身功能外,还可以设定高度及厚度,计算分层墙;同时,也可以不套定额,当作洞口或壁龛来布置,计算工程量;另外,在砖混结构中通常用来布置厨卫间、阳台止水坎(导墙)。

4)快速封闭墙体中线

在软件中,按墙自动生成板、形成房间,都必须是在墙体中心线完全闭合形成封闭区域的情况下进行。在软件中,我们可以在构件显示控制中隐藏墙体外边线,利用 CAD 命令"延伸"(EX),对墙中线进行快速闭合,完成后,执行构件整理。

5)"0 墙"的使用

在构件属性表或属性工具栏中,总是存在一个墙体名称"Q0",它的厚度为 5 mm。不管赋予它何种属性,"Q0"总被系统当作"虚墙"看待,即不参与工程量计算。"Q0"的作用是打断墙体,与其他墙体形成封闭空间以生成房间。

【例 6 - 1】 利用软件相关命令,完成墙体、门窗的建模工作,见图 6 - 48。

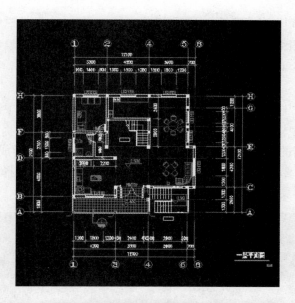

| JLM1 | 2960 | 2100 | 1 | |
| M2 | 1800 | 2100 | 1 | |
| 16M0821 | 800 | 2100 | 3 | J2-93 |
| 16M0921 | 900 | 2100 | 7 | J2-93 |
| 16M2121 | 2100 | 2100 | | J2-93 |
| 16M2124 | 2100 | 2400 | 1 | J2-93 |
| | | | | |
| LTC1512B | 1500 | 1200 | 5 | |
| LTC1515B | 1500 | 1500 | 10 | |
| LTC1212B | 1200 | 1200 | 1 | |
| LTC1215B | 1200 | 1500 | 4 | |
| LTC1815B | 1800 | 1500 | 2 | |
| C-1 | | | 1 | |
| C-2 | | | 2 | |

图 6-48

【操作步骤】

（1）墙体建模

① 定义墙体

软件中任何构件的定义均分三步走:定义名称,点击"套清单"套指定清单,套消耗量定额,输入墙体厚度和材料。

该工程墙体定义如下:砖外墙 240 mm,砖内墙 240 mm（墙体材料均为砖墙）。

② 布置墙体

方法一:

单击中文工具栏中"连续布墙" 连续布墙 命令,在属性工具栏中选择定义好的砖外墙"ZWQ240",根据图纸中墙体位置,在绘图区域轴网上绘制墙体,绘制过程中可在属性工具栏中切换相应墙体(内外墙)。

方法二:

单击中文工具栏中"轴网变墙" 轴网变墙 命令,属性工具栏中选择定义好的砖外墙"ZWQ240",框选选中轴网,确定后,所有轴线均变为红色,按命令行提示,选择裁减区域,连续选中图中不形成墙的线,选择好后确定,则所有未选中的地方均形成"ZWQ240"。将图中内墙部分用"构件名称更换"替换成定义好的砖内墙(选择墙体时选择墙体名称可快速选中该墙体),注意区分厚度。结果如图 6-49 所示的"墙体平面图"。

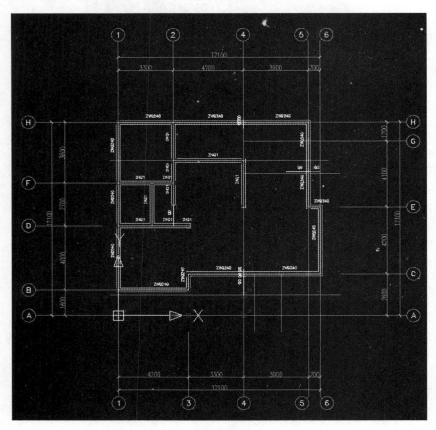

图 6-49

(2)门窗建模

① 定义门窗

点击 ,进入构件属性定义对话框,根据门窗表对门窗、洞口尺寸进行定义,完成后套用相应定额。幕墙在软件中可用窗来代替,根据幕墙形状分别定义窗户,套幕墙定额。由于软件中楼层与楼层间构件无扣减关系,故幕墙需分层进行定义(通窗同理)。转角窗,软件中可采用布转角飘窗,将飘板尺寸定义为 0 来进行操作。

② 布置门窗

执行 命令,在属性工具栏里选择 M0821,按命令行提示"选择加构件的墙",按照图示选择要布置的 M0821 墙体,可多选,选择完成后确定。重复执行命令布置 M1221。窗的定义和布置同门。布置完成后结果如图 6‑50。

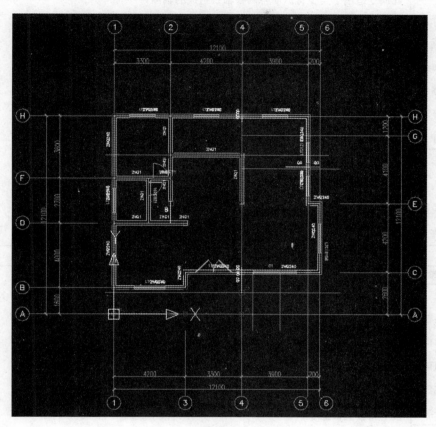

图 6‑50

### 6.11.3　梁、板、楼梯

菜单位置:"中文菜单栏"→"梁"/"板、楼梯"。

构件特性:同一位置同类梁中心线位置只允许布置一道梁。

功能:生成梁,形成板,并提供相关的编辑处理。

基本命令菜单,如图 6‑51。

| 梁 | 构件类型 |
|---|---|
| 连续布梁 | 梁基本操作命令同墙; |
| 轴网变梁 | 此命令适用于至少有纵横各两根轴线组成的轴网; |
| 轴段变梁 | 利用现有轴段变梁,适用于梁中线在轴线上的梁建模; |
| 线变梁 | 利用现有线变梁,如墙中线变梁等; |
| 口式布梁 | 形成的封闭区域的轴段快速生成梁; |
| 梁偏移 | 对已布置梁位置进行偏移; |
| 偏移复制 | 对已布置梁进行复制后偏移; |
| 梁拉伸 | 对已布置梁长度进行拉伸,输入负值,可收缩; |
| 布过梁 | 布置过梁命令,门窗的附属构件; |
| 布圈梁 | 布置圈梁命令,墙体的附属构件; |
| 斜梁设置 | 用于调整梁两端部标高,设置斜梁,同"山墙设置"; |
| 梁偏向 | 用于改变不对称梁左右方向。 |

| 板. 楼梯 | 构件类型 |
|---|---|
| 形成板 | 批量生成板的方式,可按墙或梁封闭区域批量生成; |
| 自由绘板 | 自由绘板区域,用于绘制单块不规则形状的板; |
| 框选布板 | 通过框选,捕捉选框外封闭区域自动生成板; |
| 矩形布板 | 指定对角线,快速绘制单块矩形板的命令; |
| 布预制板 | 布置预制板的命令; |
| 板上开洞 | 板上布置洞口命令; |
| 增加夹点 | 增加板边线夹点,用鼠标左键可对夹点进行拖曳,以形成任意形状; |
| 斜板设置 | 设置斜板命令,可将平板变斜; |
| 布楼梯 | 布置楼梯命令。 |

**图 6－51**

1）同一位置布置多道梁

目前版本中处理同一位置多道梁（框架梁、次梁、独立梁）,可采用将梁偏移 1 mm,使梁中心线不在同一直线上即可,其误差可忽略不计。

2）自定义断面梁的灵活运用

软件处理一些异形构件,除软件提供的截面外,还可自行定义断面形状。例如变截面梁,拱形板、球形板等均可采用自定义断面梁来进行建模。自定义断面梁时需注意对每条边属性进行设置,以确定哪条边计算模板和粉刷;另外,要注意插入点的选择,自定义断面构件标高的选取以插入点为准。由于软件中梁标高取其顶标高,所以插入点一般放置于自定义断面顶部中点位置。

3）梁基线的灵活运用

同墙体一样,梁起作用的是它的中心线。用鼠标选中墙(梁),鼠标移至墙(梁)中心线的夹点,单击左键即可进行墙(梁)拉伸等相关操作。同样,我们可以通过构件显示控制隐藏梁(墙)的边线,运用延伸(EX)、修剪(TR)等 CAD 命令对其快速编辑,完成后进行构件整理。

4）板扣内部

在软件中,有一个潜在的计算规则,当两块板标高一样时,大板会扣与其重合区域的小板。同理,其他区域型构件也有这些功能,如天棚、楼地面、屋面、满堂基础等。灵活利用这项功能,可以使建模过程更加快捷。

【例 6 - 2】 利用软件相关命令,完成小别墅工程一层梁、板、楼梯建模工作。

具体结构图见附图。

（1）圈梁建模

① 定义圈梁

圈梁定义中断面选择"240 mm×400 mm",按图纸要求输入梁高 240 mm×400 mm。按图纸要求输入圈梁顶标高后套用相应清单及消耗量定额。

构件属性定义:① 构件命名;② 单击选择"矩形断面 240 mm×400 mm";③ 调整"顶标高"及"砼等级";④ 套用相应清单及消耗量定额,见图 6 - 52。

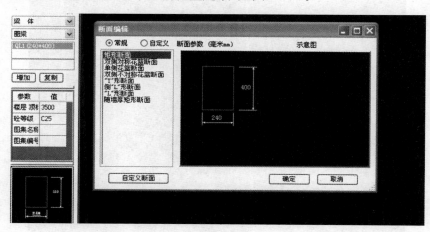

图 6 - 52

② 布置圈梁

执行 [图] **布圈梁** 命令,在属性工具栏内选择定义好的圈梁,框选相应墙体,按右键确认。这里我们可以选择所有墙体,按 Tab 键切换至移除状态,将内墙 60 剔出,按右键确认,圈梁布置完成。

（2）楼板建模

① 定义板

点击"构件属性按钮" [图] ,按图纸说明定义板:楼板均为现浇,厚度为 120(mm),并给出板名称"XB120"。不同厚度的板要分别进行定义。定义好本层现浇板 XB1(120),XB2(130),XB3(140)。

② 布置板

在属性工具栏里选择定义好的 XB120,点击中文菜单中的  命令,在弹出的生成方式中根据计算规则选择"内墙按中线,外墙按边线"(需先执行"形成墙体外边线"命令,指定墙体外边线),如图 6-53。

**图 6-53**

确认后,通过"构件名称更换" 命令来更换不同板厚。板布置完成,结果如图6-54(楼板平面布置图)。

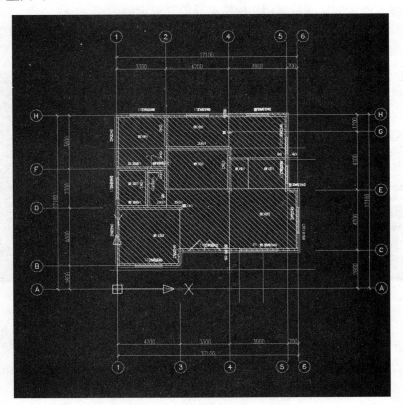

**图 6-54**

(3) 楼梯建模

① 定义楼梯

软件中楼梯的定义同集水井一样,软件提供了常用的楼梯形式,只需按图录入相关参数即可。梯段阶数=平面图上级数+1。N1 对应上梯,N2 对应下楼,具体如图 6-55。

如小别墅工程 2# 楼梯在一层平面的布置时可按以下步骤处理:

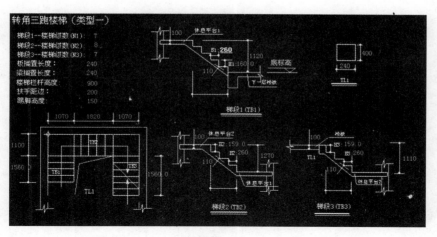

图 6-55

② 布置楼梯

执行 命令,在属性工具栏中选择定义的相应楼梯,按住键盘上 Ctrl 键+鼠标右键,设置好临时捕捉点后,左键点击楼梯插入位置即可,完成后如图 6-56。

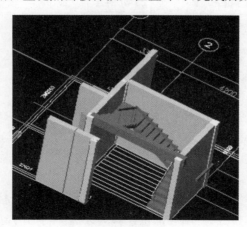

图 6-56

思考:

(1)墙体默认属性中有"0墙"用来打断墙体,而梁默认属性中没有,能否自行添加"0梁"? 如果能,应如何操作?

(2)"自定义断面梁"时,应注意哪些问题?

(3)软件中如何处理单层直形三跑楼梯,应注意什么问题?

## 6.11.4 柱、基础

菜单位置:"中文菜单栏"→"柱"/"基础"。

构件特性:基础构件默认标高均"取标高"(相对正负0),而其他楼层构件默认标高均"取层高"。如图 6-57。

| 基础顶标高(mm) | 取标高 | 基础底标高(mm) | 取标高 | 顶标高(mm) | 取层高 |

图 6-57

功能：建立柱及基础，提供相关的编辑处理。

基本命令菜单如图 6-58。

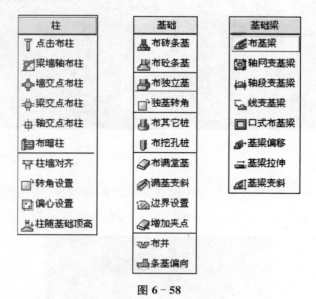

图 6-58

（1）分层柱的布置

软件不支持同一位置点击布置两个柱，处理方法：按图纸要求在相应位置布置柱，另一个柱布置在旁边后通过"移动命令"（M）将柱移至图示位置，使其与之前柱重合，分别调整标高。当层高超过 3.6 m 时，需注意调整柱属性定额"附件尺寸"中柱超高起算位置。

（2）构造柱马牙槎的计算

软件中构造柱马牙槎无需另外处理，只需在属性中定义构造柱尺寸，布置在相应位置，软件会自动智能判断墙体位置，有墙肢部位计算马牙槎。当为门窗框构造柱，软件会自动读取门窗信息，门窗高度部位将不会生成马牙槎，极大地方便了用户计算。

（3）满基放坡

软件提供了"边界设置"命令，可针对不同图纸要求对满基边坡进行设置放坡，处理不同板厚处。

（4）柱随基础顶高

通过此命令无需计算相对标高，可批量调整柱底标高至相应位置基础顶。

（5）基础土方大开挖的处理方法

软件中可在满堂基础中套用土方清单/定额，设置工作面宽及放坡系数，来计算土方大开挖；当当前项目无满堂基础时，可定义一个厚度为 0 的满堂基，调整其标高，套用土方清单/定额，布置在相应位置来进行计算。

【例 6-3】 利用软件相关命令，完成小别墅工程柱建模工作（具体图纸见附图）。

（1）柱建模

① 定义构造柱

进入构件属性定义,对构造柱进行定义,软件默认构造柱尺寸为 240 mm×240 mm,在此我们无需更改,套用相应清单及消耗量定额,如图 6-59。

② 布置构造柱

点击 墙交点布柱 命令,按图纸位置选择墙体交点,按右键确定,完成墙拐角处构造柱布置;点击 点击布柱 命令,分别在墙长超过 5 m 的部位左键点击。柱子布置完成,如图 6-60(柱平面图)。

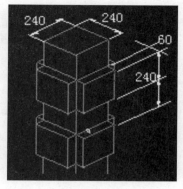

图 6-59

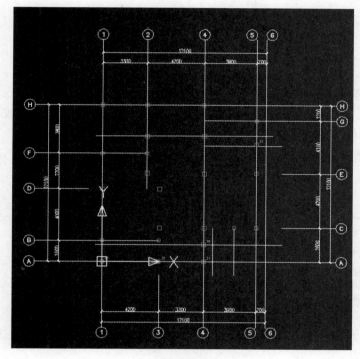

图 6-60

(2)基础建模

① 楼层复制。执行工具栏中楼层复制命令,源层选择最接近基础层的楼层,复制构件选择轴网、墙、柱,如图 6-61。

图 6 - 61　楼层复制

② 混凝土、砖条基布置(寄生构件)。左键选取布置砖基的墙的名称,也可以左键框选,选中的墙体变虚,回车确认;砖基会自动布置在墙体上,再根据实际情况,使用"名称更换"命令更换不同的砖基,如图 6 - 62。

③ 满堂基布置。点击左边中文工具栏中 **布满堂基** 图标,自动弹出"请选择布置满基方式"对话框。

表 6 - 8

| 自动形成 | 从墙体的中心线向外偏移一定距离后自动形成满堂基础。<br>方法:软件提示"请选择包围成满堂基的墙"时,回车确认。<br>软件提示"满堂基础的向外偏移量〈120〉"时,输入数值,回车确认。 |
|---|---|
| 自由绘制 | 按照确定的满堂基础各个边界点,依次绘制。<br>方法:与布置板——自由绘制方法完全相同。 |

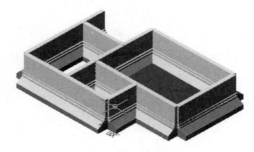

图 6 - 62　砖基础

④ 放坡及工作面。进入构件属性定义对话框,在挖土方项目中进入附件尺寸中设置相关参数,如图 6 - 63。

图 6 - 63

⑤ 挖土方计算。计算基础实体量;进入编辑其他项目中,增加土方相关参数,如图 6 - 64。

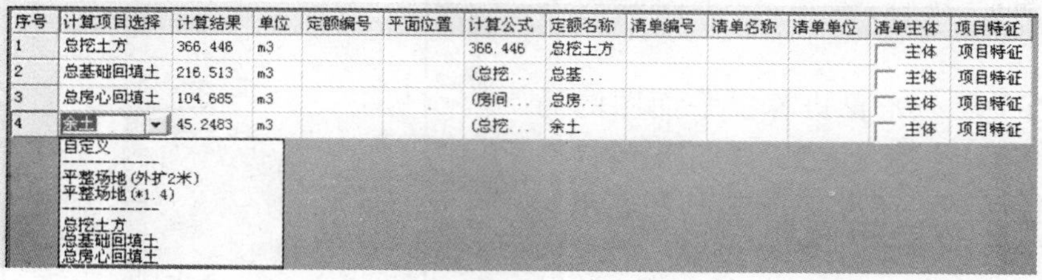

图 6 - 64

【例 6 - 4】 完成小别墅工程基础的布置。

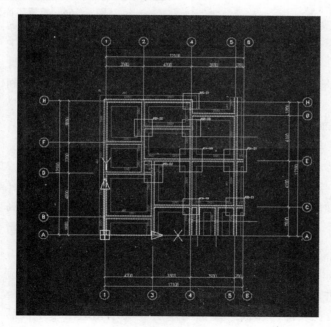

图 6 - 65

(提示:根据前面案例操作方式进行布置)

思考:(绘制参考图 6 - 65)

(1) 软件中柱帽应如何建模?

(2) 分层柱(同层同一位置不同截面尺寸或材料的柱子)如何建模?

(3) 软件中基础构件有何特点? 如何计算土方回填及余土外运?

(4) 混凝土条形基础如何计算大开挖土方?

### 6.11.5 装饰

主体构件建模完成后,装饰部分就显得非常简单了。在鲁班软件中提供了两种布置房间的方法,单房间装饰和区域房间装饰。位于房间中部的洋红色的框形符号 ⊠ FJS1 为房

间的装饰符号, ◹ 棕红色的向上三角符号表示天棚,土黄色的向下三角符号 ◸ 表示楼地面。指向墙边线的洋红色空心三角符号 ▽ 表示墙面、踢脚、墙裙,位于内墙线的内侧。

图 6-66 是一张鲁班算量平面图的局部,图中除了墙、梁等与施工图中相同的构件以外,还有施工图中所没有的符号,我们用这些符号作为"区域型"构件的形象表示。几种符号分别代表房间、天棚、楼地面、现浇板、墙面装饰。写在线条、符号旁边的字符是它们所代表构件的属性名称。

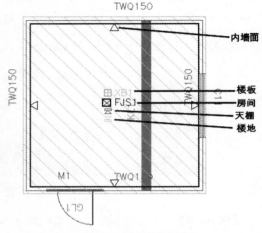

**图 6-66 算量平面示意图**

菜单位置:"中文菜单栏"→"装饰"。

构件特性:必须是在主体结构完成后,再生成房间计算装饰;执行生成房间命令后,软件会自动搜索形成封闭区域的墙体生成房间,从而来计算天棚、楼地面、内墙面装饰。这就要求形成房间前,分割不同做法房间的墙体中心线闭合。

功能:提供装饰建模及编辑命令,计算装饰工程量。

1) 基本命令菜单(如图 6-67)

2) 房间防水起卷与屋面防水起卷的计算

房间防水起卷与屋面防水起卷处理方法不尽相同,房间防水起卷在楼地面定额"楼地面防潮层"项的附件尺寸中输入,设置好后,每边起卷高度均一样;屋面防水起卷,通过单独的 ◢ 屋面起卷 命令,可对屋面每条边分别设置防水起卷高度。

(1) 厨房卫生间起卷:在装饰→楼地面→楼地面防潮层→套用相应防水定额,在其附件尺寸中设置起卷高度。

(2) 屋面起卷:在装饰→屋面→屋面防水层→套用相应防水定额后执行"屋面起卷"命令设置需起卷的边线及高度。

3) 门窗侧壁及门下楼地面装饰的计算

门窗侧壁粉刷的计算,在软件中只需在墙面装饰做法所套定额的附件尺寸中输入"门窗洞口侧壁粉刷宽度",设置好后,软件计算墙面装饰时会自动按设置添加门窗洞口处装饰,如图 6-68。

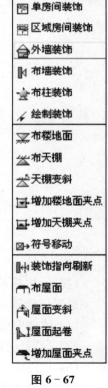

**图 6-67**

图 6 - 68

门下楼地面执行"布楼地面"命令,在弹出的对话框中选择"布置门下楼地面",单击确定,属性工具栏中选择相应的楼地面,鼠标在绘图域选择所有符合要求的门,确认即可。需要注意的是,在定义门下楼地面装饰属性时,计算规则扣减项目中选择不扣主墙。如图 6 - 69。

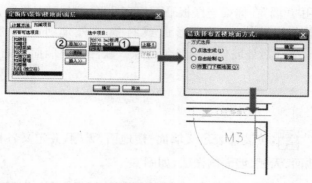

图 6 - 69

4)独立柱及突出墙体柱面装饰的计算

软件中,独立柱装饰可通过执行布柱装饰或直接在柱属性定义"实体粉刷"处套用相应柱装饰定额。

突出墙体的柱装饰若与墙体装饰做法不同,采用以下两个步骤可以达到要求。第一步,调整墙面装饰计算规则,去掉 加凸出墙面>2cm的柱侧(砼、砖) ,增加 扣砼柱(0≤凸出墙面<2cm) 扣砼柱(凸出墙面>2cm) ,通过这样调整后,墙面装饰会扣掉突出墙面的柱;第二步,在突出墙面的柱上单独布置柱装饰 布柱装饰 ,计算规则选择 扣主墙 ;至此设置全部完成。在整个过程中,我们可以采用 命令进行检验。

5)同一道墙面两种以上做法的工程量计算

针对同一道墙面竖直方向上有两种以上装饰做法,需分别计算时,软件中可采用以下两种方法进行变通处理:

第一种:在墙面构件属性定义中,按要求分别定义每种装饰的做法。

通过常规的生成墙面装饰,调整标高后即可完成同面墙体竖直方向的第一种装饰做法;竖直方向其他装饰做法,我们可以通过 绘制装饰 命令在不同做法处分别进行绘制(理论上支持无数种装饰的绘制),然后通过 命令对每种装饰标高进行调整。

完成后如图 6 - 70,可采用 命令对计算结果进行校验。

第二种:同面墙体竖直方向不同做法,从下至上分别在"踢脚线"、"墙裙"、"墙面"中进行定义,分别设定高度,然后通过构件名称更换将墙面装饰替换成定义好的"墙面、墙裙、踢脚"。完成后如图6-71所示。可采用  命令对计算结果进行校验。

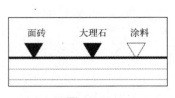

图6-70

图6-71

(1)建模前准备工作

生成装饰前,按实际情况进行如下操作:

① 楼梯间部位用"0墙"在梯梁与楼板平面相交处形成封闭区域。

② 生成外墙装饰的操作必须在形成或替换完外墙外边线后才能进行;执行 形成外墙外边线 命令,生成后外墙外边线颜色变绿。软件中外墙面装饰是根据生成的墙体外边线生成的。

(2)装饰建模

① 属性定义

点击"构件属性" ,按装饰表定义墙面、楼地面、天棚,并定义各种房间,选择与各房间名称相对应的楼地面、天棚、墙面的做法,如图6-72。

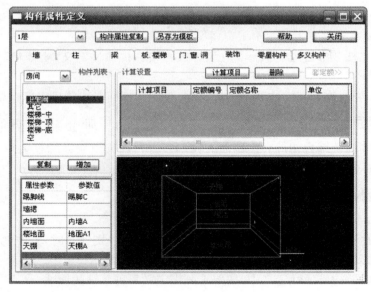

图6-72

楼梯间装饰做法定义:

楼梯间装饰部分定义:楼梯部分装饰在楼梯计算项目中套定额,如图 6－73。

| | 计算项目 | 定额编号 | 定额名称 | 单位 | 计算规则 | 附件尺寸 | 计算结果编辑 |
|---|---|---|---|---|---|---|---|
| 1 | 实体 | | | | | | |
| 2 | ├── | 4-8-14 | 现场泵送砼 整体楼梯、旋转楼梯 | m3 | 默认 | | A |
| 3 | 实体模板 | | | | | | |
| 4 | ├── | 4-1-36 | 模板 整体楼梯 | m2 | 默认 | | A |
| 5 | 展开面层装饰 | | | | | | |
| 6 | 踢脚 | | | | | | |
| 7 | 楼梯底面粉刷 | | | | | | |
| 8 | 楼梯井侧面粉刷 | | | | | | |
| 9 | 栏杆 | | | | | | |
| 10 | 靠墙扶手 | | | | | | |

楼梯部分装饰,
在楼梯计算项目
中套定额。

图 6－73

楼梯间根据实际情况在梯梁与楼板平面相交处布置"0 墙",分别定义不同房间,其中楼梯处有墙面做法,楼梯底——有楼地面、无天棚,楼梯中——无楼地面、无天棚,楼梯顶——无楼地面、有天棚。

② 布置方法

执行中文菜单栏中 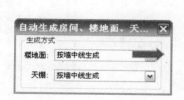 命令,楼地面、天棚均选"按墙中线"的生成方式,框选确定后,自动生成房间。完成后用"构件名称更换"命令进行相应的调整。

提示:生成房间前,先在属性工具栏中选中一种最多的房间(例如办公区域),后再执行"区域布置"命令,这样所有形成的房间均为办公区域,然后进行构件名称更换。

结果如图 6－74:房间装饰平面图。

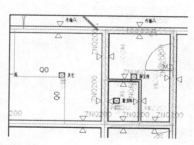

图 6－74

思考:

(1) 楼梯间装饰定义时应注意哪些问题?

(2) 门窗洞口侧壁及门下楼地面应如何设置?

(3) 同面墙做竖直方向不同装饰做法在软件中应如何处理?

## 6.12 显 示

### 6.12.1 构件显示

左键点击 💡 图标,弹出如图 6-75 所示对话框。

表 6-9

| 构件显示控制 | 控制显示九大类构件中的每一小类构件,有的构件会有边线控制 |
|---|---|
| CAD 图层 | 控制显示 CAD 图纸中的一些图层,主要在 CAD 转化时使用 |

### 6.12.2 隐藏指定图层

左键点击 💥 图标,用以隐藏图层,这个命令多在 CAD 的转化及描图时使用。

十字光标变为方框,左键选取要隐藏图层即可,可以多选。

### 6.12.3 打开指定图层

左键点击 💡 图标,用以打开被隐藏的图层,这个命令多在 CAD 的转化及描图时使用。

十字光标变为方框,同时被隐藏的图层显示出来,左键选取要打开图层即可,可以多选。

图 6-75

### 6.12.4 整体三维显示

执行下拉菜单"视图"→"三维显示"→"整体"命令,弹出如图 6-76 所示对话框,可以将整个工程三维显示。

注意:

(1) 整体三维显示是在一个虚拟的楼层中生成的,因此取消整体三维显示以后,需要重新选择楼层。

(2) 标准层也可以拆分,单独三维显示。

### 6.12.5 本层三维显示

左键点击 📓 图标,如图 6-77,可以按需要选择本层三维显示的项目。

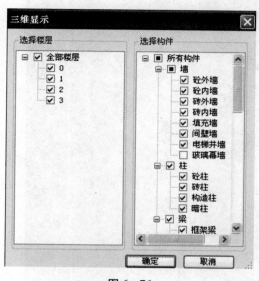

图 6-76

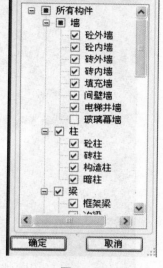

图 6-77

### 6.12.6 区域三维显示

左键点击 ⊞ 图标,根据提示在图形上直接选取需要进行区域三维显示的构件,这样就可以有选择性地观察部分构件的三维图形,而不必察看本层其他无关构件,大大提高了三维显示的速度。

### 6.12.7 三维动态观察

左键点击 ◈ 图标,可以使用此命令从不同方向观察三维图形,使用户可以看到当前楼层所建模型的三维图形,并可依此三维图形检查图形绘制的准确性。出现一个包住三维图形的圆,按住鼠标左键,可以自由旋转三维图形,如图 6-78 所示。

### 6.12.8 全平面显示

左键点击 ▣ 图标,用以取消本层三维显示或将算量平面图最大化显示,使用户可以恢复原来平面图的视角。

注意:有时在绘制图形时或调入 CAD 图纸时,可能会存在一个距离算量平面图很远的点,执行"全平面显示",算量平面图变得很小,一般沿着屏幕的四边寻找即可找到那个点,左键点选这个点,按 Delete 键,删除即可。

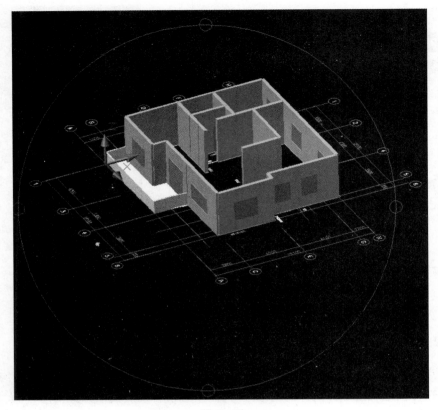

图 6 - 78

# 6.13  实时操作

### 6.13.1  实时平移

左键点击 🖐 图标，算量平面图区域内出现移屏符号，类似于手的形状，按住鼠标左键，可以左右、上下移动图形。与按住鼠标中间滚轮作用一样。

### 6.13.2  实时缩放

左键点击 🔍 图标，算量平面图区域内出现移动符号。按住鼠标左键，上下移动，可以放大或缩小图形。与上下滚动鼠标中间滚轮作用一样。

### 6.13.3  窗口缩放

左键点击 🔍 图标。
提示："指定第一角点"，按住鼠标左键，框选一部分所要缩放的图形，再按一下左键确认。

# 6.14 工程量计算流程

## 6.14.1 计算规则设置

点击下拉菜单"工具"→"计算规则设置",选择所需要设置的是定额还是清单模式,打开计算规则设置的界面如图 6-79、图 6-80 所示。

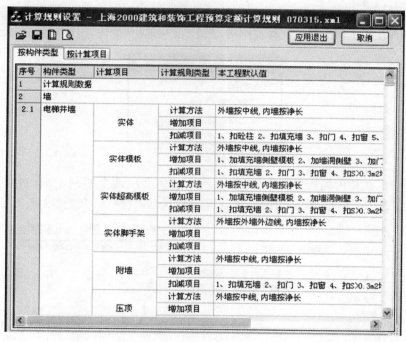

图 6-79

表 6-10

| | |
|---|---|
| 📂 | 可以打开其他工程的计算规则,并进行修改。打开的是哪一个工程,修改的就是该工程的计算规则,注意图 6-80,"应用退出"按钮会变成"保存"按钮 |
| 💾 | 可以将修改好的计算规则保存为标准的模板,遇到类似工程可以调用,节省建模时间 |
| 🗍 | 可以将计算规则打印出来,并进行打印设置 |
| 🔍 | 打印前预览一下结果 |

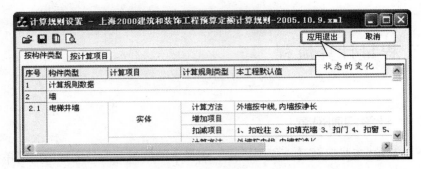

图 6 - 80

提示：如果想回到本工程的计算规则设置界面，可以使用打开命令，也可以退出。

应用退出：在本工程中修改计算规则后，点击"应用退出"按钮，出现对话框，如图 6 - 81。

图 6 - 81

如图 6 - 82，在构件属性定义中，混凝土基础实体套用两个相同定额，对其中的一个定额的计算规则进行了调整，调整后的定额计算规则状态由"默认"变为"自定义"。

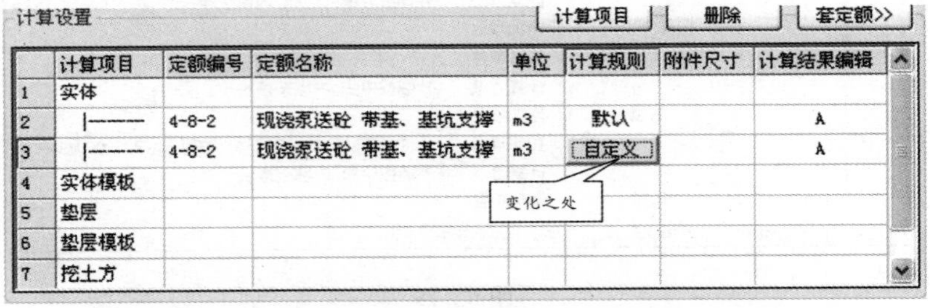

| | 计算项目 | 定额编号 | 定额名称 | 单位 | 计算规则 | 附件尺寸 | 计算结果编辑 |
|---|---|---|---|---|---|---|---|
| 1 | 实体 | | | | | | |
| 2 | \|——— | 4-8-2 | 现浇泵送砼 带基、基坑支撑 | m3 | 默认 | | A |
| 3 | \|——— | 4-8-2 | 现浇泵送砼 带基、基坑支撑 | m3 | 自定义 | | A |
| 4 | 实体模板 | | | | | | |
| 5 | 垫层 | | | | | | |
| 6 | 垫层模板 | | | | | | |
| 7 | 挖土方 | | | | | | |

图 6 - 82

在定额计算规则设置的界面中修改了混凝土基础的计算规则，点击"应用退出"按钮，如选择：

覆盖全部，系统会将"构件属性定义"中混凝土基础的"默认"与"自定义"计算规则统一按"定额计算规则设置"界面中的设定修改。

只覆盖"默认"，系统只会将"构件属性定义"中混凝土基础"默认"的计算规则按"定额计算规则设置"界面中的设定修改，而不改变"自定义"中计算规则的设置。

取消，不保存，退出该界面。

### 6.14.2 修改

根据不同的构件出现的不同情况，选择相应的"计算方法"、"增加项目"、"扣减项目"。如图 6 - 83、图 6 - 84 和图 6 - 85 混凝土外墙实体模板计算规则的修改。

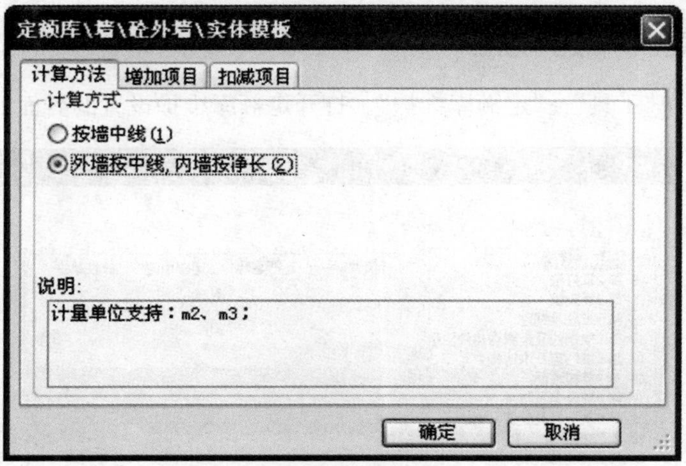

定额库\墙\砼外墙\实体模板

计算方法 | 增加项目 | 扣减项目

计算方式

○ 按墙中线(1)

● 外墙按中线, 内墙按净长(2)

说明:

计量单位支持: m2、m3;

[确定] [取消]

图 6 - 83

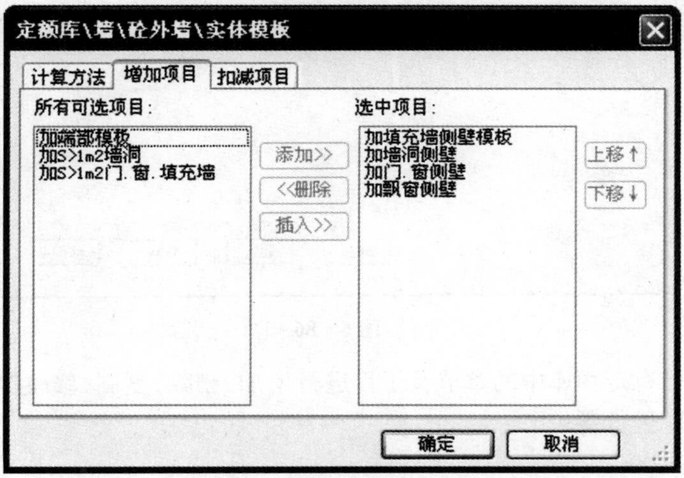

定额库\墙\砼外墙\实体模板

计算方法 | 增加项目 | 扣减项目

所有可选项目:

加端部模板
加S>1m2墙洞
加S>1m2门. 窗. 填充墙

[添加>>]
[<<删除]
[插入>>]

选中项目:

加填充墙侧壁模板
加墙洞侧壁
加门. 窗侧壁
加飘窗侧壁

[上移↑]
[下移↓]

[确定] [取消]

图 6 - 84

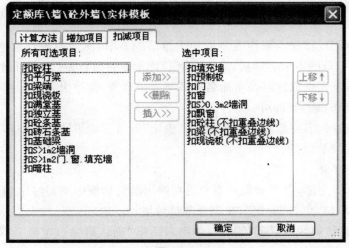

定额库\墙\砼外墙\实体模板

计算方法 | 增加项目 | 扣减项目

所有可选项目:

扣砼柱
扣平行梁
扣梁端
扣现浇板
扣满堂基
扣独立基
扣砼条基
扣砖石条基
扣基础梁
扣S>1m2墙洞
扣S>1m2门. 窗. 填充墙
扣暗柱

[添加>>]
[<<删除]
[插入>>]

选中项目:

扣填充墙
扣预制板
扣门
扣窗
扣S>0.3m2墙洞
扣飘窗
扣砼柱(不扣重叠边线)
扣梁(不扣重叠边线)
扣现浇板(不扣重叠边线)

[上移↑]
[下移↓]

[确定] [取消]

图 6 - 85

### 6.14.3  定额库维护功能

点击下拉菜单"工具"→"定额库维护"。打开定额库维护设置的界面如图 6 - 86 所示。

**图 6 - 86**

此命令可对已有定额库中的章节及子目进行增加、删除、复制、修改等一系列的操作且可对改过的定额库进行备份。

1）左侧章节部分

右键点击左侧章节,弹出四个命令。具体操作步骤如下:

（1）增加章节:弹出编辑章节对话框,在此输入你要增加的章节名称,点击"确定"增加同级目录。

（2）增加子章节:首先点取你需要增加子章节的章节,然后右键点取增加子章节,在此输入你要增加子章节的章节名称后,点击"确定"增加下一级目录（最多可增加二级子目录）。

（3）重命名:首先点取你需要重命名的章节或子章节,在弹出的对话框中输入章节或子章节新的名称,点击"确定"即可。

（4）删除:点取你需要删除的章节,点击"确定"即可。如果该章节中存在节或是定额条目的话,软件是无法删除的。

2）右侧定额部分

（1）增加:选择定额,点击增加。用户可在弹出的对话框中填写好定额编号、定额名称、定额单位及计算单位,点击"确定",在该章节最后增加了定额。

（2）删除:选择"定额",点击"删除",弹出对话框"确认删除该定额"。确定删除则点击"确定",否则点击"取消"。

（3）复制：选择"定额"，点击"复制"，弹出需要复制的定额编号、定额名称、定额单位及计量单位。修改好后点击"确定"。点击确定在该章节最后增加了定额。

（4）修改：选择"定额"，点击"修改"，弹出需要修改的定额编号、定额名称、定额单位及计量单位。修改好后点击"确定"。

注意：改动过的定额将自动保存。修改过的定额库将自动在定额库、备份定额库下备份。

### 6.14.4　计算与报表

左键点取 🔍 图标，此命令主要用途是搜索算量平面图中的构件，统计出构件的个数，并且可以对搜索到的构件进行图中定位反查。

（1）在如图6-87所示的"搜索引擎"对话框，输入要搜索的构件的名称，可以不用区分大小写。也可以点击"高级"按钮展开界面，设定更详细的搜索条件，如图6-88。

图6-87

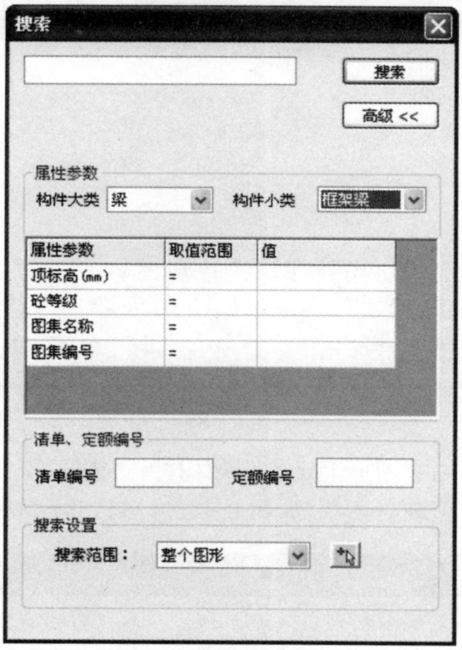

图6-88

表6-11

|  | 功　能 |
|---|---|
| 构件大类 | 选择构件大类 |
| 构件小类 | 选择构件小类 |
| 属性参数 | 根据构件小类显示相应的属性参数 |

表 6 - 12

| 取值范围 | 包括 $<$ $>$ ＝和 $\neq$ |
|---|---|
| 值 | 软件默认值或者输入数值 |
| 清单、定额编号 | 输入清单或定额编号 |
| 搜索范围 | 搜索整个图形或框选的当前范围 |

（2）点击"搜索"按钮，软件自动搜索整个当前算量平面图，并将搜索结果罗列出来，如图 6 - 89。

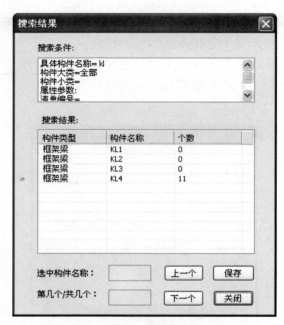

图 6 - 89

（3）双击构件类型，可以在图形上定位到该构件，点击下一个继续定位。

（4）点击"保存"按钮，出现对话框（如图 6 - 90），可以将结果保存为 txt 文本文件。

图 6 - 90

### 6.14.5　计算模型合法性检查

左键点取　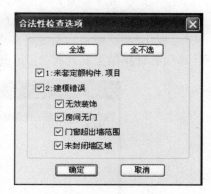图标,此命令主要用来检查计算模型
中存在的对计算结果产生错误影响的情况,目前能够检
查的项目如图6-91所列。如果出现了以上问题,系统会
以日志形式给予提示。

合法性检查的结果可以进行图中反查,可以迅速定
位并找到不合法的项目以便修改,如图6-92所示。

此命令可自动帮你检查到未封闭墙的区域,并进行
图中反查定位。检查到未封闭墙体的那段区域则会变为
红色。

图6-91

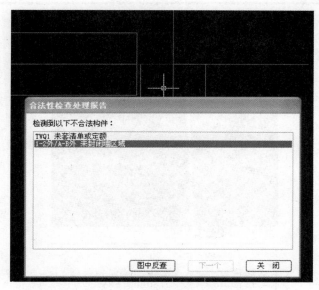

图6-92

此时可用线变墙命令将红线变为墙体。

注意:此时若点击"关闭",红线则自动消失。所以,如果想边查找边修改,则不用关闭该
对话框。

### 6.14.6　自动修复

左键点取 图标,此命令主要用来自动修复如断电、死机等异常情况对计算模型文
件产生的损坏。

### 6.14.7　单个构件可视化校验

左键点取 图标,选择算量平面图中已经设置好定额子目的构件,可以对该构件进
行可视化的工程量计算校核。

（1）选取一个构件，只能单选。

（2）若该构件套用了两个或两个以上的定额，则软件会自动跳出"当前计算项目"对话框，让用户选择所选构件的定额子目，如图 6‑93。双击需要校验的计算项目（或选中项目，按"可视化校验"按钮），系统将在图形操作区显示出工程量计算的图像，命令行中会出现此计算项的计算结果和计算公式。图 6‑94 即为墙实体的单独校验及计算公式与结果。

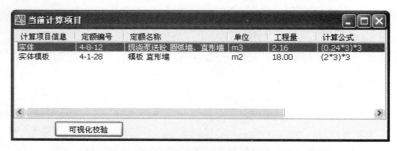

图 6‑93

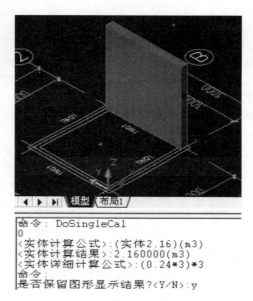

图 6‑94

提示：如果要保留图形，按 Y 键，回车确认，就可以执行三维动态观察命令，自由旋转三维图形。

### 6.14.8　计算结果合并

点击下拉菜单"工程量"→"计算结果合并"命令，出现"计算结果合并"对话框，如图 6‑95。

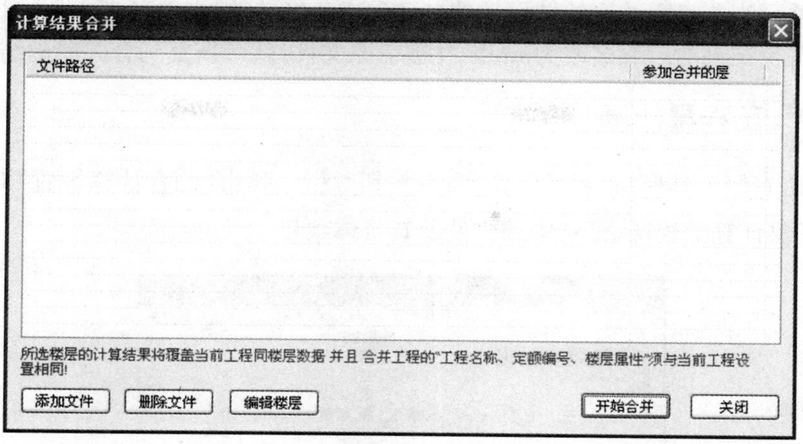

图 6 - 95

点击"添加文件"按钮,弹出如图 6 - 96 所示对话框。

图 6 - 96

选择要合并的结果文件,点击"打开"按钮,弹出如图 6 - 97 所示对话框。

图 6 - 97

选择要合并结果的楼层,点击"确定"按钮,合并完成。

提示:

（1）合并后当前工程的原始结果软件自动生成备份文件，文件名为 result. bak。

（2）将备份结果的后缀名改为 mdb，并覆盖原文件，就可恢复到合并前的结果。

### 6.14.9 工程量计算

左键单击右侧工具栏"工程量计算"命令按钮 ❗ ，弹出"综合计算设置"对话框（如图 6-98），选择要计算的楼层、楼层中的构件及其具体项目。

图 6-98

"工程量计算"可以选择不同的楼层和不同的构件及项目进行计算，计算过程是自动进行的，计算耗时和进度在状态栏上可以显示出来，计算完成以后，会弹出"综合计算监视器"界面（如图 6-99）显示计算相关信息，退出后图形回复到初始状态。

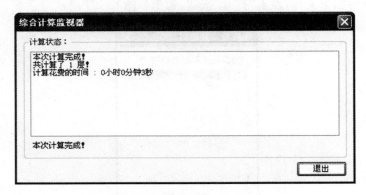

图 6-99

技巧：同一层构件进行第二次计算时，软件只会重新计算第二次勾选计算的构件和项目，第二次不勾选计算的其他的构件和项目计算结果不自动清空。比如第一次对 1 层的全部构件进行计算后，发现平面图中有一根梁绘制错了，进行了修改，这时必须进行"构件整理"，查看对相关构件是否产生影响，再进行"工程量计算"。但这时只需要选择 1 层的梁及与梁存在扣减关系的构件进行计算即可，不需要对 1 层的全部构件进行计算。

### 6.14.10 增量计算

1）增量计算适用情况

已经整体计算过的工程，对图形或者属性做了少量的修改，只需计算修改涉及的相关构件，不相关的构件不必处理，这时采用增量计算就可以节约大量时间，提高效率。

2）增量计算操作流程

（1）鼠标单击右侧工具栏增量计算按钮 ，进入增量计算向导界面，这里可以选择增量操作选项（如图 6-100）。

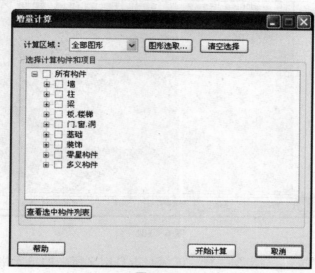

图 6-100

根据需要选择增量计算的区域和构件：

① 可以指定选取计算全部图形（当前层）上任意类构件及其项目。

② 可以指定选取计算区域图形（当前层图形）上的任意构件及其项目。

③ 可以查看已选择待计算的构件图形。

（2）增量操作选项选择完毕，点击"开始计算"按钮，计算完毕，会弹出"综合计算监视器"界面（如图 6-101）显示计算相关信息，退出后图形回复到初始状态。

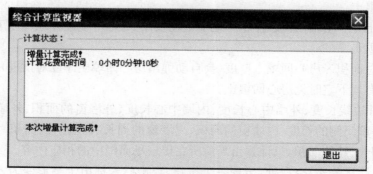

图 6-101

## 6.15 编辑其他项目

左键点取 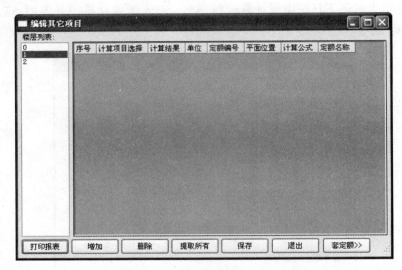 图标,出现如图 6 - 102 所示对话框。

图 6 - 102

（1）点击"增加"按钮,会增加一行。鼠标双击自定义所在的单元格,会出现一下拉箭头,点击箭头会出现下拉菜单。可以选择其中的一项,软件会自动根据所绘制的图形计算出结果。

（2）场地面积,按该楼层的外墙外边线,每边各加 2 m 围成的面积计算或者按照建筑面积乘以 1.4 倍的系数计算。

（3）土方、总基础回填土、总房心回填土、余土,在基础层适用,总挖土方量是依据图形以及属性定义所套定额的计算规则、附件参数汇总的。

$$余土＝总挖土方－总基础回填土－总房心回填土$$

总基础回填土

＝总挖土方－基础构件总体积－地下室埋没体积（地下室设计地坪以下体积）

总房心回填土

＝房间总面积×房心回填土厚度（会自动弹出房心回填土厚度对话框）

软件内设有地下室时无房心回填土。

（4）外墙外边线长度、外墙中心长度、内墙中心长度、外墙窗的面积、外墙窗的周长、外墙门的面积、外墙门侧的长度、内墙窗的面积、内墙窗的周长、内墙门的面积、内墙门侧的长度、填充墙的周长、建筑面积,只计算出当前所在楼层平面图中的相应内容。

（5）单击"计算公式"空白处,出现一个按钮,点击后光标由十字形变为方形,进入可在图中读取数据的状态,根据所选的图形,出现长度、面积或体积。如图 6 - 103、图 6 - 104。

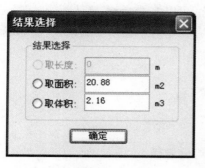

图 6 - 103

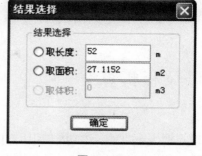

图 6 - 104

（6）可在"计算公式"空白处输入数据，回车，计算结果软件会自动计算好。

（7）点击"打印报表"按钮，会进入到"鲁班算量计算书"中。

（8）点击"保存"按钮，会将此项保存在汇总表中，点击"退出"会关闭此对话框。

提示：选中一行或几行增加的内容，可以执行右键菜单的命令，有增加、插入、剪贴、复制、粘贴、删除六个命令。

（9）套定额按钮，定额查找的对话框，参见属性定义——计算设置套定额的操作过程。

提示："编辑其他项目"对话框为浮动状态，可以不关闭本对话框而直接执行"切换楼层"命令，切换到其他楼层提取数据。

# 6.16 建筑面积

## 6.16.1 查看本层建筑面积

左键点取 图标，用以察看本楼层的建筑面积，如图 6 - 105。

注意：未形成建筑面积线（不包括自由绘制的建筑面积线），直接查看本层建筑面积，软件会自动形成本层的建筑面积线（如无法形成建筑面积线，则会弹出如图 6 - 106 所示提示）。

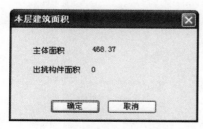

图 6 - 105

图 6 - 106

## 6.16.2 阳台面积系数

左键点取工程量命令中的 图标，软件默认状态，出挑构件的建筑面积系数为 0.5。

（1）左键选取图中需调整系数的出挑构件名称，可以多选，回车确认。

（2）命令行提示"建筑面积的计算系数"，直接在命令行中输入新的系数，回车确认。

# 6.17 梁板折算

左键点取 🐟 图标，该功能适用于上海1993综合定额。

主要功能是把板下次梁（计算规则调整为扣板）的工程量折算到板的工程量中。在梁板折算之前，先计算楼板与梁的工程量，计算完毕后方可进行梁板折算。

梁板折算时选择梁的方法：用户手工自由选择。

注意：

（1）定义板的定额编号及名称时，如果是有梁板则应定义成有梁板的定额，否则在梁板折算时是无法更换定额编号及名称的；梁仍旧定义梁的定额名称及编号，折算之前，梁的工程量记录在梁的数据库中，折算之后，折算的梁在梁的数据库中的数据变成0，其工程量以不同的方式加入楼板中。

（2）梁板折算后，建议用户不要再次计算整个项目或整个楼层的工程量，如果用户再次进行该楼层或该项目的工程量计算，会导致上次梁板折算的操作失效，需重新进行一次梁板折算的操作。

# 6.18 工程量计算书

工程量计算书参见图6-107。

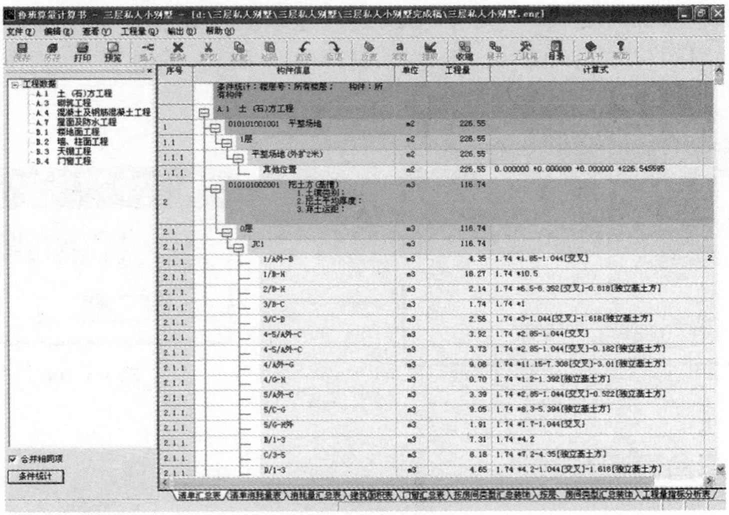

**图 6 - 107**

# 6.19 标注图纸

## 6.19.1 形成标注图纸

左键点取 图标,把计算好的工程量结果标注到平面图中,如图 6-108。

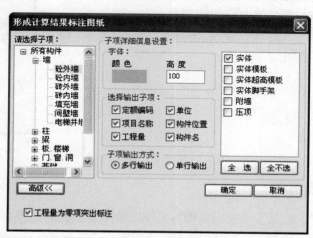

图 6-108

根据实际情况选择字体颜色、高度。

选择相应的构件,并对子项的详细信息进行设置,右边选择标注的内容。

点击"确定"按钮,出现"计算结果标注显示控制"对话框,如图 6-109,结合"构件显示控制"命令,选择显示的内容,最后图纸显示如图 6-110 所示。

图 6-109

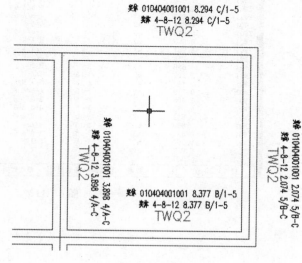

图 6-110

### 6.19.2 打开标注图纸

左键点取  图标,出现"计算结果标注显示控制"对话框,选择要打开的内容(如图6-111),所做选择实时生效。

### 6.19.3 尺寸标注

点击左边中文工具栏中 🔤 图标。

(1) 左键选取指定第一条尺寸界线原点或〈选择对象〉。

(2) 左键选取指定第二条尺寸界线原点。

(3) 左键选取指定尺寸线位置或[多行文字(M)/文字(T)/角度(A)],取默认的标注文字。

# 6.20  计算与报表

**图 6-111**

### 6.20.1  报表编辑

点击下拉菜单"工程量"→"报表编辑",出现原始的工程量的计算结果,如图6-112。

| 构件名称 | 工程量 | 单位 | 定额子目 | 平面位置 | 计.. | 计算公式 |
|---|---|---|---|---|---|---|
| ZNQ1 | 0.734 | m3 | 3-15 | F/1-2 | 0 | 详细计算公式:(0.24*1)*3.4: |
| ZNQ1 | 1.790 | m3 | 3-15 | 4/A-G | 0 | 详细计算公式:(0.24*1)*8.3: |
| ZNQ1 | 1.800 | m3 | 3-15 | A-G/2-5 | 0 | 详细计算公式:(0.24*1)*8.2: |
| ZNQ1 | 0.878 | m3 | 3-15 | 2外/F外 | 0 | 详细计算公式:(0.24*1)*4.2: |
| ZNQ1 | 0.950 | m3 | 3-15 | B-F/1-4 | 0 | 详细计算公式:(0.24*1)*4.4: |
| ZNQ1 | 0.936 | m3 | 3-15 | F-H/2-4 | 0 | 详细计算公式:(0.24*1)*4.4: |
| ZWQ1 | 2.702 | m3 | | 1/A-H | 0 | 详细计算公式:(0.24*1)*12. |
| ZWQ1 | 2.712 | m3 | | 5/A-H外 | 0 | 详细计算公式:(0.24*1)*12.! |
| ZWQ1 | 0.139 | m3 | | A-G/5-6 | 0 | 详细计算公式:(0.24*1)*0.8: |
| ZWQ1 | 1.608 | m3 | | A-G/1-6 | 0 | 详细计算公式:(0.24*1)*7.9: |
| ZWQ1 | 0.538 | m3 | | 4-5/A-G | 0 | 详细计算公式:(0.24*1)*2.6: |
| ZWQ1 | 0.538 | m3 | | 4-5/A-G | 0 | 详细计算公式:(0.24*1)*2.6: |
| ZWQ1 | 0.509 | m3 | | 4/A-G | 0 | 详细计算公式:(0.24*1)*2.6: |
| ZWQ1 | 0.523 | m3 | | 1-4/A-G | 0 | 详细计算公式:(0.24*1)*2.6: |
| ZWQ1 | 0.950 | m3 | | B/1外 | 0 | 详细计算公式:(0.24*1)*4.0: |
| ZWQ1 | 0.907 | m3 | | G/4-5 | 0 | 详细计算公式:(0.24*1)*4.0: |
| ZWQ1 | 0.259 | m3 | | 4/G-H | 0 | 详细计算公式:(0.24*1)*1.2: |
| ZWQ1 | 1.685 | m3 | | H/1-3 | 0 | 详细计算公式:(0.24*1)*7.5: |
| ZWQ1 | 2.702 | m3 | 3-15 | 1/A-H | 0 | 详细计算公式:(0.24*1)*12. |
| ZWQ1 | 2.712 | m3 | 3-15 | 5/A-H外 | 0 | 详细计算公式:(0.24*1)*12.! |
| ZWQ1 | 0.139 | m3 | 3-15 | A-G/5-6 | 0 | 详细计算公式:(0.24*1)*0.8: |
| ZWQ1 | 1.608 | m3 | 3-15 | A-G/1-6 | 0 | 详细计算公式:(0.24*1)*7.9: |
| ZWQ1 | 0.538 | m3 | 3-15 | 4-5/A-G | 0 | 详细计算公式:(0.24*1)*2.6: |
| ZWQ1 | 0.538 | m3 | 3-15 | 4-5/A-G | 0 | 详细计算公式:(0.24*1)*2.6: |
| ZWQ1 | 0.509 | m3 | 3-15 | 4/A-G | 0 | 详细计算公式:(0.24*1)*2.6: |
| ZWQ1 | 0.523 | m3 | 3-15 | 1-4/A-G | 0 | 详细计算公式:(0.24*1)*2.6: |
| ZWQ1 | 0.950 | m3 | 3-15 | B/1外 | 0 | 详细计算公式:(0.24*1)*4.0: |
| ZWQ1 | 0.907 | m3 | 3-15 | G/4-5 | 0 | 详细计算公式:(0.24*1)*4.4: |

打印报表　　插入数据　　删除一条数据　　修改数据　　删除数据选择　　取消

**图 6-112**

表 6－13

| 打印报表 | 进入到鲁班算量计算书界面 |
|---|---|
| 插入数据 | 可以插入一条新的数据 |
| 删除一条数据 | 可以删除一条已有的数据 |
| 修改数据 | 可以修改一条已有的数据 |
| 删除数据选择 | 清空"报表编辑"中的所有数据时,可选择是删除自动计算的数据还是自定义项目的数据 |
| 取消 | 退出本对话框,与右上角的"关闭"作用相同 |

注意:如果重新进行"工程量计算",软件不保存你在"打印结果"界面中修改过的数据。因此建议如果要修改数据,可以使用插入数据这一选项。

### 6.20.2 鲁班算量计算书

左键点击 图标,打开"计算报表",如图 6－113 所示。

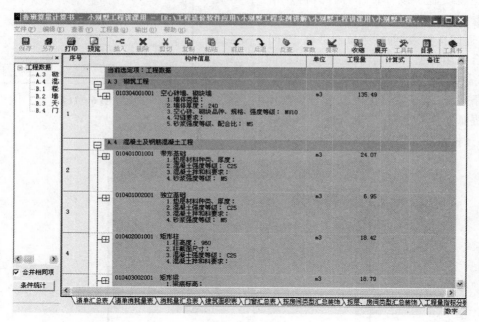

图 6－113

表 6－14

| | |
|---|---|
| 打印 | 将计算结果打印出来 |
| 预览 | 预览一下要打印的计算结果 |
| 反查 | 将与计算结果相关联的构件在软件界面上用高亮虚线表示出来 |

续表 6－14

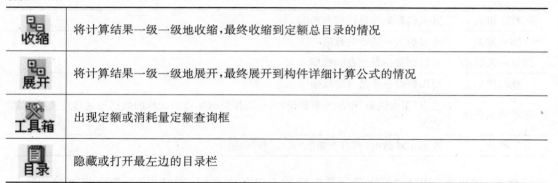

| | |
|---|---|
| **收缩** | 将计算结果一级一级地收缩,最终收缩到定额总目录的情况 |
| **展开** | 将计算结果一级一级地展开,最终展开到构件详细计算公式的情况 |
| **工具箱** | 出现定额或消耗量定额查询框 |
| **目录** | 隐藏或打开最左边的目录栏 |

选择报表中的构件信息,点击报表中的反查命令,会出现一个反查结果对话框(如图 6－114),在此对话框中,我们可以双击构件名称,在界面上即可高亮虚线显示该"M1"的构件,再点击"下一个"即可看到下一个该类构件。

"返回至报表"即结束该对话框,返回至报表。

合并相同项:可以合并一些完全相同的计算结果,节省打印纸张。

条件统计:正常情况下软件是按套定额章节统计工程量计算结果的,如图 6－115,可以改变统计条件,按楼层、楼层中的构件统计。

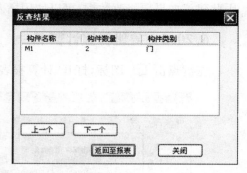

图 6－114

图 6－115

计算结果汇总的类型有:汇总定额项目表,分层汇总定额项目表,分层分构件计算项目表,建筑面积表,门窗汇总表,按房间类型汇总装饰,按层、房间类型汇总装饰七种。

提示:需要执行一下计算命令,无论算什么构件都可以,门窗汇总表中才能出现计算结果。

(1)点击下拉菜单"查看"→"查看计算日志",打开计算日志记事本文本文件,里面有计算过程中出问题的构件所在楼层、定额编码、构件名称、位置、出错信息的描述,依据此信息可以找到出问题的构件,如图 6 - 116。

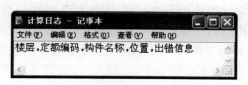

**图 6 - 116**

(2)点击下拉菜单"输出"→"输出到",可将计算结果保存成 txt 文件或 excel 文件,输出到其他套价软件中使用。

注意:由于生成打印预览需要打印机设置中提供纸张的尺寸,用户在计算前应该先安装打印机设置。如果用户没有安装,程序会提示用户。

# 6.21 电子图转化

## 6.21.1 电子文档转化概述

CAD 电子文档,指的是从设计部门拷贝来的设计文件(磁盘文件),这些文件应该是 dwg 格式的文件(AutoCAD 的图形文件),本软件可以采用两种方式把它们转化为算量平面图。

1)自动转化

如果拿到的 CAD 文件是使用 ABD 5.0 绘制的建筑平面图,本系统可以自动将它转换成算量平面图,转换以后,算量平面图中包含轴网、墙体、柱、门窗,建立起了基本的平面构架,交互补充工作所剩无几,极大地提高了建模的速度。

2)交互式转换

如果拿到的 CAD 文件不是由 ABD 5.0 产生的,有两种方法提高效率。

(1)可以使用本系统提供的交互转换工具,将它们转换成算量平面图。交互转换以后,算量平面图中包含轴网、墙体、柱、梁、门窗。尽管这种转换需要人工干预,但是与完全的交互绘图相比,建模效率明显提高,并且建模的难度会明显降低。

(2)调入 CAD 文件后,用鲁班算量的绘构件工具,直接在调入的图中描图。

本软件支持 CAD 数据转换,并且提倡用户使用此功能。同时,我们要提醒用户在以下问题上能有一个正确的认识:要正确的计算工程量,应该使用具有法定依据的以纸介质提供的施工蓝图,而用磁盘文件方式提供的施工图纸只是设计部门设计过程中的中间数据文件,可能与蓝图存在差异,找出这种差异,是必须要进行的工作。下列因素可能导致差异的存在:

(1) 在设计部门,从磁盘文件到蓝图要经过校对、审核、整改。

(2) 交付到甲方以后,要经过多方的图纸会审,会审产生的对图纸的变更,直接反映到图纸上。

(3) 其他因素。现阶段各设计单位,甚至同一单位不同的设计人员,表达设计思想和设计内容的习惯相差很大,设计的图纸千差万别,因此转化过程中会遇到不同的问题,这就需要灵活运用,将转化与描图融为一体。

DWG 文件转化等工具的使用:在下拉菜单的"CAD 转化"栏目中,设置了一些工具,从而增强了软件的功能。

### 6.21.2　CAD 文件调入

执行下拉菜单"CAD 转化"→"调入 CAD 文件"命令,或点击 CAD 转换工具条中 🈁 图标,打开需转换的 dwg 文件,调入的是建筑图还是结构图,用户根据实际情况自行选择,如图 6 - 117,点击"打开"按钮。

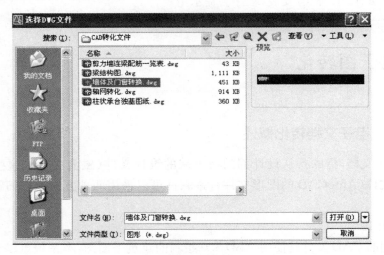

**图 6 - 117**

回到算量的绘图区,左键在算量图形绘图区点击一下,确定图形插入点,图形调入完成。

(1) 执行"隐藏指定图层"命令,可以将一些不相关的线条隐藏掉,如房间名称、房间的家具等,使图纸更为清洁。

(2) 使用"list"命令查看一下图中的各种线条所代表的含义。

方法:键盘输入"list",回车确认,光标由十字形变为方框,图中选择某条线条,可以多选几种,回车确认,出现列表,如图 6 - 118,就可以清楚地知道该线条的含义。

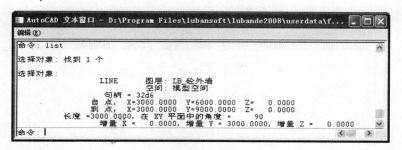

图 6 - 118

### 6.21.3 转化轴网

操作方法如下：

（1）执行下拉菜单"CAD 转化"→"转化轴网"命令，或点击 CAD 转换工具条 图标。

（2）弹出对话框，如图 6 - 119。

① 点击"轴符层"下方的"提取"，对话框消失，在图形操作区中左键选择已调入的 dwg 图中选取一个轴网的标注。选择好后，回车确认，对话框再次弹出。

② 点击"轴线层"下方的"提取"，对话框又消失，在图形操作区中左键选择已调入的 dwg 图中选取一个轴线。选择好后，回车确认，对话框再次弹出。

（3）点击"转化"按钮，软件自动转化轴网。

图 6 - 119

### 6.21.4 转化墙体

操作方法如下：

（1）执行"隐藏指定图层"命令，将除墙线外的所有线条隐藏掉。

（2）点击下拉菜单"CAD 转化"→"转化墙体"命令，或点击 CAD 转换工具条图标 。

（3）弹出对话框，如图 6 - 120。

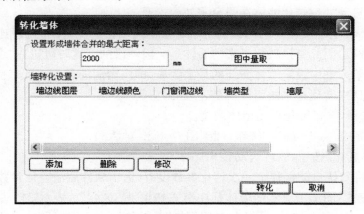

图 6 - 120

点击"添加"按钮弹出对话框,如图 6 - 121。

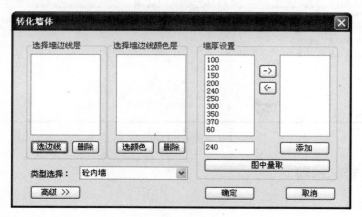

图 6 - 121

（4）选取或者输入图形中所有的墙体厚度。

① 对于常用的墙体厚度值可以直接选中"参考墙厚"的列表数据,点击箭头调入"已选墙厚"的框内。

② 也可在"墙厚"的对话框中直接输入数据,点击增加调入"已选墙厚"的框内。

③ 如果不清楚施工图中的墙厚,可以点击"从图中量取墙厚值",直接量取墙厚,量取的墙厚软件添加在"墙厚"的对话框中,点击增加调入"已选墙厚"的框内。

（5）点击"选边线"按钮,用鼠标左键选取算量平面图形中墙体的边线。如果不同墙厚的墙体是分层绘制的(一般情况下,不同的层颜色不同),需选择不同墙厚的墙边线各一段。回车或点击鼠标右键确认,确认后会在"选择墙边线层"下面的对话框中显示出选取图层的名称。

（6）点击"选颜色"按钮,用鼠标左键选取算量平面图形中墙体的颜色。如果不同墙的层颜色不同,需选择不同颜色墙的墙边线各一段。回车或点击鼠标右键确认,确认后会在"选择墙边线颜色"下面的对话框中显示出选取颜色的名称。

（7）点击"选择门窗洞边线层"按钮,用鼠标左键选取算量平面图形中门窗洞的边线,回车或点击鼠标右键确认,确认后会在"选择门窗洞边线层"下面的对话框中显示出选取图层的名称,软件将自动处理转化墙体在门窗洞处的连通。

（8）一般 dwg 电子文档中的门窗洞是绘制在不同墙体的图层的,一段连续的墙被其上门窗洞分隔成数段,因此直接转化过来的墙体是一段一段的。这时可以在"设置形成墙体合并的最大距离"输入框中设定墙体断开的最大距离(即门窗洞的最大宽度),也可以从图中直接量取该距离,这样转化过来的墙体就是连续的。

（9）类型选择,选择转化后的墙体类型。

（10）选择完成,点击"确认"按钮,回到图 6 - 120 对话框。

（11）点击"转化"按钮,软件自动转化。

（12）软件将默认自动保存上一次转化参数设置(退出软件后清空该参数)。

转换构件完成,图形中显示的墙体标注形式如果是"Q240",表示 240 厚的墙体。如果是"Q370",表示 370 厚的墙体。需用"名称更换"的功能键把不同墙厚的名称更换成鲁班算量的名称。

　　提示：如果结构比较复杂，转换构件的效果不是很好，可以在调入 dwg 文件的图形后用描图的方式绘制墙，这样绘画相对容易且能减少绘图的时间。尽量将该楼层图形中墙体的厚度全部输入，这样可以提高图形转换的成功率。

　　技巧：点击"名称更换"，更换转化过来的 Q240、Q370 等墙体时，可以按"S"键，先用鼠标左键选取一段 Q240 墙体，再框选所有的墙体，这样可以选择所有的 Q240 墙。同理，依次"名称更换"其他的墙体。

### 6.21.5　柱、柱状独立基转化

　　转换柱状构件可选转换类型为混凝土柱、砖柱、构造柱、暗柱、柱状独立基，并可根据需要选择转换范围。

　　操作方法如下：

　　(1) 执行下拉菜单"CAD 转化"→"转化柱状构件"命令，或点击 CAD 转换工具条图标 🔲 。

　　(2) 弹出对话框，如图 6‑122。

　　① 选择相应的转换类型及转换范围。如图 6‑122，选择"砼柱"，转换范围选择"整个图形"，点击标注层下方的"提取"，对话框消失，在图形操作区中左键选择已调入的 dwg 图中选取一个柱的编号或名称，选择好后，回车确认，对话框再次弹出。

图 6‑122

　　② 点击边线层下方的"提取"，对话框又消失，在图形操作区中左键选择已调入的 dwg 图中选取一个柱的边线，选择好后，回车确认，对话框再次弹出。

　　③ 根据图纸上柱的编号或名称选择正确的标识符，对于"不符合标识柱"可下拉选择"转化"或"不转化"。

　　④ 软件将默认自动保存上一次转化参数设置(退出软件后清空该参数)。

　　(3) 点击"转化"按钮，完成柱的转化。此时软件已对原 dwg 文件中的柱重新编号(名称)，相同截面尺寸编号相同。同时，"柱属性定义"中会列入已转化的柱的名称，"自定义断面→柱"中会保存异形柱的断面的图形。

　　(4) 转化的柱构件套用定额或清单的方法详见"构件属性定义"→"构件属性复制"命令。

　　注意：转化砖柱、构造柱、暗柱、柱状独立基的操作同转化混凝土柱。

### 6.21.6　转化表

　　操作方法如下：

　　(1) 调入梁表或门窗表。

　　(2) 点击下拉菜单"CAD 转化"→"转化表"命令，或点击 CAD 转换工具条图标 📇 。

　　(3) 出现"转化表"对话框，软件默认的表类型为门窗表，如果需要转化的是梁表，则通过下拉菜单选择梁表，如图 6‑123。

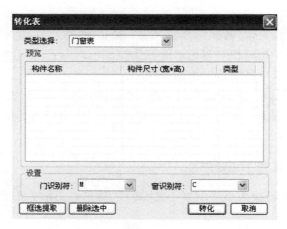

图 6-123

（4）框选门窗表中门的所有数据，软件会自动将数据添加到"预览提取结果"列表中，如果有不需要的或者错误的数据，可以左键选中列表中的该数据，点击"删除选中"按钮即可删除该数据。

（5）点击图 6-123 中的"转化"按钮，转化成功。

（6）重复步骤（3）～（5），提取并添加窗。

如需要转化的是梁表，则选择类型选择为"梁表"，然后出现如图 6-124 的对话框，点击"框选提取"按钮，回到图形界面，点击左键框选梁表，选完后点击右键或回车确定，回到对话框。

选择转化类型的识别符，其他梁识别符设置点击"其他梁识别符"按钮。

点击"确定"按钮，软件自动转化。

图 6-124

## 6.21.7 转化梁

操作方法如下：

（1）点击下拉菜单"CAD 转化"→"转化梁"命令，或点击 CAD 转换工具条图标 ![icon] 。

(2) 弹出对话框,如图 6-125,方法与转化墙体相同。

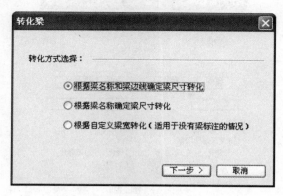

**图 6-125**

① 根据梁名称和梁边线确定尺寸转化。软件自动判定 dwg 文件中梁集中标注中的梁名称和梁尺寸,并与最近的梁边线比较,集中标注中的宽度与梁边线宽度相同,软件自动转化。

② 根据梁名称确定梁尺寸转化。软件自动判定 dwg 文件中梁集中标注中的梁名称和梁尺寸,不与最近的梁边线比较,按照最近原则自动转化。

③ 根据自定义梁宽转化。

④ 软件将默认自动保存上一次转化参数设置(退出软件后清空该参数)。

提示:因为建筑施工图与结构施工图是分开的,因此墙体转化完后,需要调入结构施工图(原来调入的建筑施工图可以先不用删除)。确定点的位置时注意将两图分开。用 CAD 的命令删除不需要的图形,键入移动的命令(move),将剩余的结构施工图框选,确定一个容易确定的基点,按同一位置将结构施工图移动到建筑施工图上,使两图重合,然后再执行"转化梁"的命令。

### 6.21.8 转化出挑构件

操作方法如下:

(1) 执行"隐藏指定图层"命令,将除梁边线外的所有线条隐藏。

(2) 点击下拉菜单"CAD 转化"→"转化出挑构件"命令,或点击 CAD 转换工具条图标 🖼 。

(3) 光标由十字形变为方框,方法与"提取图形"操作相同。

(4) 完成后软件会自动将提取的图形保存到"自定义断面"中的阳台的断面中。

### 6.21.9 转化门窗(序号前移)

操作方法如下:

(1) 调入 dwg 文件。

(2) 点击下拉菜单"CAD 转化"→"转化门窗"命令,或点击 CAD 转换工具条图标 🖼 。

(3) 出现"转化门窗墙洞"对话框,如图 6-126。

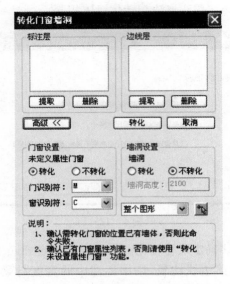

图 6‑126

（4）点击标注层下方"提取"按钮，对话框消失，在图形操作区域内点击左键选取 CAD 文档中一个门或窗的名称，选择好后回车确认。对话框再次弹出，点击边线层下方"提取"按钮，对话框消失，在图形区域内点击左键选取 CAD 文档中一个门或窗的图层，选择好后回车确认。

（5）在高级菜单中可以选择门窗的识别符。

（6）点击"转化"按钮即可完成转化。

注意：门窗转化之前必须要转化墙体。

### 6.21.10　清除多余图形

执行下拉菜单"CAD 转化"→"清除多余图形"命令，使用此命令可以将调入的 dwg 文件图形删除掉。

提示：充分利用 dwg 文件，确认不再需要时再给予清除。

本版本（TJ14.0.0）暂不支持该功能。

### 6.21.11　Excel 表格粘贴

执行下拉菜单"CAD 转化"→"Excel 表格粘贴"命令，可以将剪切板内的内容复制到鲁班算量中。

### 6.21.12　dwg 文件的描制

如上所述，dwg 文件转化困难或不成功时，可以来描制图形。步骤如下：

（1）dwg 文件调入。

（2）转化轴网，如不成功，可以通过"绘制轴网"中的"图中量取"的功能绘制轴网。将光标放在"显示控制"的快捷命令上，按住左键，会出现一个下拉式命令条，选取第三个"隐藏（冻结）选中图形所在的层"命令，将除轴线外的构件全部隐藏，执行"绘制轴网"→"图中量取"命令,将轴网上下开间、左右进深的尺寸从图中量取到,将建立好的轴网定位在原图的轴网上或通过"轴网移动"定位。

（3）执行"隐藏（冻结）选中图形所在的层"命令,将图中除了 CAD 墙体和转化过来的轴线以外的所有构件图层隐藏,然后描图绘制墙体。

（4）门窗也可以通过此方法绘制,绘制好以后执行"清除多余图形"命令删除调入的dwg 文件。

提示:描图过程中要经常与 CAD 的"直线、多段线、圆、圆弧"等命令配合使用。

# 7 钢筋工程量计算软件应用

鲁班钢筋(预算版)软件基于国家规范和平法标准图集,采用CAD转化建模,绘图建模,辅以表格输入等多种方式,整体考虑构件之间的扣减关系,解决了造价工程师在招投标、施工过程中钢筋工程量控制和结算阶段钢筋工程量的计算问题。软件自动考虑构件之间的关联和扣减,用户只需要完成绘图即可实现钢筋量计算,内置计算规则并可修改,强大的钢筋三维显示,使得计算过程有据可依,便于查看和控制,报表种类齐全,满足多方面需求。

## 7.1 新建工程、新建楼层

### 7.1.1 准备工作

查看结施-1"结构设计总说明"(见附图)。作用:新建工程。

查看着重点:

(1)工程概况。本工程为鲁班用户培训基地大楼,结构类型为框架剪力结构,抗震等级为三级。

(2)图集选用情况。本说明未尽事宜按03G 101—1规范要求进行施工。

(3)材料。混凝土强度等级,基础垫层C15,基础C30,梁、墙、柱、板C30,所有预制构件、过梁、楼梯C25。

(4)本工程不按规范做法的地方。

(5)本工程梁板均采用绑扎连接方式接头百分率按25%进行施工。

查看结施-3"一层柱墙平面图"。作用:新建楼层。

表7-1 楼层标高示意表

| 三层 | 6.15 | 3 000 |
|------|------|-------|
| 二层 | 3.15 | 2 800 |
| 一层 | −0.05 | 3 200 |
| 层号 | 标高(m) | 层高(m) |

### 7.1.2 开始新建

鼠标左键点击欢迎界面上的"新建工程",进入新建工程界面,如图7-1所示。

鲁班钢筋2010（预算版）
新建工程
打开工程
单机版
剩271天租赁到期
正式用户提醒...
其它文件...

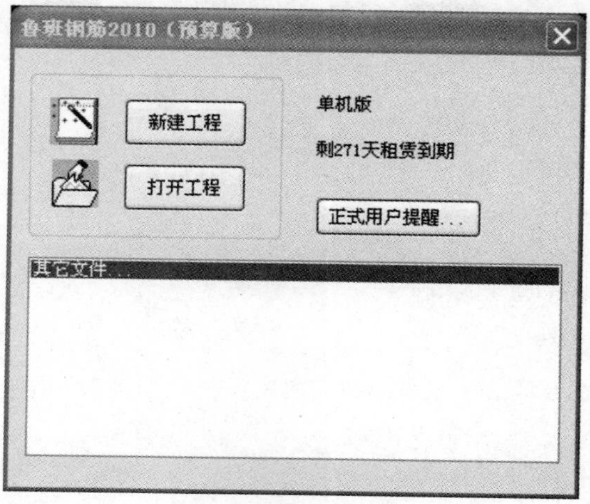

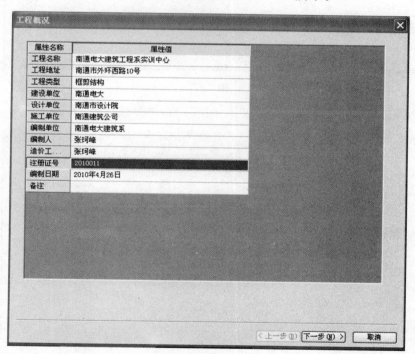

图 7－1

第一步，输入“工程名称”及工程的相关信息，如图 7－2 所示。

工程概况
属性名称
属性值
工程名称
南通电大建筑工程系实训中心
工程地址
南通市外环西路10号
工程类型
框剪结构
建设单位
南通电大
设计单位
南通市设计院
施工单位
南通建筑公司
编制单位
南通电大建筑系
编制人
张珂峰
造价工...
张珂峰
注册证号
2010011
编制日期
2010年4月26日
备注
< 上一步(B)
下一步(N) >
取消

图 7－2

第二步，鼠标左键点击图 7－2 中的“下一步”，进入“计算规则”设定，如图 7－3 所示。

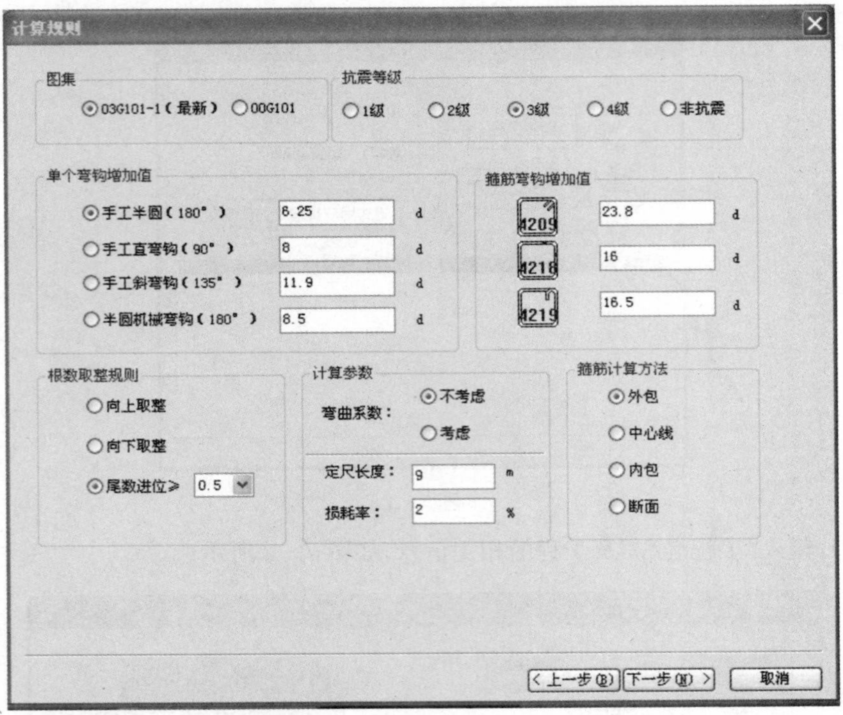

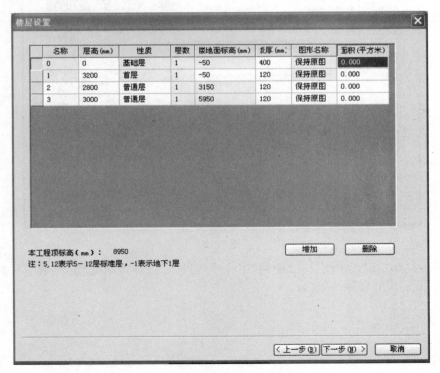

图 7 - 3

第三步,鼠标左键点击图 7 - 3 中的"下一步",进入"楼层设置"设定,如图 7 - 4 所示。

图 7 - 4

第四步,鼠标左键点击图7-4中的"下一步",进入"锚固设置"设定,如图7-5所示。

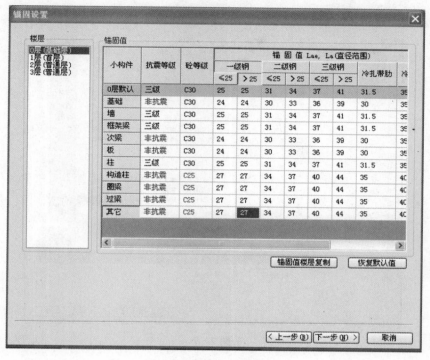

图 7-5

第五步,鼠标左键点击图7-5中的"下一步",进入"计算设置"设定,如图7-6所示。

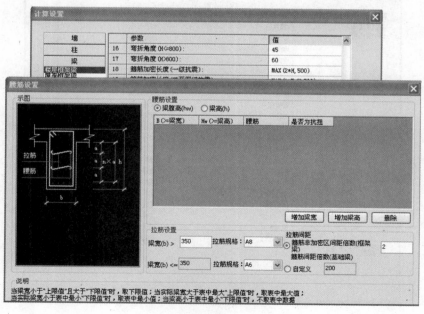

图 7-6

第六步,鼠标左键点击图 7-6 中的"下一步",进入"搭接设置"设定,如图 7-7 所示。

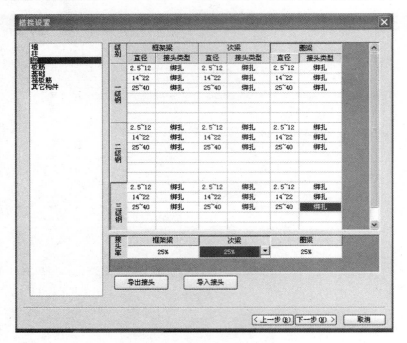

图 7-7

第七步,鼠标左键点击图 7-7 中的"下一步",进入"标高设置"设定,如图 7-8 所示。

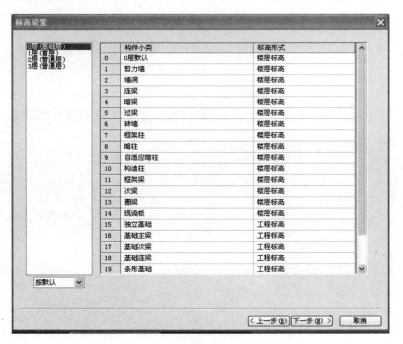

图 7-8

第八步,鼠标左键点击图7-8中的"下一步",进入"箍筋设置"设定,如图7-9所示。

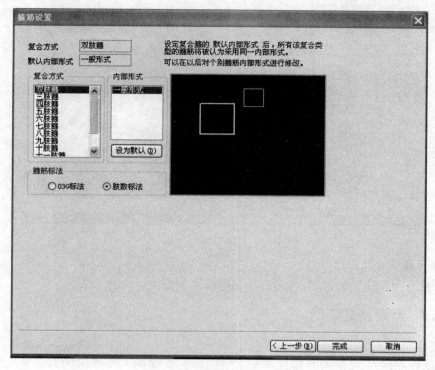

图7-9

点击"完成"即可完成本实训工程的工程设置。

# 7.2 建立轴网

## 7.2.1 准备工作

查看结施-1"一层柱墙平面图"。作用:了解轴网的结构以便更好的建立轴网。

1)轴网的组成

本工程轴网的组成分为三块,即轴网一、轴网二、轴网三。见图7-10所示。

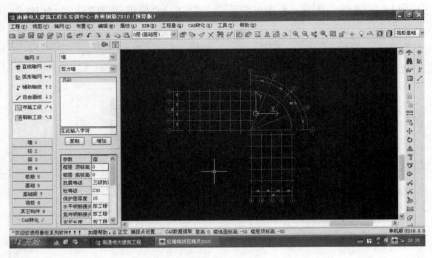

图 7 - 10

2）轴网建立方法

按照轴网一、二、三依次建立，并拼接完成轴网的建立。

### 7.2.2 开始新建轴网

1）建立轴网一

（1）鼠标左键点击左侧的构件布置栏中"♯直线轴网 0"，弹出的对话框如图 7 - 11 所示。

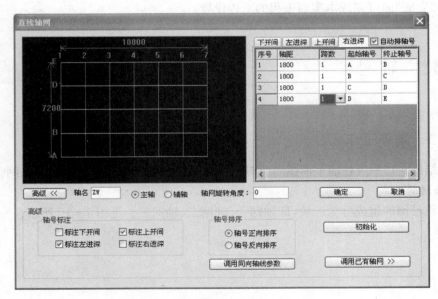

图 7 - 11

（2）鼠标左键点击选择图 7 - 11 中的"下开间，左进深，上开间，右进深"，分别按图纸输入其轴距、跨数、起始轴号、终止轴号的数据，打开高级设置对标注显示设置同图纸一致，如图 7 - 12 所示。

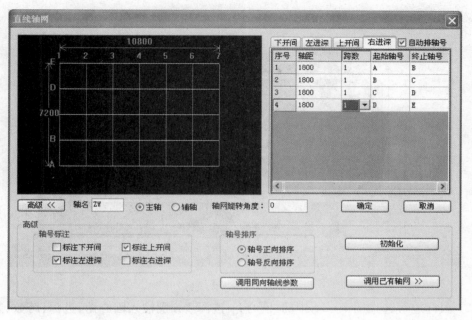

图 7-12

（3）设置好之后，鼠标左键点击"确定"，将建立好的轴网放置在绘图区域内，完成轴网一的建立，如图 7-13 所示。

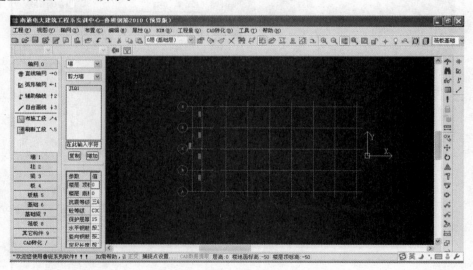

图 7-13

2）建立轴网二

（1）鼠标左键点击左侧的构件布置栏中 弧形轴网 ←1 ，弹出的对话框如图 7-14 所示。

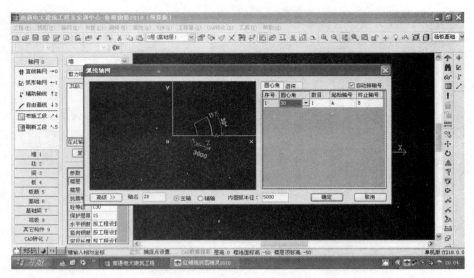

**图 7－14**

（2）鼠标左键选择图 7－14 中的"圆心角 进深"分别输入圆心角、进深、跨数、起始轴号、终止轴号的数据，如图 7－15 所示。

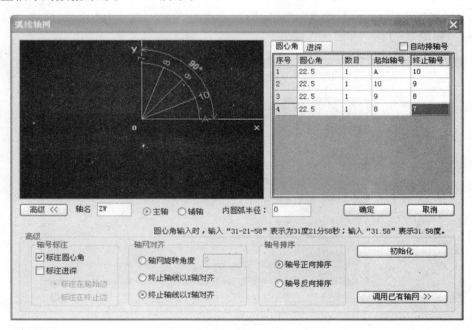

**图 7－15**

（3）设置好之后，鼠标左键点击"确定"，将建立好的轴网放置在绘图区域内，完成轴网二的建立，如图 7－16 所示。

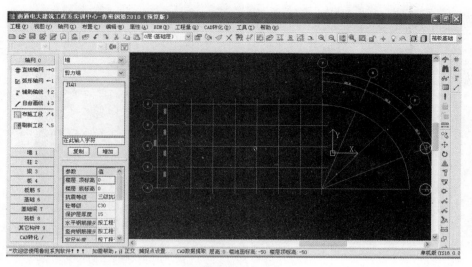

图 7 – 16

3）建立轴网三

（1）鼠标左键点击左侧的构件布置栏中"♯直线轴网→0"。

（2）鼠标左键选择"下开间 左进深 上开间 右进深"，分别按图纸输入其轴距、跨数、起始轴号、终止轴号的数据。打开高级设置，对标注显示设置同图纸一致，如图 7 – 17 所示。

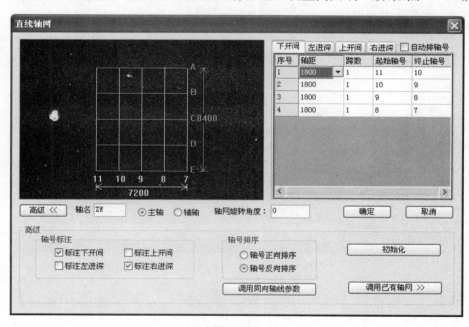

图 7 – 17

提示：训练轴号反向排序设置。

（3）设置好之后，鼠标左键点击"确定"，将建立好的轴网放置在绘图区域内，完成轴网三的建立，如图 7 – 18 所示。

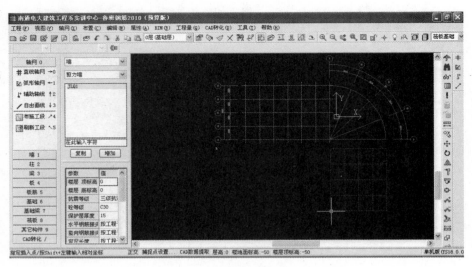

图 7 - 18

4）轴网定位

（1）先对轴网进行解锁，因为轴网在锁定状态是无法选中的。

鼠标左键点击工具栏中的锁定按钮，即可弹出构件锁定对话框，如图 7 - 19 所示。

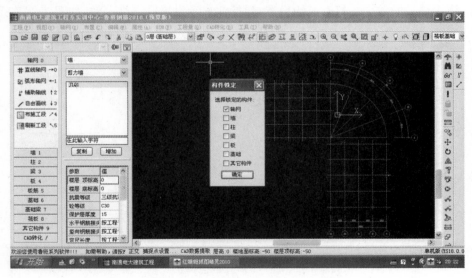

图 7 - 19

将轴网前的"√"去掉，点击确定完成轴网的解锁。

（2）对轴网三进行移动

鼠标选择 ✛ 移动，鼠标在绘图区域中变成"口"形，然后鼠标选择轴网三，鼠标右键点击"确定"，选择移动的插入点，如图 7 - 20 所示。

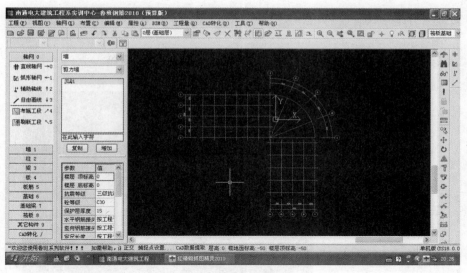

图 7 - 20

# 7.3 绘制柱构件

## 7.3.1 准备工作

查看结施－3"一层柱墙平面图"，重点是柱的分类。大类分为框架柱、暗柱、构造柱。框架柱按形状分为矩形、圆形。暗柱按形状分为一字形、L 形、十字形、T 字形。构造柱按形状分为矩形。步骤：(1) 定义属性；(2) 布置；(3) 定位。

## 7.3.2 框架柱的布置

1）属性定义

按图纸实际情况，对 KZ1、KZ2、KZ3 进行属性定义。

(1) 鼠标左键双击属性定义栏的图标，弹出构件属性定义栏，分别对 KZ1、KZ2 进行属性定义，如图 7 - 21、图 7 - 22 所示。

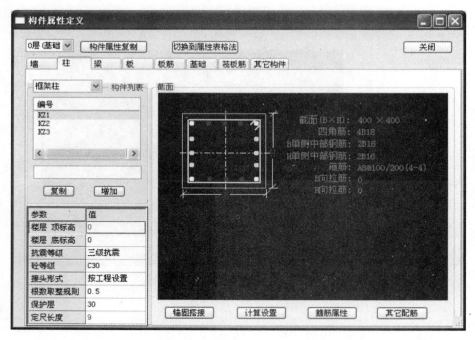

图 7-21

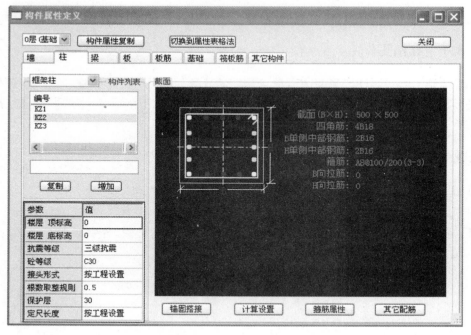

图 7-22

（2）圆形柱 KZ3 的定义

在属性定义栏中心左键点击"截面图形"，弹出"类型选择"，如图 7-23 所示。

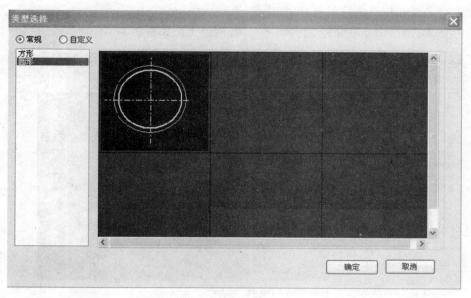

图 7-23

按图纸实际要求对 KZ3 进行属性定义，如图 7-24 所示。

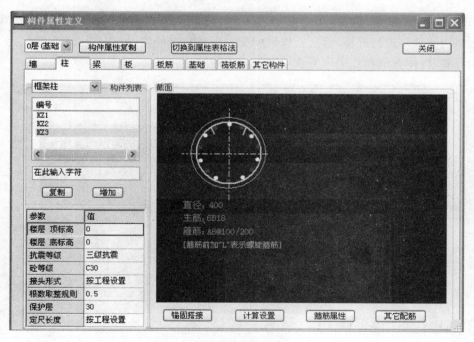

图 7-24

2）布置

布置方法分为点击布柱、智能布柱两种。

（1）点击布柱

鼠标左键点击左侧的构件布置栏中"点击布柱→0"，然后在左侧的属性定义栏中对构件的类型进行选择和构件名称的选择,如图 7－25 所示。

练习要求:用点击布柱命令完成轴网二、轴网三上框架柱的布置。

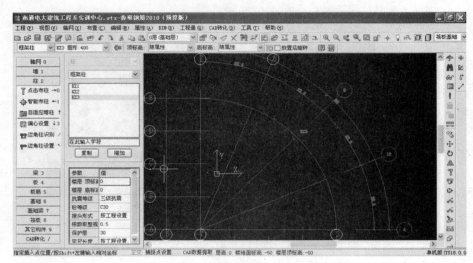

图 7－25

(2)智能布柱

鼠标左键点击左侧的构件布置栏中 ⊞智能布柱 ←1 ,在左侧的属性定义栏中,对构件的类型和构件名称进行选择,然后框选轴网交点即可布置好柱,如图 7－26 所示。

练习要求:用智能布柱命令完成轴网—上框架柱的布置。

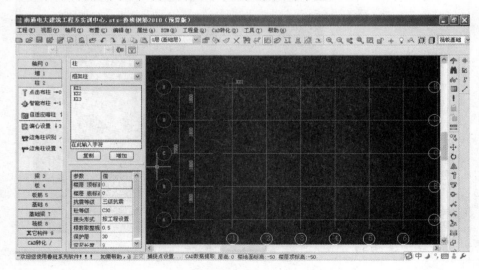

图 7－26

3)定位

定位有偏心设置、偏移对齐命令两种方法。

(1)偏心设置

鼠标左键点击左侧的构件布置栏中 偏心设置 ,在图形布置区域的右下角弹出输入偏心值的对话框,并按照实际偏心要求进行设置,如图 7-27 所示。

练习要求:对 1/A、1/E、11/$C_1$ 轴交点三个柱采用偏心设置。

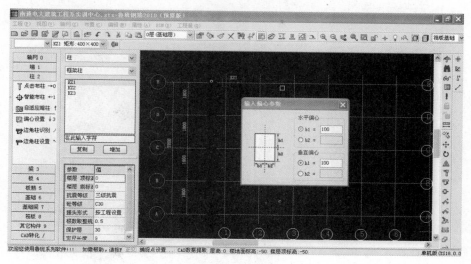

图 7-27

(2)偏移对齐命令

① 鼠标左键选择工具栏中的 ▼·偏移对齐命令,光标在图形界面变成十字形,然后鼠标选择参照基线,被选中的基线变成红色的线,如图 7-28 所示。

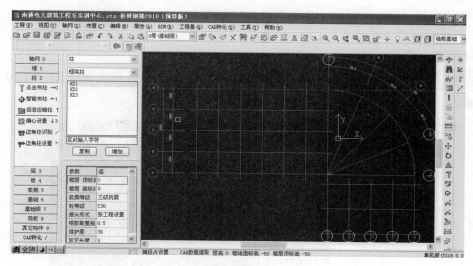

图 7-28

② 鼠标左键选择需要对齐的柱,执行构件对齐。

### 7.3.3 暗柱的布置

1)属性定义

暗柱类型的选择:

在属性定义栏中点击"属性",弹出类型选择,如图 7-29 所示。

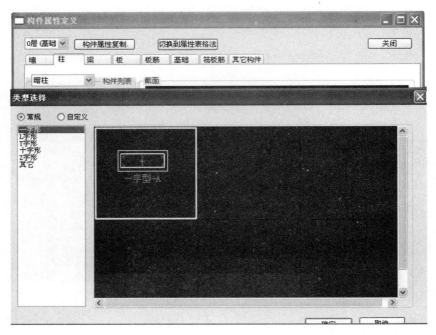

图 7-29

2）布置

布置方法为点击布柱。

方法同框架柱。

3）定位的一些特殊处理

（1）7/B₁轴交点的 AZ₁的定位

在点击布柱时，选择工具栏中的 □放置后旋转 ，在光标栏输入旋转角度即可，如图 7-30 所示。

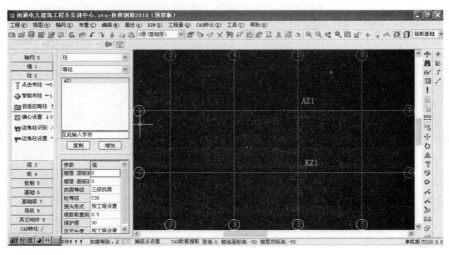

图 7-30

（2）7/E₁轴交点的 AZ₃的定位

在点击布柱时，选择"工具"栏中的" 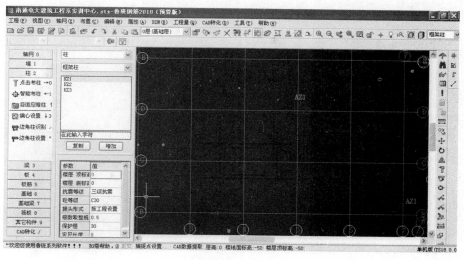 "对柱的形状进行镜像布置，如图7-31。

图 7 - 31

### 7.3.4 构造柱的布置

同框架柱和暗柱的布置方法。

### 7.3.5 其他楼层的柱

方法：进行楼层复制，将其他层多余的柱删除即可。

1）楼层复制的方法

鼠标左键点击工具栏中的 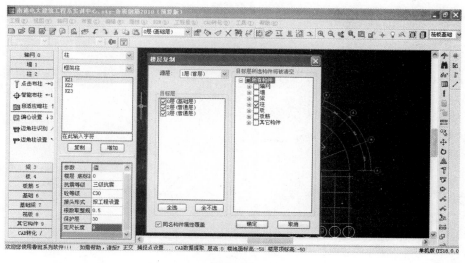 楼层复制命令，并选择复制的楼层及构件即可，如图7-32。

图 7 - 32

2）构件删除的方法

鼠标左键选择所要删除的构件,右键选择删除即可,如图 7 - 33 所示。

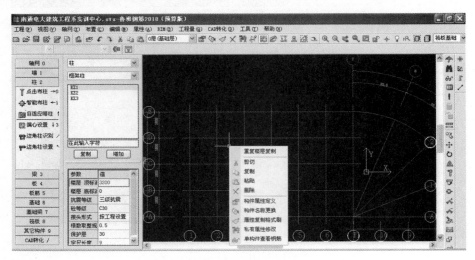

图 7 - 33

# 7.4　绘制剪力墙构件

## 7.4.1　准备工作

查看结构 - 3"一层柱墙平面图",需要布置的构件有剪力墙、砖墙、暗梁、墙洞。

步骤:① 属性定义;② 布置墙。

## 7.4.2　墙体的布置

1) 属性定义

鼠标左键双击属性定义栏的构件弹出属性定义栏,分别对 $Q_1$、$Q_2$ 进行属性定义,如图 7 - 34。

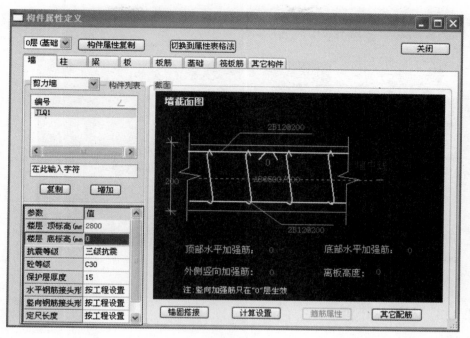

图 7 - 34

2）布置

（1）鼠标左键点击左侧的构件布置栏，然后在左侧的属性定义栏中对构件名称进行选择。

（2）光标在绘图区域内变成"十"字形，鼠标左键点击墙体的起始点完成一堵墙的绘制，如图 7 - 35。

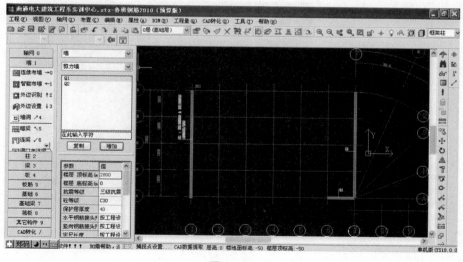

图 7 - 35

3）弧形 $Q_1$ 的布置方法

鼠标左键点击左键的布置栏中，"连续布墙"，在活动布置栏选择布置方式，如图 7 - 36。

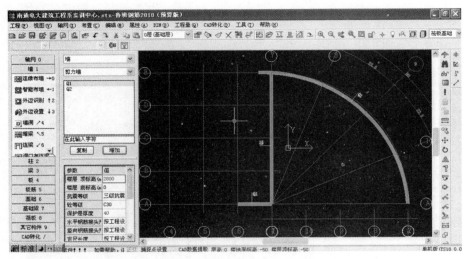

图 7 - 36

### 7.4.3 洞墙的布置

1) 属性的定义

鼠标左键双击属性定义栏的构件弹出属性定义栏,对洞墙进行属性定义,如图 7 - 37。

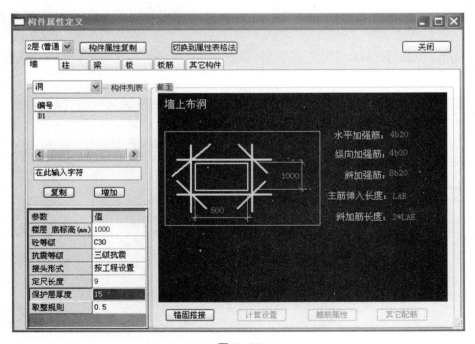

图 7 - 37

2）布置

（1）鼠标左键点击左侧的构件布置栏中 墙洞，然后在活动布置栏内显示，如图7－38所示。

图 7－38

（2）鼠标左键点击 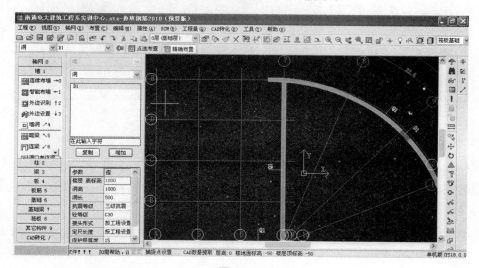 精确布置，然后鼠标点击精确布置墙洞参照点，在光标值中直接输入相对该点的距离，完成墙洞的精确布置，如图7－39所示。

图 7－39

### 7.4.4 暗梁的布置

1）属性定义

鼠标左键双击属性定义栏的构件弹出属性定义栏，对暗梁进行属性定义，如图7－40所示。

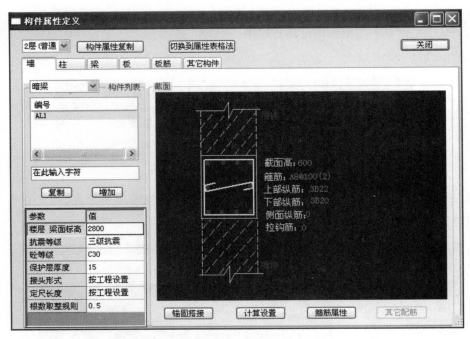

图 7 - 40

2）布置

鼠标左键点击左侧的构件布置栏中 <u>暗梁</u> ，光标在图形截面变成"口"字形，然后光标移至已经布置好的剪力墙上点击鼠标左键，墙体将高亮显示，然后鼠标右键确定完成暗梁的布置，如图 7 - 41 所示。

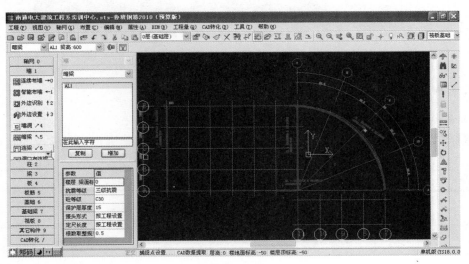

图 7 - 41

### 7.4.5 其他楼层的墙类构件布置

楼层复制与柱子相同。

方法:进行楼层复制,将其他层多余的柱删除即可。

# 7.5 绘梁构件

### 7.5.1 准备工作

查看结施-6"二层结构梁"图,需要布置的构件有楼层框架梁、屋面框架梁、次梁、连梁。

步骤:① 属性定义;② 布置梁;③ 对梁进行原位标注。

布置梁的形式:直行梁、弧形梁、悬挑梁。

### 7.5.2 连梁的布置

1)属性定义

鼠标左键双击属性定义栏的构件弹出属性定义栏,对连梁进行属性定义,如图7-42所示。

图 7 - 42

2)连梁的布置

鼠标左键点击左侧的构件布置栏中 连梁 ,光标在图形截面变成"十"字形,然后鼠标左键分别点击连梁的起止点,完成连梁的布置,如图7-43所示。

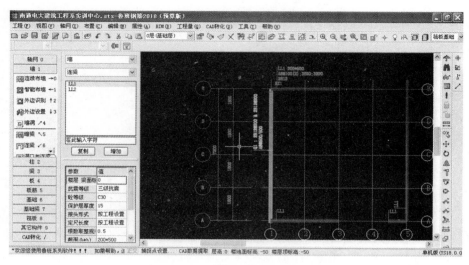

图 7 - 43

### 7.5.3 楼层框架梁、屋面框架梁、次梁的布置

1）属性定义

（1）鼠标左键双击属性定义栏的构件，弹出属性定义栏，对框架梁进行属性定义，如图7-44所示。

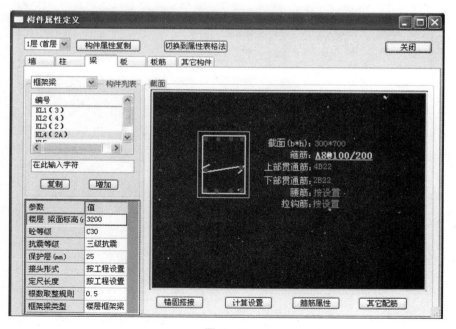

图 7 - 44

（2）屋面框架梁和楼层框架梁的属性转换，在属性定义左下角的属性描述中"框架梁类型"里选择，如图7-45所示。

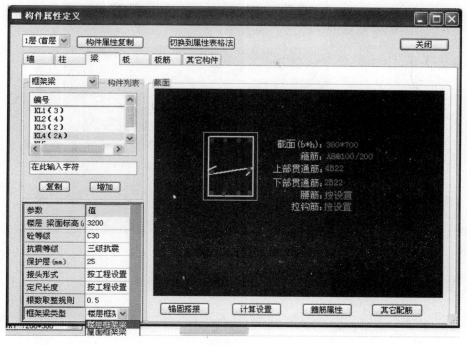

图 7-45

2）框架梁的布置

（1）直行梁的布置

① 鼠标左键点击左侧的构件布置栏中 <u>连续布梁 →0</u>，然后在左侧的属性定义栏中，对构件的类型和构件名称进行选择，如图 7-46 所示。

图 7-46

② 光标在图形截面变成"十"字形，然后鼠标左键分别点击连梁的起止点，完成连梁的布置，如图 7-47 所示。

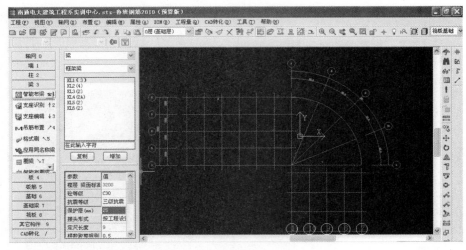

图 7 - 47

③ 梁的定位可以用偏移对齐命令,方法同柱。

(2) 弧形梁的布置

① 鼠标左键点击左侧的构件布置栏中 <u>连续布梁 →0</u> ,然后在左侧的属性定义栏中,对构件的类型和构件名称进行选择,如图 7 - 46 所示。

② 在"活动布置"内选择绘制弧形梁的方式,然后按照生成方式绘制出弧形梁,如图 7 - 48 所示。

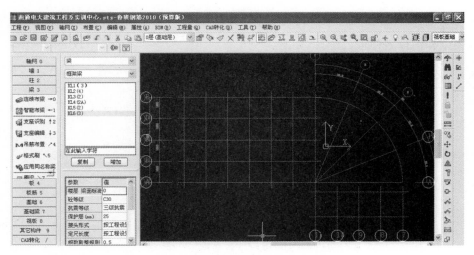

图 7 - 48

(3) 悬挑梁的布置

① 鼠标左键点击左侧的构件布置栏中 <u>连续布梁 →0</u> ,然后在左侧的属性定义栏中,对构件的类型和构件名称进行选择,如图 7 - 46 所示。

② 光标在图形截面变成"十"字形,然后鼠标左键点击非悬挑端为梁的起点,将悬挑已存在的某点作为参照点,按住键盘上的"Shift"键,点击鼠标左键,弹出"相对坐标绘制"对话

框,如图 7 - 49 所示。

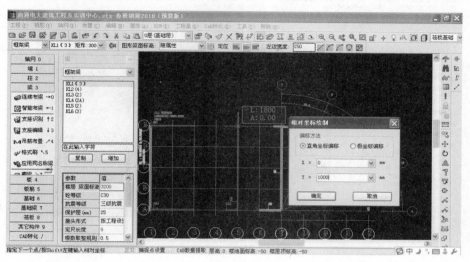

图 7 - 49

③ 在弹出的"相对坐标绘制"对话框中按实际绘制情况输入数值即可完成梁的绘制。

### 7.5.4 折型梁的形成

折型梁的形成方式主要是将两条或多条不在一条直线上的直行梁或弧形梁变为一根梁。

主要方法:将两条或多条已经布置好的梁进行合并即可。

合并方法:鼠标左键点击左侧工具栏的 ▭(合并构件),鼠标变成"口"形,鼠标左键选择两根或两根以上的梁,然后鼠标右键确定即可完成梁的合并。图 7 - 50 为合并前,图 7 - 51 为合并后。

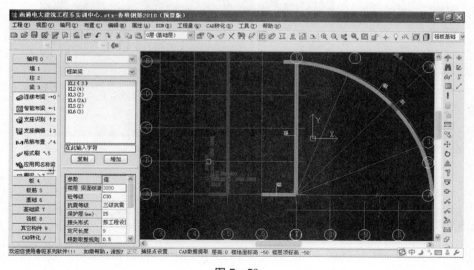

图 7 - 50

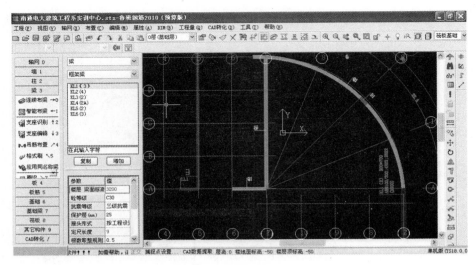

图 7-51

### 7.5.5 对框架梁、次梁进行原位标注

（1）鼠标左键点击上侧工具栏中的 （对构件进行平法标注），光标变成"口"字形，鼠标左键点击未识别的梁构件，即可完成梁的支座识别和对梁进行平法标注，如图 7-52 所示。

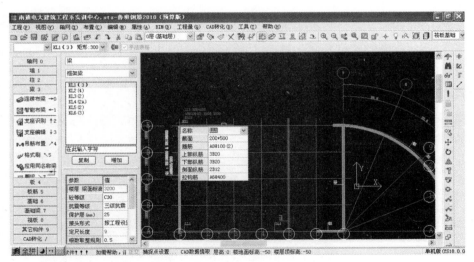

图 7-52

（2）在弹出的"口"内按图纸实际情况书写梁的支座钢筋即可。

### 7.5.6 对梁进行应用同名称命令

当同一层梁的编号有相同及原位标注是相同的就需要对梁进行应用同名称命令。

方法：鼠标左键点击左侧布置栏中的 <u>**应用同名称梁**</u> ，光标在绘图区域变成"口"字形，然后弹出"应用同名称梁"，如图 7-53 所示。

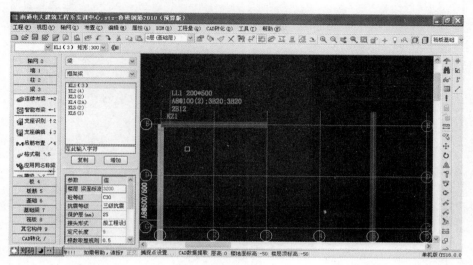

图 7-53

# 7.6 绘制板

## 7.6.1 准备工作

查看板结施-9"二层板结构"图，需要布置的构件有楼层板、斜屋面板。

步骤：① 定义板厚；② 布置板。

## 7.6.2 智能布置、自由绘制

1）定义板厚

鼠标左键双击属性定义栏的构件，弹出属性定义栏，对板厚进行设置，如图 7-54 所示。

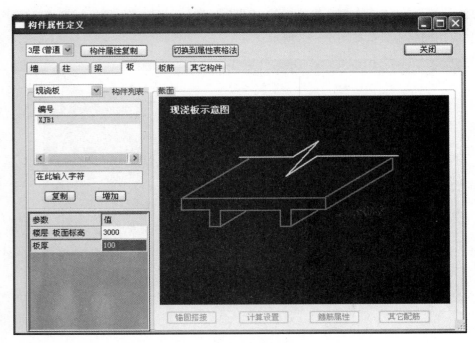

图 7-54

2）平板的绘制

（1）智能布置板

① 鼠标左键点击左侧的构件布置栏中 ⟨快速成板⟩，软件自动弹出"自动成板选项"对话框，如图 7-55 所示。

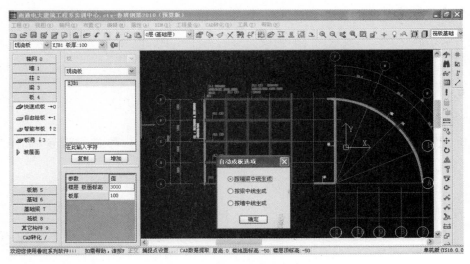

图 7-55

② 点击"自动成板选项"中生成方式"确定"，完成板的生成。

（2）自由绘制

① 鼠标左键点击左侧构件布置栏中 ⟨自由绘板⟩，然后在活动布置中选择自由绘制的方

式,如图 7-56 所示。

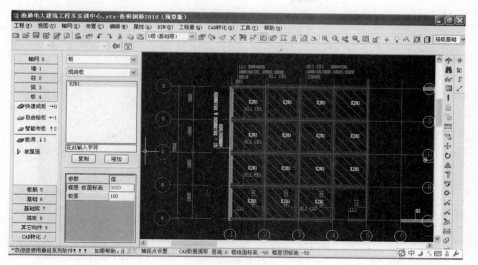

图 7-56

② 绘制形成封闭区域即可形成一块板。

3)坡屋面板绘制

(1)自动形成

① 鼠标左键点击左侧构件布置栏中"形成轮廓线",光标在绘图区域内变成"口"字形,然后框选需要形成坡屋面的区域,鼠标右键确认,弹出"向外偏移值"对话框。如图 7-57 所示。

② 在"向外偏移值"对话框输入相应的数值即可形成轮廓线。

图 7-57

③ 鼠标左键点击左侧的构件布置栏中 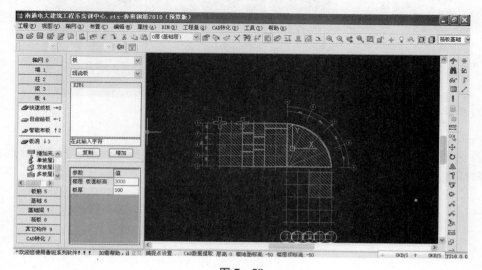 多坡屋面板,光标在绘图区域变成"口"字形,然后鼠标左键形成轮廓线,即可弹出"坡屋面板线设置"对话框,如图 7-58 所示。

图 7-58

④ 分别设置各边线的坡度或坡度角,设置完成后点击"确定"即可完成坡屋面,如图7－59所示。

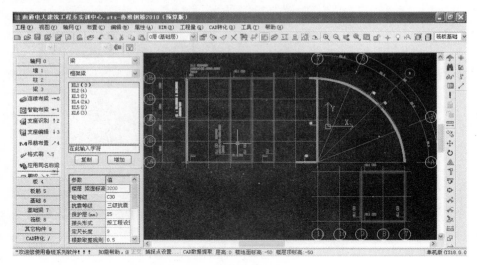

图 7－59

(2) 自由绘制

① 先按实际情况按斜板绘制出平板,如图 7－60 所示。

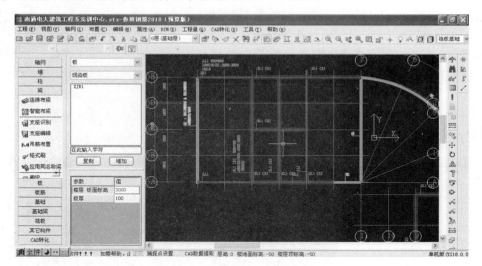

图 7－60

② 分别对板进行变斜调整。鼠标左键选择 ✐,鼠标选择一块板,鼠标右键点击"确定",即可弹出"选择变斜方式",如图7－61所示。

图 7-61

方式选择"三点确定"选项,再点击"确定",然后鼠标选择第一点,弹出输入本点的标高,如图 7-62 所示。

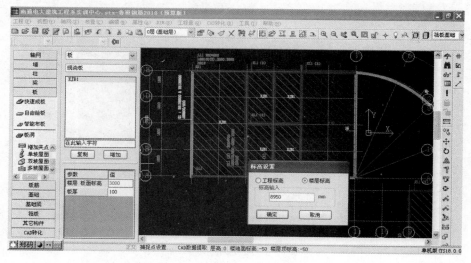

图 7-62

### 7.6.3 对其他构件顶标高随板调整

(1)鼠标左键点击工具栏上的 (对构件顶标高随板调整),然后鼠标框选要调整的区域,如图 7-63 所示。

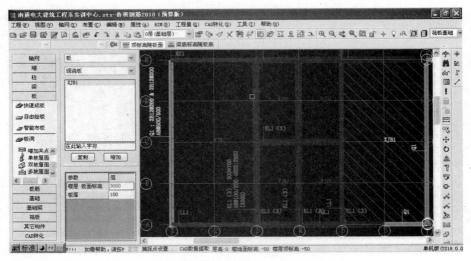

图 7 - 63

（2）区域选择以后，鼠标点击"确定"即可完成调整，如图 7 - 64 所示。

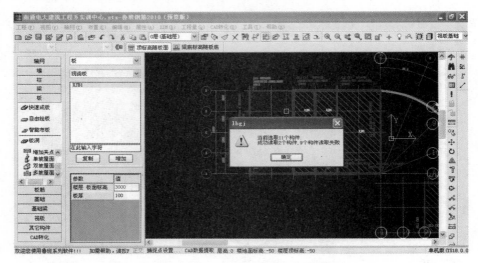

图 7 - 64

# 7.7　绘制板筋

## 7.7.1　准备工作

查看结施 - 9"二层板结构图"，需要布置的构件有受力钢筋、支座钢筋、放射钢筋。

步骤：① 布置钢筋；② 对钢筋平法标注。

### 7.7.2 布置受力钢筋

（1）鼠标左键点击左侧构件布置栏中 布受力筋 ，在"属性定义"栏中选择钢筋的类型，然后在布置栏中选择布置板筋的方向，光标移动到图形界面，鼠标变成"口"字形，如图7-65所示。

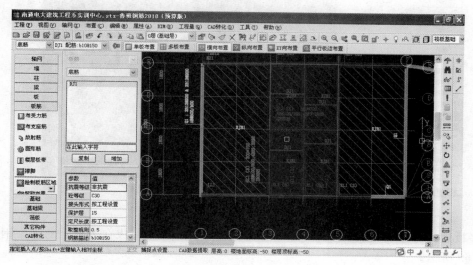

图 7-65

（2）鼠标选择板，点击鼠标左键即可完成受力钢筋的布置，如图7-66所示。

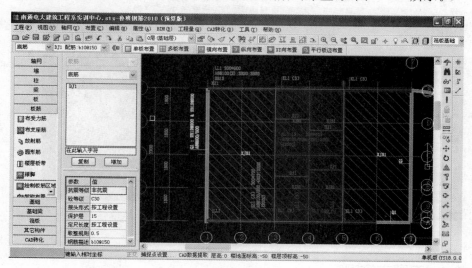

图 7-66

（3）布置受力钢筋的方向选择如图7-67，分别代表横向布置、纵向布置、平行板边布置。

图 7-67

（4）受力钢筋的多板布置。在布置受力钢筋时,按住键盘上的"Shift"键不放,鼠标移动到板上选择连续的板,如图 7 - 68 所示。

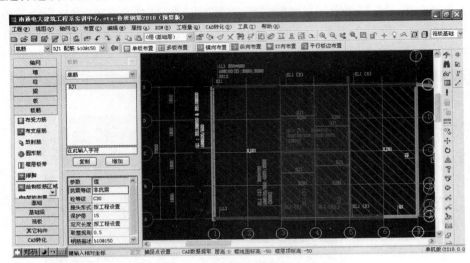

图 7 - 68

多板选择好以后,松开"Shift"键,点击被选择的板,即可完成在多板上的受力钢筋,如图 7 - 69 所示。

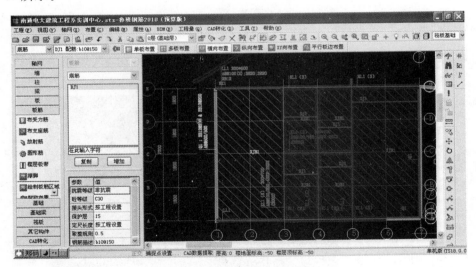

图 7 - 69

### 7.7.3 布置支座钢筋

（1）鼠标左键点击左侧构件布置栏中 布支座筋 ,光标变成"十"字形,如图 7 - 70 所示。

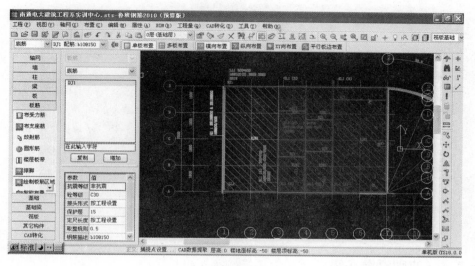

图 7-70

（2）鼠标左键选择布支座的起止点即可完成支座的布置，如图 7-71 所示。

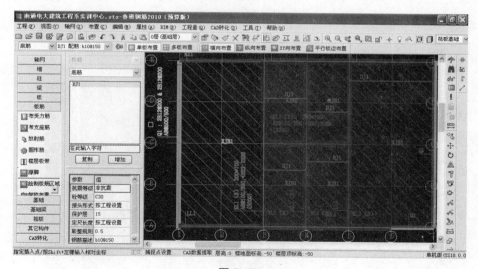

图 7-71

## 7.7.4 支座钢筋的尺寸标注

鼠标左键选择已经布置好的支座钢筋，然后点击数值，在弹出的数值修改图纸中输入实际尺寸即可，如图 7-72 所示。

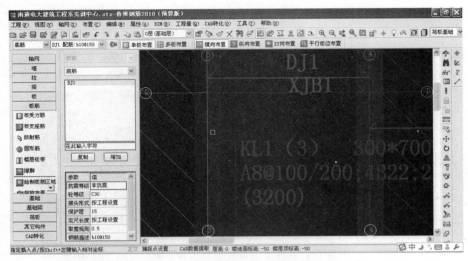

图 7－72

### 7.7.5　放射钢筋布置

鼠标左键点击左侧构件布置栏中 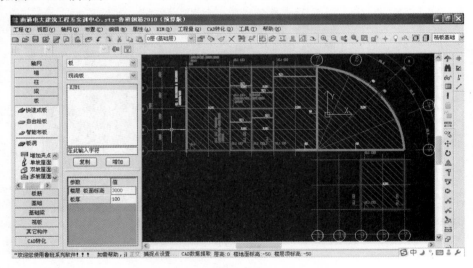 放射筋 ，然后鼠标点击弧形板即可完成放射钢筋的布置，如图 7－73 所示。

图 7－73

### 7.7.6　对板筋进行平法标注

方法基本同梁平法标注。

## 7.8 绘制基础构件

### 7.8.1 准备工作

查看结施－1、结施－2"基础平面图"、"集水井、承台节点详图",需要布置的构件有:独立基础、基础;梁、条形基础、筏板基础。

步骤:(1) 定义属性;(2) 布置构件。

### 7.8.2 独立基础

1) 定义属性

(1) 鼠标左键双击属性定义栏的构件弹出属性定义栏,对独立基础进行属性定义,图7-74基础的属性设置只存在于 0 层(基础层),其他楼层不存在基础的构件属性定义。

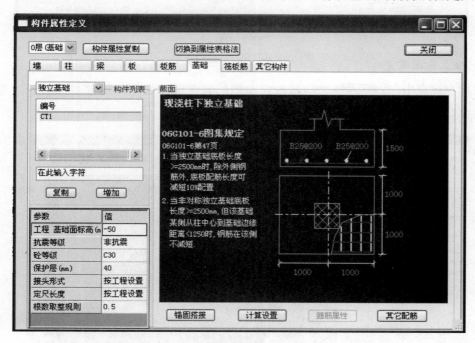

图 7-74

(2) 单击"钢筋图例对话框"除数字以外的任何区域,弹出"基础类型选择"框,选择相应的独立基础形状,如图 7-75 所示。

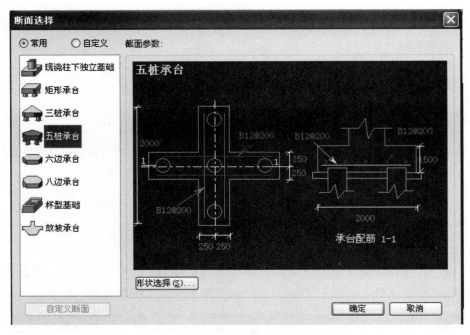

图 7 - 75

2）独立基础布置

鼠标左键点击 🏗️独立基础 →0，然后在左侧的属性定义栏中对构件名称选择。按照图纸，在轴网上点击"独立基础"，即可绘制好独立基础，如图 7 - 76 所示。

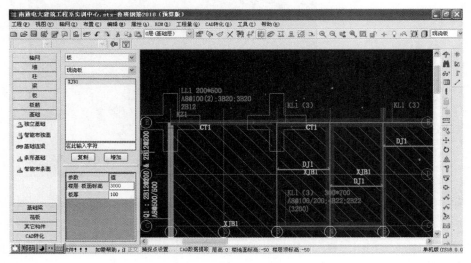

图 7 - 76

## 7.8.3 条形基础

1）定义属性

鼠标左键双击属性定义栏的构件弹出属性定义栏,对独立基础进行属性定义,如图

7-77 所示。

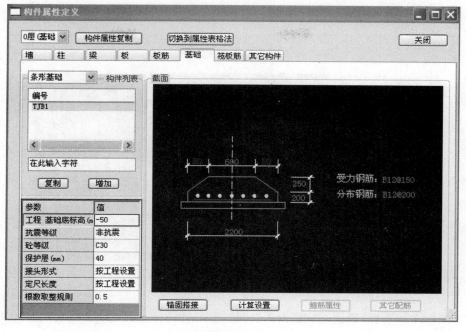

图 7-77

2）布置

鼠标左键点击左侧构件布置栏中的 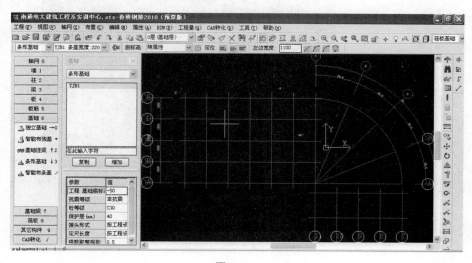 条形基础，然后在左侧的属性定义栏中对构件的类型和构件名称进行选择，如图 7-78 所示。

图 7-78

### 7.8.4 基础梁、筏板基础

基础梁、筏板基础的布置方式同框架梁和楼板。

（1）鼠标左键点击工具栏上的 ▣（对构件底标高自动调整），弹出"竖向构件底标高设置"对话框，如图 7－79 所示。

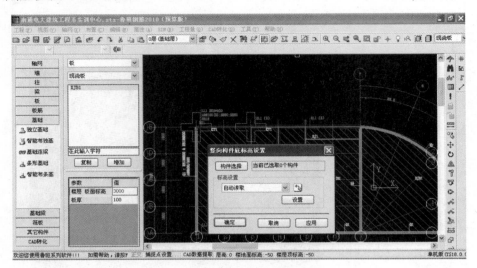

图 7－79

（2）鼠标左键选择"竖向底标高设置"对话框中的"构件选择"，光标变成"口"字形，然后左键选择要调整标高的构件，鼠标右击"确定"，如图 7－80 所示。

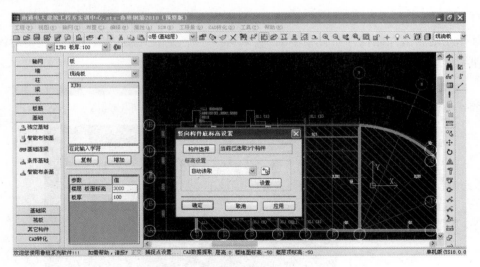

图 7－80

（3）点击图 7－80 中的"确定"完成构件的底标高调整。

## 7.9 计算钢筋工程量及查看报表

### 7.9.1 计算钢筋工程量

（1）鼠标左键选择"！"弹出"选择"对话框，如图 7-81 所示。

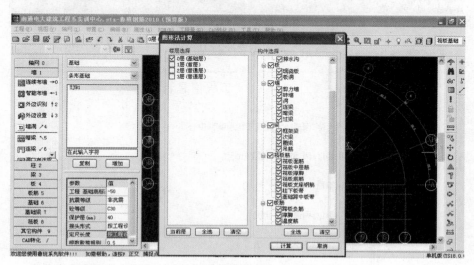

图 7-81

（2）左键点击"计算"，软件即可自动计算，计算完毕后给出提示，如图 7-82 所示 。

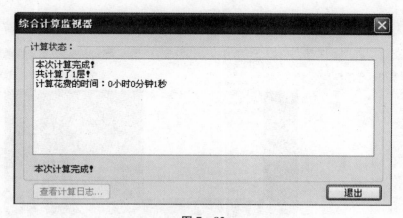

图 7-82

### 7.9.2 查看报表及钢筋节点报表

1）查看报表

（1）鼠标左键选择进入报表系统，弹出"进入报表确认"对话框，如图 7-83 所示。

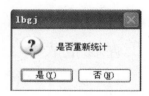

图 7-83

（2）点击"确定"即可查看报表，如图 7-84 所示。

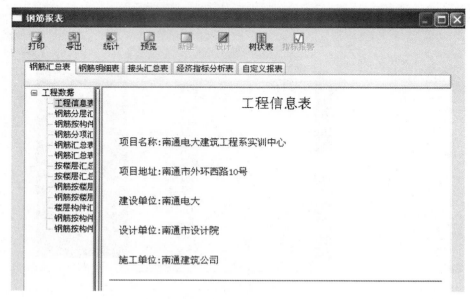

图 7-84

2）节点报表

在构件法截面选择菜单栏中的"工程量"菜单，在下拉菜单中选择"节点"，如图 7-85 所示。

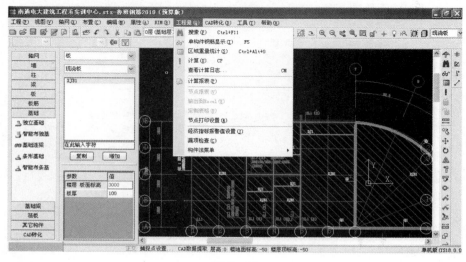

图 7-85

# 8 投标报价软件应用

如果说算量软件是计算工程量的利器,那么投标报价软件就是投标报价的法宝。如果要进行投标报价就必须配有专门的套价软件。目前投标报价软件很多,本书选取新智慧投标报价软件进行软件讲解。该软件采用直观的操作流程设计,工程量计算公式录入形式直观,与子目一起查看、修改等,并可直接打印出来,子目后可直接填写子目说明,定额套用,定额换算,调材料价差,修改子目和材料,非常方便,并且与长三角地区政府大多采用的智慧评标辅助系统实现了无缝连接,工程应用范围比较广泛。

## 8.1 智慧计价软件介绍

1)软件的内容

软件光盘一张、专业操作手册一本、一点智慧加密狗一个(选配)。

2)光盘的自动启动

将光盘插入计算机的光驱中(有字的一面朝上),光盘会自动启动,出现启动界面。用户可用鼠标左键点击(以下简称点击,若无特殊说明均为左键点击)"程序安装"便可执行新点2008清单江苏版的安装。

注:如果光盘插入计算机后不能出现上述画面,用户可打开光驱(选中光驱所在盘符,右键点击打开)。见图8-1。

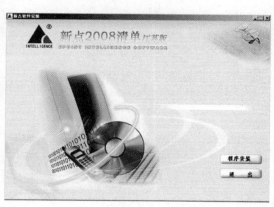

**图 8-1**

3)软件的安装

软件采用向导式安装界面,用户点击"下一步"进入用户协议的界面。

如用户在阅读许可协议后同意许可协议的内容,点击"下一步"。选择软件安装的路径后,点击"下一步"。安装路径默认为"C:\epoint\新点2008清单江苏",可以直接修改路径或点击"更改"来改变。确认安装的信息,如还需更改,点击"上一步",可回到前面的界面进行更改,如不需要更改,直接点击"下一步"进入开始安装界面,进度条会显示软件安装的完成情况。具体操作如图8-2~图8-4。

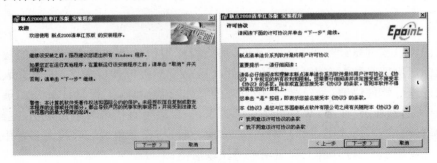

图 8-2

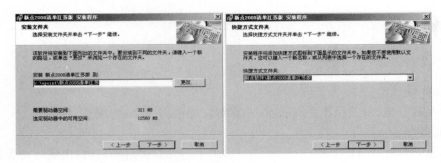

图 8-3

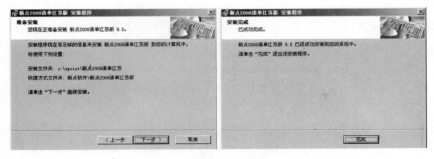

图 8-4

软件完成后进入完成界面,点击"确定"后,软件就安装完毕了。

4) 软件的卸载

(1) 双击桌面上"我的电脑"图标,打开后双击"控制面板";或者点击"开始"按钮,点击"设置",选择"控制面板"(XP系统直接点击"开始"按钮,选择"控制面板")。

(2) 在控制面板中双击"添加或删除程序",选择要卸载的软件,点击"更改/删除"按钮,就可以卸载软件了,如图8-5。

图 8-5

（3）确定是否要完全移除"智慧造价清单先锋－土建"及其所有组件吗？选择"是"。

（4）卸载程序会自动启动，开始卸载软件。卸载完成后点击"关闭"，软件就从您的计算机中卸载掉了（工程文件不会被卸载，如需卸载工程文件，请直接到安装目录里删除即可）。

# 8.2  智慧软件运行操作

## 1）运行软件

软件安装好以后，会在桌面上产生一个快捷图标"新点 2008 清单江苏版 V9.0"，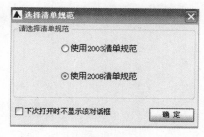直接双击这个图标，就可以进入软件，或者从 Windows 的"开始"→"所有程序"→"新点软件"下"新点 2008 清单江苏版 V9.0"启动程序，如图 8-6。

图 8-6

启动程序后会出现一个界面，提供选择"使用 2003 清单规范"、"使用 2008 清单规范"，用户根据需要进行选择，如图 8-7 所示。

图 8-7

2）工程造价操作流程

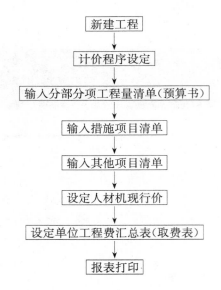

新建工程
↓
计价程序设定
↓
输入分部分项工程量清单（预算书）
↓
输入措施项目清单
↓
输入其他项目清单
↓
设定人材机现行价
↓
设定单位工程费汇总表（取费表）
↓
报表打印

3）软件主界面介绍

启动程序后会出现界面，用户根据需要进行选择"使用2008清单规范"，点击确定。

用户可以根据流程图提供的顺序进行工程的操作。菜单：通过下面相应的功能命令来完成操作。菜单由"工程"、"编制"、"报表"、"辅助"、"各专业操作"、"定额"、"显示"、"系统"、"帮助"、"退出"十部分组成，软件的所有功能都可以在这里完成。具体见图8-8、图8-9。

图 8-8

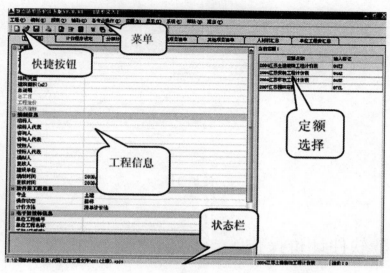

图 8-9

快捷按钮：菜单中比较常用的功能，可使用户操作更方便。

工程信息：创建工程时须填写工程相关信息，也可在此修改信息。

当前定额：选择工程需要使用的专业定额。

状态栏：显示当前工程的保存路径和名称以及所使用的定额。

4）打开工程

用户可通过"工程"菜单中的"打开工程"按钮打开工程，如图 8-10 所示。

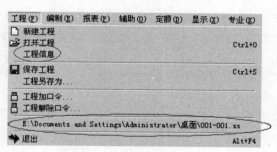

图 8-10

在"工程"菜单中会显示软件最近几次打开的工程，只需单击便可打开该工程。

用户可以直接双击工程文件 ，软件会自动直接打开该工程，如图 8-11 所示。

图 8 - 11

# 8.3 智慧软件计价操作

## 8.3.1 新建工程

新建工程：单击"工程"菜单下的"新建工程"，输入工程基本信息，选择好工程模板后确定，选择保存的路径和名称，点击保存（注：可以通过选择清单规范新建 2003 清单规范或者 2008 清单规范工程）。

确定：完成新建工程。

放弃：放弃新建工程。见图 8 - 12。

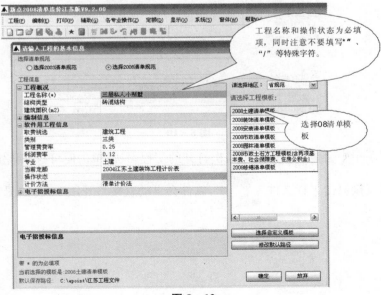

图 8 - 12

### 8.3.2　计价程序设定

新建工程以后，自动进入计价程序设定，设置工程中每条定额默认的费率。

注意计算程序中必须包含三项费用，费用名称分别为人工费、材料费、机械费，因为在显示人材机组成时，对应的人材机信息显示在此三项费用下面。

操作：点击"综合费用取定"进入操作界面，本界面共分四个模块（见图 8-13）：

左上：当前工程模式取费表、工程汇总表。

右上：被选取费表、取费费用变量表。

左下：左上对应专业的取费费率。

右下：一些操作按钮。

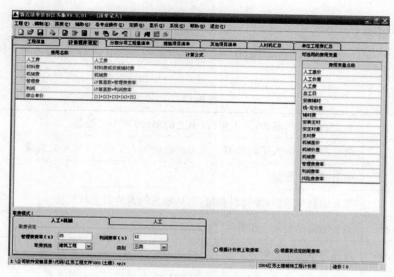

图 8-13

各取费模式设定表的操作介绍。

用户对取费表的操作都使用鼠标右键进行。

插入：在当前取费表中任插一行，以添加新的取费项目。操作时只需用鼠标左键选中要插入的位置，点右键再选择"插入"即可（或直接单击鼠标右键选择插入）。

删除：将当前取费的部分内容进行删除，具体操作方式见"插入"。

新增：点击"新增"，软件将会自动在当前取费表中添加一栏目供用户填写所需的费用。

查看工程主要变量值：可以查看工程主要的一些变量的费用数值，如人工费、清单计价等。

计价程序的每一行费用由费用名称、计算公式组成，其中费用名称是用来描述此费用的，计算公式是真正实际用来确定此费用的计算方法。计算公式等不允许修改。

费率由下方的取费模式设置，选择根据计价表上取费率则取专业默认费率，选择根据设定的取费率则可以编辑左侧费率。如以人工＋机械为取费基础，则点选"人工＋机械"；以人工为取费基础，则点选"人工"。

（1）综合费用名称和运算符及数字构成的表达式。

如:机械费*(−15％)。系统自动给出的汉字作为变量名称(例:机械费)不能修改。

(2)序号和运算符及数字构成的表达式。

如:[1]+[3]−[2]。表示序号为1的费用加上3的费用减去2的费用。

(3)汉字费用名和序号可混用。

如:定额基价−[2]。表示定额基价减去序号为2的费用。

(4)在填入公式时可填入汉字字符信息。

如:100 $m^2$*382.2元中的"$m^2$"和"元",这些汉字将不会影响结果。

(5)对于多个连续序号的费用累加可用缩写形式。

如:[1]+[2]+[3]+[4]可写成[1~4],代表四项费用之和。

(6)可自定义费用名称:直接在费用名称栏填写用户所需要的名称即可(详见自定义费用)。

**取费表变量含义**

以下变量只能在专业取费表中使用(对于一条子目来说,是所有的人工、材料、机械之和):

表 8-1

| | |
|---|---|
| 人工基价 | 书上的人工的基价:人工单价(书上的单价)×人工数量 |
| 人工价差 | 调过差以后的人工的价差:(人工现行价−人工单价)×人工数量 |
| 总工日 | 书上的人工数量 |
| 材料基价 | 书上的材料基价,各材料基价,包括输入的安装的主材价格 |
| 商品混凝土费 | 书上的商品混凝土价格 |
| 商品混凝土补差 | 商品混凝土的差价 |
| 甲供材料 | 甲供材料的价格,可以扣在单条子目中(包括甲供材料的差价) |
| 安装主材 | 安装输在预算书中的价格 |
| 调主材差 | 单独对主材调差后的价差 |
| 机械基价 | 书上的机械价格 |
| 机械价差 | 调过差以后机械的价差 |
| 机械材差 | 对机械的材差的差价 |
| 简单定额费 | 编制简单定额后的人工材料机械之和 |
| 清单基价 | 人工基价+辅材基价+商品混凝土基价+机械基价 |

注:"书"指由江苏省建设厅编制,知识产权出版社出版的各专业各工程量计价表,如《江苏省建筑与装饰工程计价表》。

以下变量只能在汇总表中使用(在专业取费表中变量都可以在汇总表中使用):

表 8-2

| 工程量清单计价 | 分部分项工程量清单的报价之和 |
|---|---|
| 措施项目计价 | 措施项目清单的报价之和 |
| 其他项目计价 | 其他项目清单的报价之和 |
| 人工费(分部分项) | 分部分项工程量清单的人工费之和(包括差价,下同) |
| 人工费(措施项目) | 措施项目清单的人工费之和 |
| 材料费(分部分项) | 分部分项工程量清单的材料费之和 |
| 材料费(措施项目) | 措施项目清单的材料费之和 |
| 机械费(分部分项) | 分部分项工程量清单的机械费之和 |
| 机械费(措施项目) | 措施项目清单的机械费之和 |
| 管理费(分部分项) | 分部分项工程量清单的管理费之和 |
| 管理费(措施项目) | 措施项目清单的管理费之和 |
| 利润(分部分项) | 分部分项工程量清单的利润之和 |
| 利润(措施项目) | 措施项目清单的利润之和 |
| 工程独立费 | 输在"辅助"→"独立费处理"中的费用之和 |
| 其中:独立费 | 预算书中的独立费之和 |
| 独立费 | 工程独立费和其中:独立费两项费用之和 |

注意:① "＊"不可以写成"×",所有的符号均应在英文状态下输入,否则会报错。

② 定义百分比的时候"％"一定要加,否则会相差 100 倍。

定义好后的脚手架费用就可以在以后输入措施项目清单的时候调出使用。

替换:替换指用当前变量替换工程对应条目的公式。

叠加:将当前取费变量加到工程对应的条目的公式中(软件会自动把增加的变量添加到已有变量的后面,代表几个变量相加的意思)。

设置好的单价计算程序可以通过选择"保存计价程序"按钮来保存,以方便以后直接提取;也可以通过选择"提取计价程序"按钮来提取保存好的计价程序。

选择工程类型和类别后,管理费和利润费率会自动变化,用户也可以自己直接在方框中修改费率。

### 8.3.3 清单录入

方法一:直接在预算书录入界面的"定额编号"中输入清单的 9 位国家清单编码软件会自动加入 3 位顺序码,例如输入"010101001",软件自动扩充成"010101001001"12 位清单编号,项目名称自动填入"平整场地",单位自动填入"m²",如图 8-14 所示。

图 8-14

方法二：预算书录入界面中，在屏幕的左下方有清单定额选择。双击清单中"平整场地"，弹出工程量窗口，输入清单工程量，如图8-15所示。

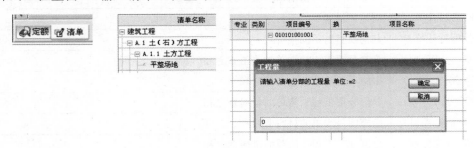

图8-15

### 8.3.4 清单特征

清单特征在清单特征中完成，可在已有的项目特征对应的特征描述中输入特征描述，如需要新增项目特征，可以点击右键增加，同样也可以点击右键删除项目特征和特征描述。特征描述可以在下拉菜单中挑选，或者自己录入。录入后会自动记忆，用户下次输同一个清单时，在下拉菜单中可以挑选。"显示"可以将项目特征显示在特征中，"换行"可以将多行的项目特征分行显示。

清单内容和清单特征的处理方法基本一致，可参考特征的输入。

清单特征和内容还可以在预算书录入主界面中的特征卡片，调整清单的项目特征或工作内容。如图8-16。

图8-16

### 8.3.5 措施项目录入

措施项目清单输入，只要点击"措施项目清单"卡片。

措施项目分为措施项目一和措施项目二，在界面中分别以粉色与绿色区别。如图8-17所示。

图 8-17

措施项目一是以"费率"为计价的措施项目;措施项目二是以"项"为计价的措施项目。在界面中可以看到,软件还将通用措施项目与专业工程措施项目区分开来,如图 8-18 所示。

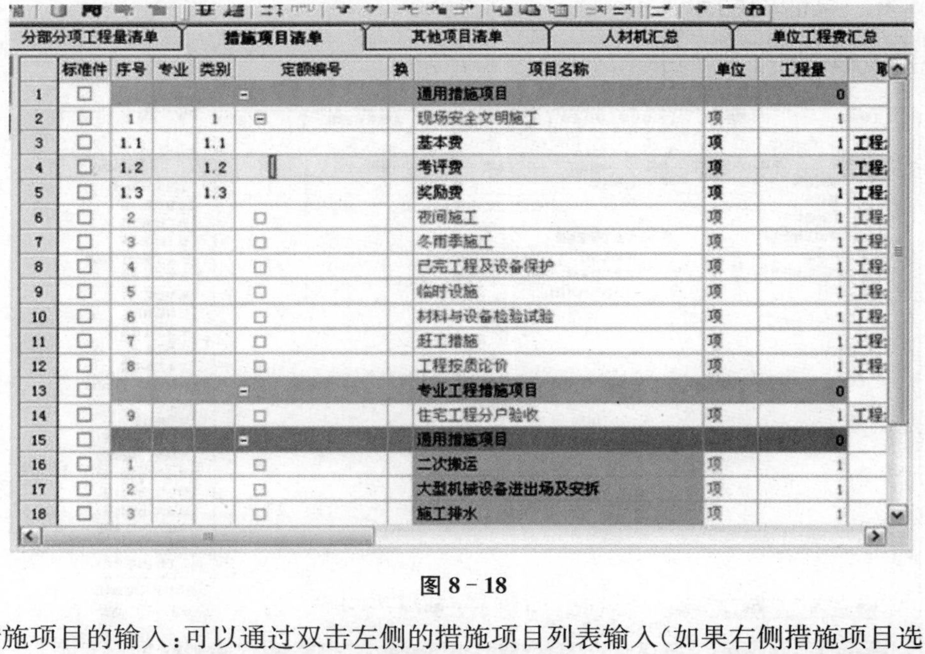

图 8-18

措施项目的输入:可以通过双击左侧的措施项目列表输入(如果右侧措施项目选中行在措施一中,则双击左侧措施项目列表,只能把属于措施一的项目清单输入到右侧的措施项目中)。

（1）输入措施项目一

这种措施项目清单的录入通过右键菜单中的"设为分部"→"组织措施"功能来设定,如

图 8-19 所示。

**图 8-19**

（2）输入措施项目二

这种措施项目的输入与分部分项工程量清单的输入方法相同。如脚手架费、大型机械进退场费等。还可以通过右键菜单中的"设为分部"→"技术措施"来设定。如图 8-19 所示。

### 8.3.6 其他项目录入

点击"其他项目清单"的卡片，如图 8-20 所示。

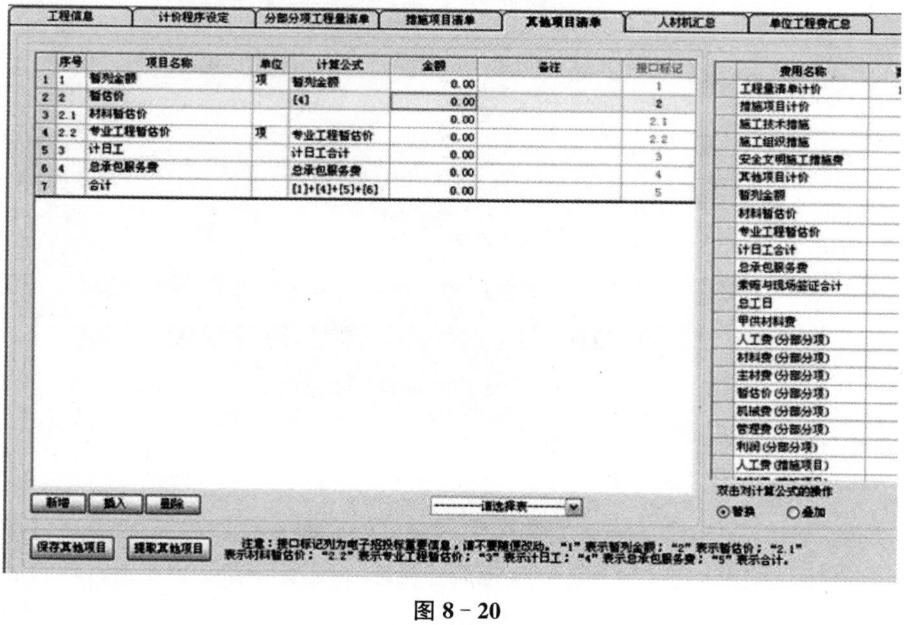

**图 8-20**

注意：接口标记列为电子招投标重要信息，请不要随便改动。

"1"表示暂列金额；

"2"表示暂估价；

"2.1"表示材料暂估价；

"2.2"表示专业工程暂估价；

"3"表示计日工；

"4"表示总承包服务费；

"5"表示合计；

"0"表示其他。

其他项目包含暂列金额、暂估价、计日工、总承包服务费、索赔与现场签证等费用。暂估价包括材料暂估价和专业工程暂估价。索赔与现场签证通过右键菜单中的"插入索赔与现场签证项目"输入。

如果用户增加了其他项目，则注意修改合计行的计算公式，把新增加的其他项目包含进去。

1）暂列金额

该暂列金额明细表在招标状态下可以进行新增、插入等操作，其他状态则不允许。当前操作状态可以通过工程信息中的操作状态修改，如图 8-21 所示。

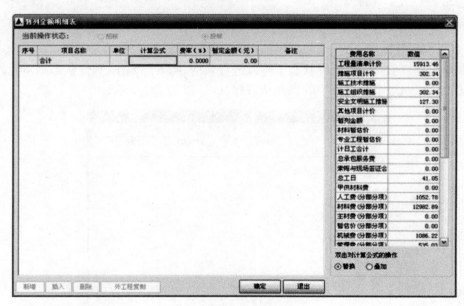

**图 8-21**

2）材料暂估价

招标状态下暂估材料可以通过右键新增或者从右边当前工程中材料选取，投标状态下可以设置暂估材料和当前工程材料强制对应，对应后把对应的工程材料替换成暂估价材料。如图 8-22 所示。

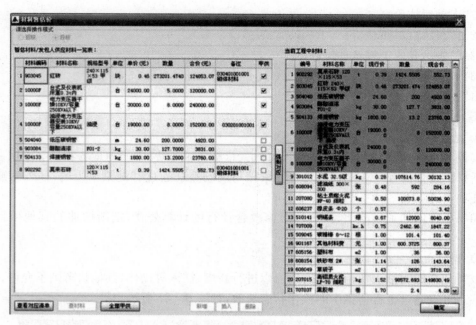

图 8 - 22

3）专业工程暂估价

该专业工程暂估价表在招标状态下可以进行新增、插入等操作，其他状态则不允许。当前操作状态可以通过工程信息中的操作状态修改，如图 8 - 23 所示。

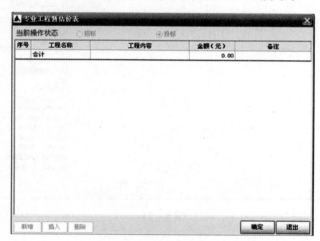

图 8 - 23

4）计日工

计日工由招标人确定名称、数量，由投标人确定综合单价。

在招标状态下可以进行新增、插入，输入数量，其他状态不允许。其他状态可以输入综合单价，如图 8 - 24 所示。

图 8-24

5）总承包服务费

总承包服务费包含发包人供应材料和发包人发包专业工程，计算公式可以通过双击右侧的费用列表增加。由招标人确定项目价值、服务内容等，由投标人确定费率。需要选择操作状态。如图 8-25 所示。

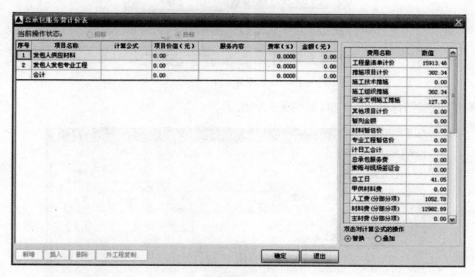

图 8-25

6）索赔与现场签证

索赔与现场签证在竣工结算时填写，可以在软件中进行输入，如图 8-26 所示。

图 8 – 26

### 8.3.7 生成招标文件

点击"编制"菜单中的"生成招标文件",在"江苏省格式"与"南京格式"中选择一个,如图 8 – 27所示。

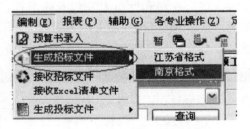

图 8 – 27

弹出"生成招标文件"界面,如图 8 – 28 所示。

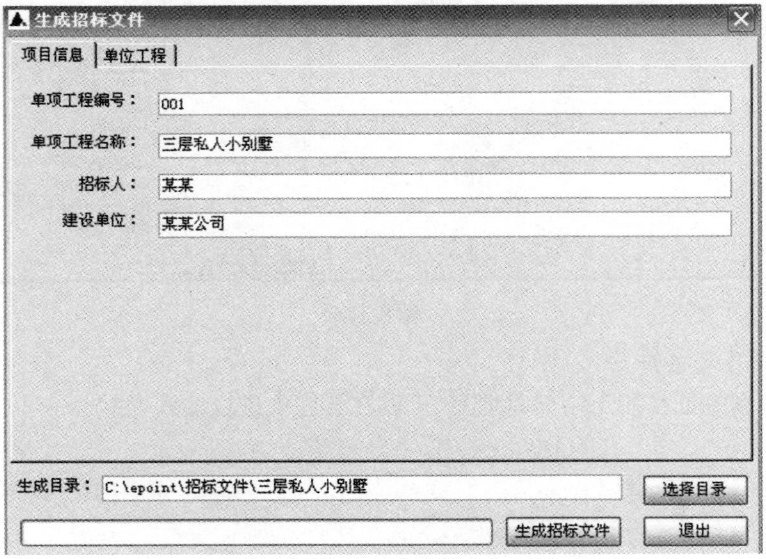

图 8 – 28

在项目信息中填上信息，选择好工程量保留小数点的位数，选择生成招标文件的存放目录。

切换到单位工程界面，如图 8-29 所示。

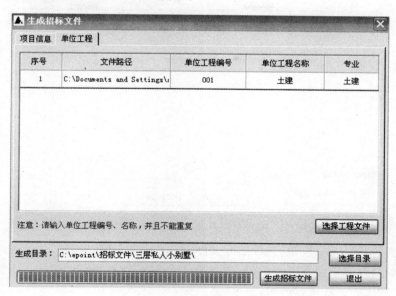

图 8-29

在这里可以选择组成招标文件的一个或多个单位工程，输入单位工程编号与单位工程名称。如果是以项目为操作对象的，软件会将当前单项工程中的所有单位工程自动挑选进来。

点击"生成招标文件"，提示招标文件完成，如图 8-30 所示。

图 8-30

图 8-31

### 8.3.8　接收招标文件

点击"编制"菜单中的"接收招标文件"，在这里接收标准格式的招标文件（后缀名为 jszb），如图 8-31 所示。

弹出"接收招标文件"界面，如图 8-32。

图 8 - 32

点击"选择招标文件"按钮,选择招标文件;点击"创建/接收"按钮,创建新工程并接收该招标文件。如果列表中存在多个招标文件,则可以选中某一个招标文件,点击"接收选中行"按钮,将选中的招标文件接收进来。

接收成功后自动创建项目到新工程路径。

### 8.3.9 定额录入

方法一:通过定额指引录入子目。

清单的综合单价是由该清单包含的所有子目的实际报价的合计除以清单的工程量而得来的。

软件也提供了多种子目输入的方法,最常用的是"清单指引",就是根据《工程量清单计价项目指引》中清单和子目的对应关系来输入。用户可以在"清单指引"卡片中看到显示的与当前分部分项清单相关的一系列定额。如图 8 - 33。

| | 编号 | 名称 | 单位 | 工作内容 |
|---|---|---|---|---|
| 1 | 1-98 | 平整场地 | 10m2 | 土方挖填 |
| 2 | 1-259 | 推土机75kw内平整场地厚300mm内 | 1000m2 | 场地找平 |
| 3 | 1-260 | 推土机105kw内平整场地厚300mm内 | 1000m2 | 场地找平 |
| 4 | 1-261 | 推土机180kw内平整场地厚300mm内 | 1000m2 | 场地找平 |
| 5 | 1-262 | 拖式铲运机斗容6~8m3平整场地厚300mm内 | 1000m2 | 场地找平 |
| 6 | 1-263 | 拖式铲运机斗容8~10m3平整场地厚300mm内 | 1000m2 | 场地找平 |
| 7 | 1-264 | 拖式铲运机斗容10~12m3平整场地厚300mm内 | 1000m2 | 场地找平 |
| 8 | 1-265 | 自动平地机75kw内平整场地厚300mm内 | 1000m2 | 场地找平 |
| 9 | 1-266 | 自动平地机90kw内平整场地厚300mm内 | 1000m2 | 场地找平 |
| 10 | 1-267 | 自动平地机120kw内平整场地厚300mm内 | 1000m2 | 场地找平 |

图 8 - 33

软件中,既可以使用"工程内容"中的内容进行定额过滤,也可以使用右半部分的清单特征来查找定额。

用户在找到自己所需要录入的子目后,双击该条指引,该条指引会自动套用到清单中,并在清单、子目录入区显示出来。

方法二：通过预算书左边的定额栏输入，如图8-34。

点开定额书章节分部，显示下一级分部，在右半部分会显示选中分部中的定额。鼠标双击某定额，软件会自动将该定额插入预算书中。

方法三：直接输入定额编号，如"3-1"等。如果需要输入当前定额书以外的其他专业的定额，如当前选择的定额是"2004江苏土建装饰工程计价表"，而需要输入"2004江苏安装工程计价表"专业的定额"2-1"，则可以输入"2004江苏安装工程计价表"的专业标记"04AZ"加上定额编号"2-1"，即输入"04AZ2-1"即可。至于其他定额书的专业标记请在工程信息卡片的当前定额列表中查看。如图8-35。

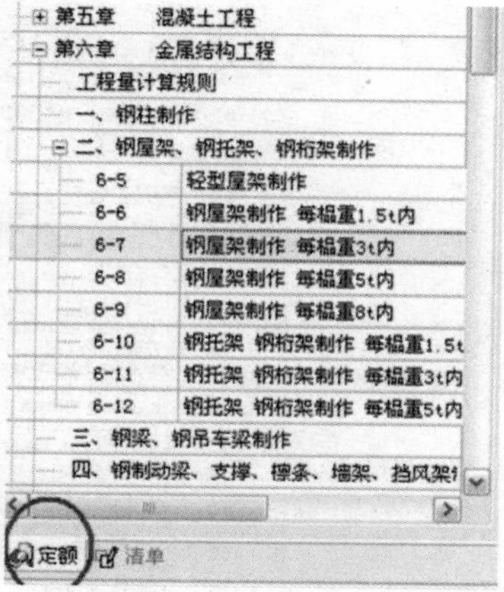

图 8-34

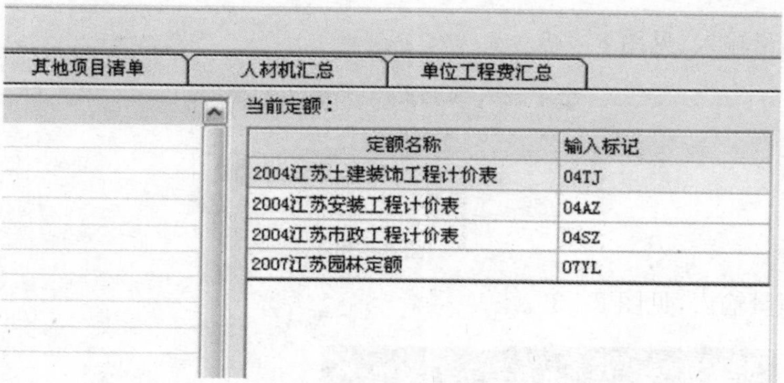

图 8-35

如果需要输入叠加子目，则可以直接输入多个子目编号的组合。如土建7-41子目Ⅲ类金属构件运输20 km内和土建7-42子目Ⅲ类金属构件运输超过20 km每增1 km进行叠加，可以输入"7-41+[7-42]*4"，输入后软件会自动把定额名称改为"Ⅲ类金属构件运输24km内"。有此种关系的定额，也可以直接输入"7-41"，软件会自动弹出子目关联界面供用户选择叠加，如图8-36。

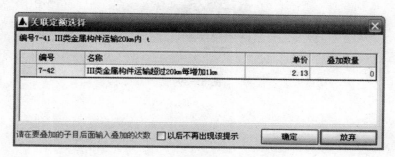

图 8-36

如010101002002挖基坑，见图8-37。

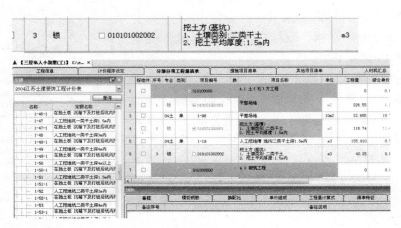

图 8-37

清单工程量输入,见图 8-38。

图 8-38

计价工程量输入,见图 8-39。

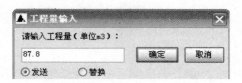

图 8-39

# 8.4　录入界面常用辅助功能介绍

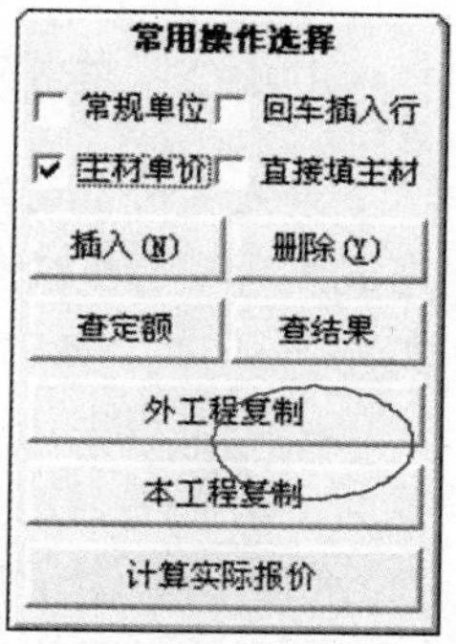

**图 8-40**

## 8.4.1　常用操作功能 （如图 8-40）

插入功能:在预算书中光标所在位置前插入一行记录。

删除功能:在预算书中删除光标所在位置的记录。

查结果:这是为了让用户能立刻看到已换算子目的实际总造价以

及该子目的人工、材料、机械和机械燃料组成。其操作只需用户直接点击按钮即可看结果,
如图 8-41。

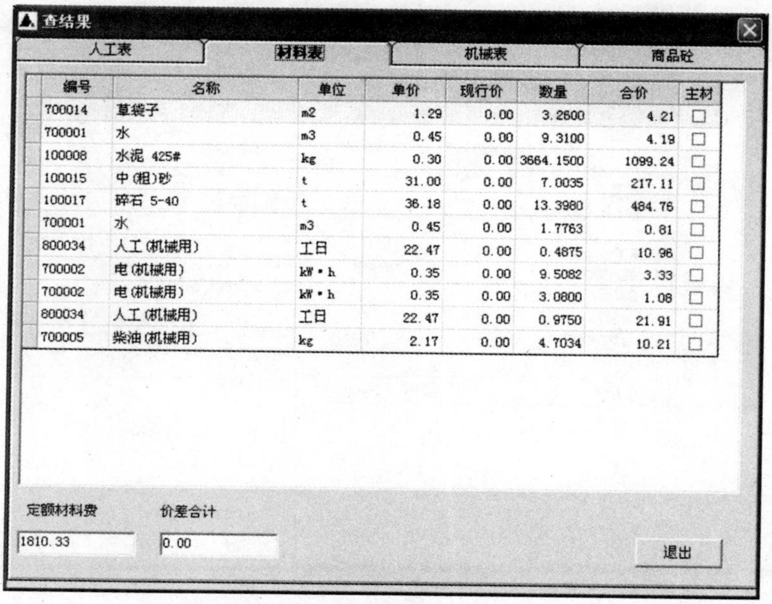

| 编号 | 名称 | 单位 | 单价 | 现行价 | 数量 | 合价 | 主材 |
|---|---|---|---|---|---|---|---|
| 700014 | 草袋子 | m2 | 1.29 | 0.00 | 3.2600 | 4.21 | □ |
| 700001 | 水 | m3 | 0.45 | 0.00 | 9.3100 | 4.19 | □ |
| 100008 | 水泥 425# | kg | 0.30 | 0.00 | 3664.1500 | 1099.24 | □ |
| 100015 | 中(粗)砂 | t | 31.00 | 0.00 | 7.0035 | 217.11 | □ |
| 100017 | 碎石 5-40 | t | 36.18 | 0.00 | 13.3980 | 484.76 | □ |
| 700001 | 水 | m3 | 0.45 | 0.00 | 1.7763 | 0.81 | □ |
| 800034 | 人工(机械用) | 工日 | 22.47 | 0.00 | 0.4875 | 10.96 | □ |
| 700002 | 电(机械用) | kW·h | 0.35 | 0.00 | 9.5082 | 3.33 | □ |
| 700002 | 电(机械用) | kW·h | 0.35 | 0.00 | 3.0800 | 1.08 | □ |
| 800034 | 人工(机械用) | 工日 | 22.47 | 0.00 | 0.9750 | 21.91 | □ |
| 700005 | 柴油(机械用) | kg | 2.17 | 0.00 | 4.7034 | 10.21 | □ |

人工表　　材料表　　机械表　　商品砼

定额材料费 1810.33　　价差合计 0.00　　退出

**图 8-41**

查定额:具体请参见 8.3.9 通过定额指引录入子目。

设状态按钮简介:

常规单位:若用户在"按常规单位"前打"√",则用户所录入
的工程量均按"基本单位"输入,而非"定额单位",此功能将解决
用户对小数点移位的烦恼。

直接填主材:用于安装、市政专业,具体说明操作参见
8.5.1 安装主材的处理。

主材单价:具体说明操作参见 8.5.1 安装主材的处理。

回车插入行:输入一条子目的工程量后回车就会插入一行
空记录。

**图 8-42**

### 8.4.2　措施项目清单的录入

录入完分部分项工程量清单后,就要录入措施项目清单了。措施项目清单的定义是为完成工程项目的施工,发生于该工程施工前和施工过程中技术、生活、安全等方面的非工程实体项目。

用户可以在清单录入的主界面中点击措施项目卡片,就可以进入措施项目清单的录入界面。措施项目清单的组价共有两种:

(1) 清单套子目形式

这种形式和分部分项清单的计价方式相同。清单下面套子目,由子目的实际合价反除清单的工程量得到清单的综合单价,如图 8-43。

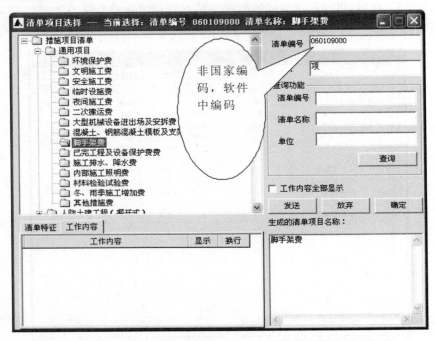

**图 8-43**

注意:措施项目清单中的清单编号非国家编码(国家编码无),是软件中的编码。

(2) 自定义措施项目

假设此时用户已经定义好了需要的自定义措施项目。可以点击鼠标右键,在弹出的右键菜单中选择"自定义措施项目",在弹出的界面中用户可直接挑选,点击"确定"就把所挑选的措施项目录入到措施项目中了,如图 8-44。

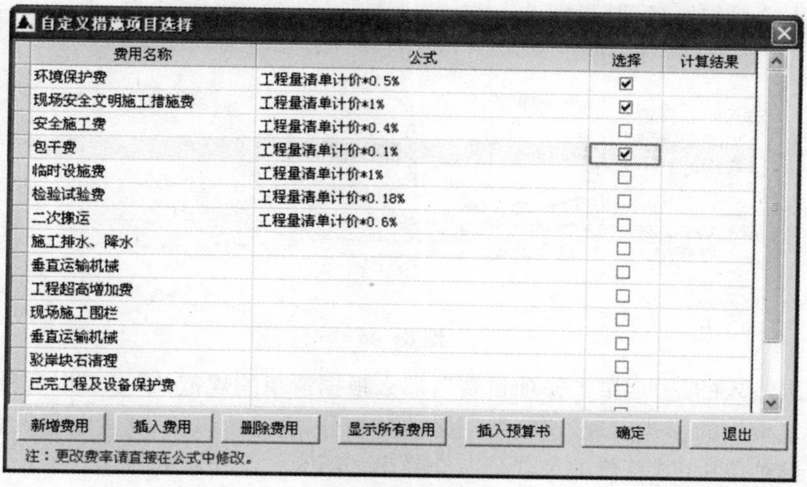

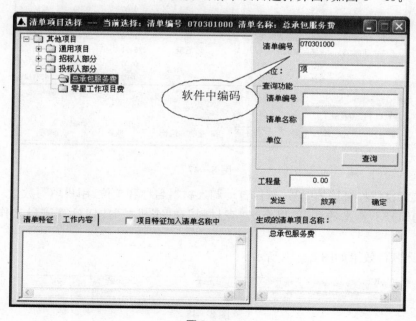

图 8-44

注:如需要更改费率直接修改费率。

### 8.4.3 其他项目清单的录入

其他项目清单分招标人部分和投标人部分,一般预留金、材料购置费、总承包服务费、零星工作项目费都录入到其他项目清单中。

同样,此处的清单编号非国家编码(国家编码无),是软件中的编码。

在"定额编号"一栏中输入回车,就会弹出清单项目选择界面,如图 8-45。

图 8-45

例如输入总承包服务费(见图8-46)。

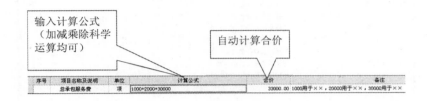

图 8 - 46

用户如果输入的是"零星工作项目费",那么根据清单的规范,零星工作项目费的单价不能直接以一笔费用的形式出现,这笔费用必须要细分,也是由人工、材料、机械组成的。用户可以点击右键菜单中的"总价项目细分",会弹出如图8-47所示的界面。

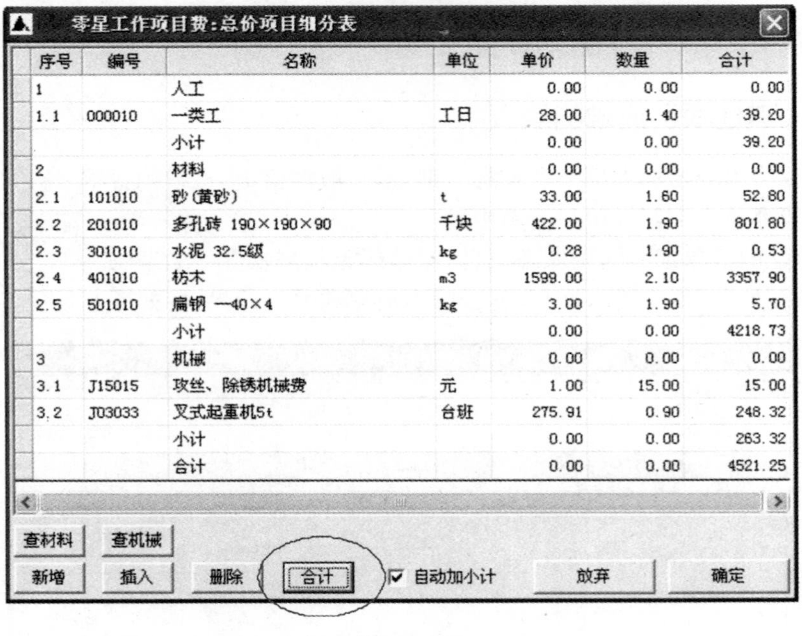

| 序号 | 编号 | 名称 | 单位 | 单价 | 数量 | 合计 |
|---|---|---|---|---|---|---|
| 1 | | 人工 | | 0.00 | 0.00 | 0.00 |
| 1.1 | 000010 | 一类工 | 工日 | 28.00 | 1.40 | 39.20 |
| | | 小计 | | 0.00 | 0.00 | 39.20 |
| 2 | | 材料 | | 0.00 | 0.00 | 0.00 |
| 2.1 | 101010 | 砂(黄砂) | t | 33.00 | 1.60 | 52.80 |
| 2.2 | 201010 | 多孔砖 190×190×90 | 千块 | 422.00 | 1.90 | 801.80 |
| 2.3 | 301010 | 水泥 32.5级 | kg | 0.28 | 1.90 | 0.53 |
| 2.4 | 401010 | 枋木 | m3 | 1599.00 | 2.10 | 3357.90 |
| 2.5 | 501010 | 扁钢 一40×4 | kg | 3.00 | 1.90 | 5.70 |
| | | 小计 | | 0.00 | 0.00 | 4218.73 |
| 3 | | 机械 | | 0.00 | 0.00 | 0.00 |
| 3.1 | J15015 | 攻丝、除锈机械费 | 元 | 1.00 | 15.00 | 15.00 |
| 3.2 | J03033 | 叉式起重机5t | 台班 | 275.91 | 0.90 | 248.32 |
| | | 小计 | | | | 263.32 |
| | | 合计 | | 0.00 | 0.00 | 4521.25 |

查材料　查机械

新增　插入　删除　合计　☑自动加小计　放弃　确定

图 8 - 47

输入人工、材料、机械的编号,软件自动调入材料名称和单位,用户填写数量。如果对材料和机械的编号不熟悉的话,可以点击"查材料"和"查机械"按钮计算零星工作项目费的合计。

点"合计"后,效果如图8-48所示。

| 序号 | 项目名称及说明 | 单位 | 计算公式 | 合价 | 备注 |
|---|---|---|---|---|---|
| | 零星工作项目费 | 项 | 4521.25 | 4521.25 | |

图 8 - 48

## 8.5 人工、材料、机械、商品混凝土现行价设定

### 8.5.1 人材机价差设定

点击软件"编制"菜单"人材机差价设定",弹出材料、机械现行价设定窗口,用户将可根据实际情况选择材料、机械、人工现行价设定。如图 8－49 所示。

图 8－49

（1）手工调整：这是本软件默认的材料、机械现行价设定方式,操作时只需用户对应材料的名称和规格在"现行价"或"成本价"栏内输入价格即可。如果现行价格大于材料价格（计价表 2003 南京市价格）,单位差价就会以浅绿色表示;若低于材料价格,单位差价就会以红色表示,主材（计价表上单价为零的材料）会以浅蓝色表示。

（2）材料、机械现行价自动设定：点击"取价格信息文件"按钮,用户可根据需要选择需要的价格文件进行调整（具体见取价格信息文件）。

注：特殊按钮介绍：

清信息价：清除当前所有材料的信息价。

其他工程：获取其他工程中信息价。

材料分布：查看当前材料在哪些定额中被使用（如图 8－50 所示）。

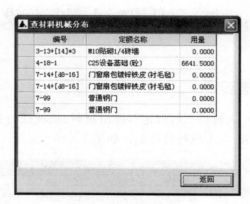

图 8－50

取 2005 台班价格：获取 2005 机械台班价格。如图 8－51。

取 2005 人工价格：获取 2005 人工价格。

图 8－51

取价格信息文件：可以提取网上下载的或自己设置的材料价格文件直接进行调差（关于如何自己设置材料价格文件请参见材料信息管理），用户挑选一个材料信息文件，就会自动将市场价录入，如图 8－52。

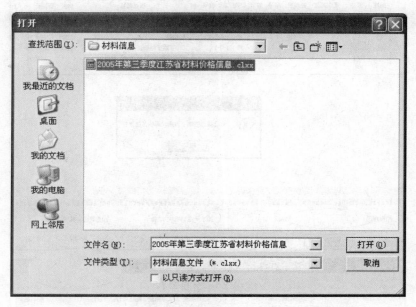

图 8－52

### 8.5.2 商品混凝土现行价设定

土建专业定额已经对混凝土各情况做了详细细分,如 5－1 是自拌的,5－170 是商品混凝土并泵送,5－284 则为非泵送商品混凝土,用户只需根据需要输入对应的定额,软件会将商品混凝土显示在"人材机价差设定"中的"材料"表,用户可直接在其中设定价差。

市政专业定额没有对混凝土各种情况进行细分,所有混凝土子目都是自拌的,因此用户使用商品混凝土必须要做商品混凝土处理的特殊处理。

商品混凝土处理:选择辅助菜单中的商品混凝土处理,弹出商品混凝土处理窗口,进行商品混凝土处理及人工、材料、机械、运输的相关操作。软件可自动挑选混凝土子目。

扣除后的人工费、机械费、材料费在主目录下的人工、机械、材料卡片中用红色字体显示。点击"恢复已处理的子目"按钮,撤销对商品混凝土处理的操作。

此过程处理完成后,选择编辑菜单的商品混凝土现行价设定,进行价格调整,如图 8－53。

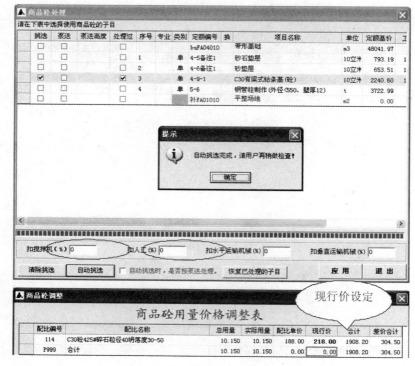

**图 8 - 53**

注：在土建专业中也能同市政中一样做商品混凝土处理。

# 8.6 报表打印

## 8.6.1 界面简介

打印是软件对数据处理的一个总结，也就是说用户在处理完工程数据、计算完实际报价后的汇总，由此我们可看到精美的报表。

任意点击左边报表的名称后会刷新出现相应的报表，具体说明如图 8 - 54 所示。

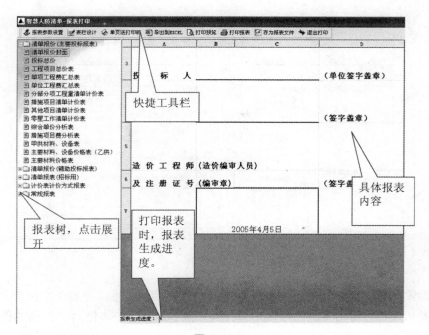

图 8－54

## 8.6.2 快捷工具条介绍

报表参数设置：设置该报表的页面设置、字体设置、页边距设置等参数，如图 8－55、图 8－56 所示。

图 8－55

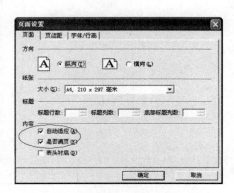

图 8－56

"是否满页"和"自适应"前面的"√"默认是打上的，这是软件报表的一个很大的特点：自适应报表的大小，自动折行，内容自动撑满一页。如图 8－57 所示。

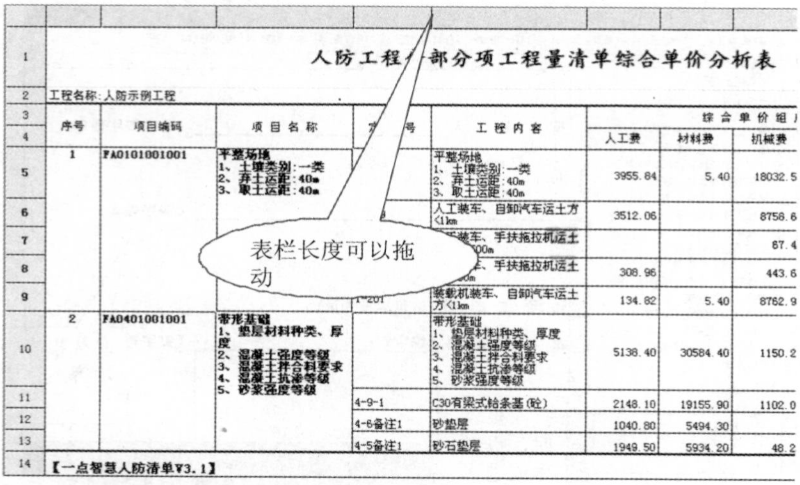

图 8-57

表栏设置:用来设置报表的标题、显示的名称、表栏细则(可以将表头多栏合并或拆分)、显示的宽度和是否打印出来。还可以选择打印多少位小数(0~4 位),字符型的值还可以挑选是左对齐、居中或者右对齐。

单页送打印机:如果某些打印机在打印报表时第二页出现问题,可以采用此设置。如图 8-58。

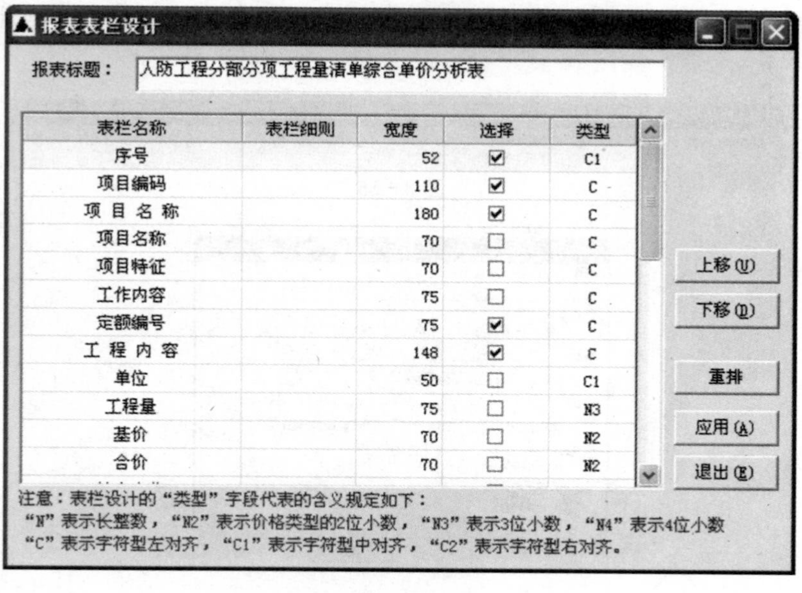

图 8-58

开始打印:将依次输出用户选择的多种报表。

导出到 EXCEL:将报表的内容输出到 Office 中的 Excel 里,用户可自己进行修改、排版和设计。

打印预览:可以看到报表打印出来的效果。此处的打印预览,原则上是所见即所得,打印预览中看到什么就会打印出来什么,如图 8-59。

打印报表:直接将预览的效果输出到打印机,如图 8-60。

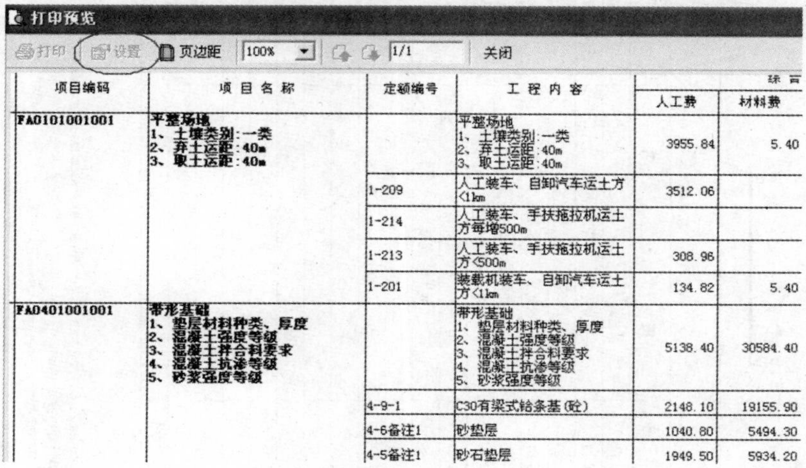

| 项目编码 | 项目名称 | 定额编号 | 工程内容 | 人工费 | 材料费 |
|---|---|---|---|---|---|
| FA0101001001 | 平整场地<br>1、土壤类别:一类<br>2、弃土运距:40m<br>3、取土运距:40m | | 平整场地<br>1、土壤类别:一类<br>2、弃土运距:40m<br>3、取土运距:40m | 3955.84 | 5.40 |
| | | 1-209 | 人工装车、自卸汽车运土方<1km | 3512.06 | |
| | | 1-214 | 人工装车、手扶拖拉机运土方每增500m | | |
| | | 1-213 | 人工装车、手扶拖拉机运土方<500m | 308.96 | |
| | | 1-201 | 装载机装车、自卸汽车运土方<1km | 134.82 | 5.40 |
| FA0401001001 | 带形基础<br>1、垫层材料种类、厚度<br>2、混凝土强度等级<br>3、混凝土拌合料要求<br>4、混凝土抗渗等级<br>5、砂浆强度等级 | | 带形基础<br>1、垫层材料种类、厚度<br>2、混凝土强度等级<br>3、混凝土拌合料要求<br>4、混凝土抗渗等级<br>5、砂浆强度等级 | 5138.40 | 30584.40 |
| | | 4-9-1 | C30有梁式砼条基(砼) | 2148.10 | 19155.90 |
| | | 4-6备注1 | 砂垫层 | 1040.80 | 5494.30 |
| | | 4-5备注1 | 砂石垫层 | 1949.50 | 5934.20 |

图 8-59

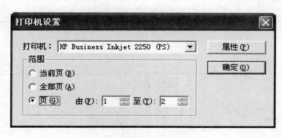

图 8-60

如果清单报表多于 1 页,则可进行打印页数设置,在预览页面中点击"设置"可进行调整。

# 附录　私人别墅案例施工图

## 私人别墅

### 图 纸 目 录

工程名称 _____

第 1 页 共 1 页

| 顺序号 | 图　号 | 图　名 | 张数 | 备注 |
|---|---|---|---|---|
| 01 | 建施-01 | 建筑设计总说明 | 1 | A2 |
| 02 | 建施-02 | 车库层平面 一层平面 | 1 | A2 |
| 03 | 建施-03 | 二层平面 阁楼层平面 | 1 | A2 |
| 04 | 建施-04 | 屋顶平面 甲-甲剖面 | 1 | A2 |
| 05 | 建施-05 | 南立面 北立面 东立面 西立面 甲 1#楼梯详图 | 1 | A2 |
| 06 | 建施-06 | 2#楼梯建筑详图 | 1 | A2 |
| 07 | 建施-07 | 节点详图 | 1 | A2 |

说明：
1. 本目录（大工程）由各工种或（小工程）以单位工程在设计结束时填写，以图号为次序，每格填一张。
2. 如利用标准图可在备注栏内注明。
3. 未编之"工种负责人"署名各不必本人签字，可由填写目录者填写。

总负责人　　　　　　工种负责人　　　　　　发放日期　　　年　月　日

## 私人别墅

### 图 纸 目 录

工程名称 _____

第 1 页 共 1 页

| 顺序号 | 图　号 | 图　名 | 张数 | 备注 |
|---|---|---|---|---|
| 01 | 结施-01 | 结构设计总说明 | 1 | A2 |
| 02 | 结施-02 | 一层梁配筋 二层梁配筋 | 1 | A2 |
| 03 | 结施-03 | 阁楼层梁配筋 屋面梁配筋 | 1 | A2 |
| 04 | 结施-04 | 一层板配筋 二层板配筋 节点配筋 | 1 | A2 |
| 05 | 结施-05 | 阁楼层板配筋 屋面板配筋 | 1 | A2 |
| 06 | 结施-06 | 节点配筋 1#楼梯配筋 | 1 | A2 |
| 07 | 结施-07 | 2#楼梯结构详图 | 1 | A2 |
| 08 | 结施-08 | 柱平面布置图 基础平面布置图 | 1 | A2 |

说明：
1. 本目录（大工程）由各工种或（小工程）以单位工程在设计结束时填写，以图号为次序，每格填一张。
2. 如利用标准图可在备注栏内注明。
3. 未编之"工种负责人"署名各不必本人签字，可由填写目录者填写。

总负责人　　　　　　工种负责人　　　　　　发放日期　　　年　月　日

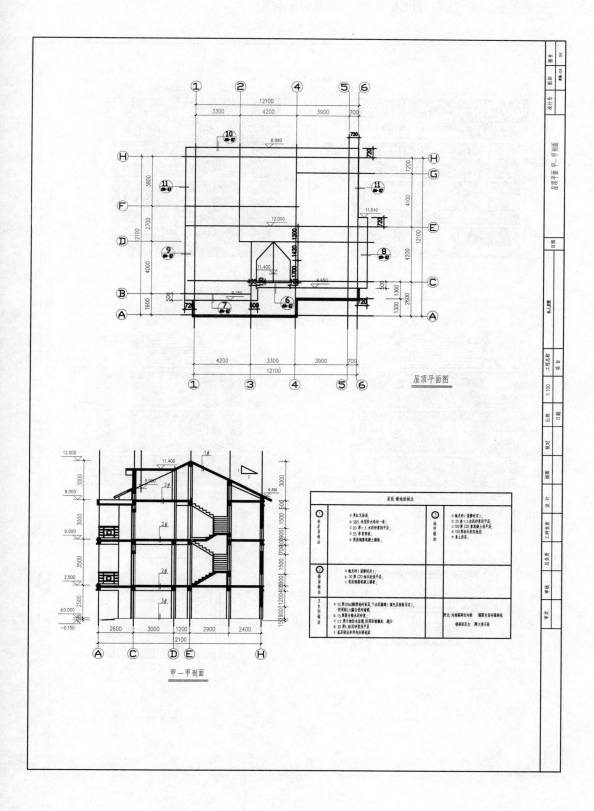

屋顶平面图

甲—甲剖面

南立面

北立面

东立面

西立面

1#楼梯平面

A—A楼梯剖面

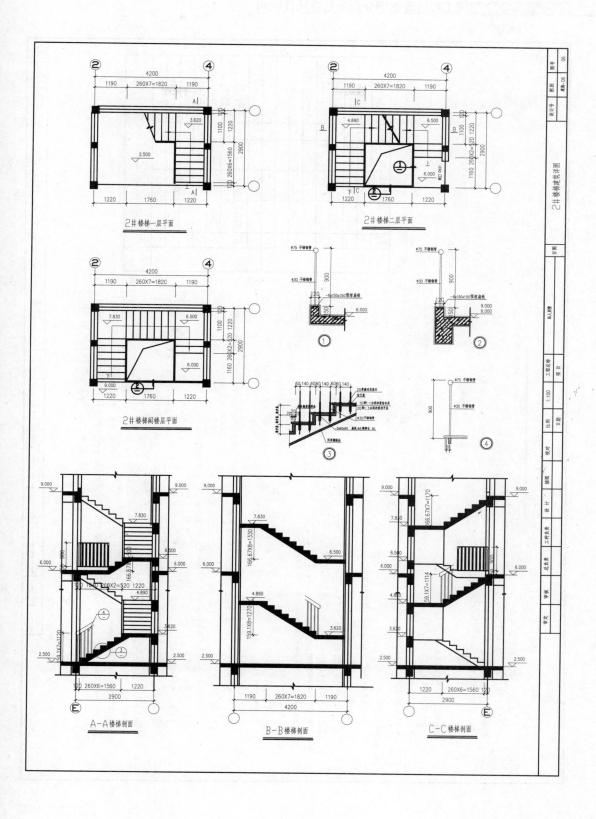

2#楼梯一层平面

2#楼梯二层平面

2#楼梯阁楼层平面

A-A楼梯剖面

B-B楼梯剖面

C-C楼梯剖面

# 建筑设计总说明

一、本设计为私人别墅，层数为三层，建筑占地面积 123.79m²。

建筑面积:566.62 m²，屋面防水等级为二级，结构设计使用 50 年，抗震设防烈度为6度。

二、设计依据:

1. 余杭区规划建设管理处划拨的建筑红线图平面图。
2. 民用建筑设计通则《JGJ37-87》。
3. 建筑设计防火规范《GBJ16-87》。
4. 其他有关的国家现行建筑设计标准。

三、建筑设计说明:

1. 本工程底层室内标高 ±0.000 相当于 1985 国家高程系统 4.750 标高系参。
2. 本工程图纸中所注尺寸除标高以米计外，其余以毫米计。
3. 水、电穿墙管体、楼板 Φ100 以上者均需预留孔洞或预埋套管。施工时应密切注意意各设备与管道上的留洞情况，不得现场开凿。不允许在剪力墙、楼板、梁上任意部位的钢筋砼楼板应一律埋入墙体翻起150mm。
4. 凡楼板面、卫生间等有水部位均采用钢筋砼楼板。
5. 凡内墙阳角无标高注 50，15厚 1:3 水泥砂浆墙护角，然后再做饰面层。卫生间四周应粉 1:2 防水砂浆。
6. 平面图中未注明砖墙厚度的，其墙厚为 240mm。
7. 凡遇注明安装金属栏杆扶，应在相应墙（地、墙）面设置埋预埋件，楼梯栏杆。详见楼梯详图。
8. 图中所用外墙涂料，送样品，经甲方及设计认可后，再出样使用。
9. 外墙装饰见各立面图。
10. 土建施工应配合水电施工进行。
11. 图中未说明者均应按现行有关各专有施工规范，规程进行施工。

四、建筑设计说明:

(一)砌块工程:

砌筑部分砂浆强度标号及砂浆强度等级见结构说明，±0.000 以下基础用双面粉刷，±0.06 水泥砂浆墙防潮带，内掺5%防水剂。

1:3水泥砂浆双面粉刷:

(二)楼、地面工程(见前面图)。

(三)钢筋砼工程(详见结构说明)。

(四)粉刷工程:

(1)屋面:(1)层 1:25 水泥砂浆面。
(2)8厚 水泥砂浆罩面。
(3)12厚 1:3 水泥砂浆打底扫毛。
(4)砖墙或砼墙结合层一道。

(砼面应刷冷底水重 4% 的 107 胶水水泥胶砂结合层一道)

2. 内墙:(1)白色内墙乳胶漆两遍，胶水滚子滚水泥砂平面。
(2)2厚纸筋灰罩面。
(3)12厚 1:6 水泥白灰砂浆打底扫毛。
(4)砖墙或钢筋砼梁柱。

(砼面应刷冷底水重 4% 的 107 胶水水泥胶砂结合层一道)

3. 顶棚:(1)白色内墙乳胶漆两遍 胶水滚子滚平面。
(2)2厚纸筋灰罩面。
(3)12厚 1:6 水泥砂浆底。
(4)钢筋砼板。

注:粉刷前内墙先清水注。梁接头处粘贴300宽玻璃丝网；外墙与梁、梁接头处钉 300 宽钢丝网。

(五)散水:

(1)600宽、60厚、C15砼墙 1:水泥砂子压实找光，与勒脚支接及纵向每1m左右分缝，缝宽20，用胶泥填缝。
(2)100厚碎石。
(3)素夯实向坡0.3%。

(六)油漆工程:

1. 凡露明铁件经除一律制防锈漆两道。
2. 凡乌或或接触木材表面均涂刷氯化钠防腐剂。
3. 木门阴润油粉罩一遍，满润刮腻子，浅绿色调和漆一遍、磁漆两遍。

五、其它:

1. 落水管为 Φ110PVC 管，上设地漏水器。
2. 所有砼柱顶均至女儿墙顶，女儿墙部分柱为 4Φ12 Φ6@200。
3. 施工前南须领图纸会审。

## 六、门窗表

| 类别 | 序号 | 型号 | 规格 宽度 | 规格 高度 | 樘数 | 备注 |
|---|---|---|---|---|---|---|
| 门 | 1 | JLM1 | 2960 | 2100 | 1 | 铝合金卷帘门 |
| | 2 | M2 | 1800 | 2100 | 1 | 墙门 |
| | 3 | 16M0821 | 800 | 2100 | 7 | 杂腊夹-2-3板镶嵌 |
| | 4 | 16M0921 | 900 | 2100 | 7 | 杂腊夹-2-3板镶嵌 |
| | 5 | 16M2121 | 2100 | 2100 | 2 | 杂腊夹-2-3板镶嵌 |
| | 6 | 16M2124 | 2100 | 2400 | 2 | 杂腊夹-2-3板镶嵌 |
| 窗 | 1 | LTC1512B | 1500 | 1200 | 5 | 铝合金推窗 |
| | 2 | LTC1515B | 1500 | 1500 | 10 | 铝合金推窗 |
| | 3 | LTC1212B | 1200 | 1200 | 1 | 铝合金推窗 |
| | 4 | LTC1215B | 1200 | 1500 | 4 | 铝合金推窗 |
| | 5 | LTC1815B | 1800 | 1500 | 2 | 铝合金推窗 |
| | 6 | C-1 | | | | 木框玻璃对开窗 |
| | 7 | C-2 | | | | 百叶窗 甲方自理 |

说明:铝合金门窗参照浙99 J7 标准集

| 设计号 | 建筑设计说明 | | 图别 | 建-01 |
| 图号 | 01 |

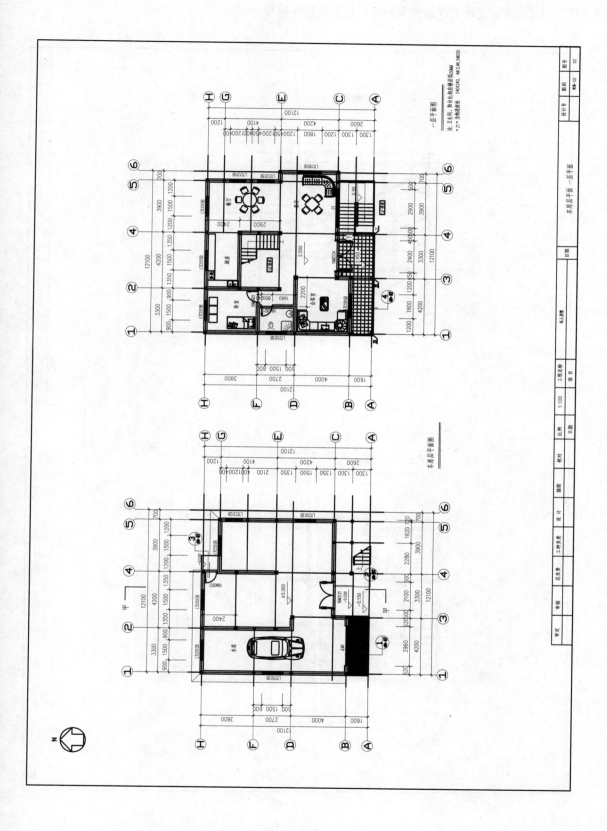

附录 私人别墅案例施工图

301

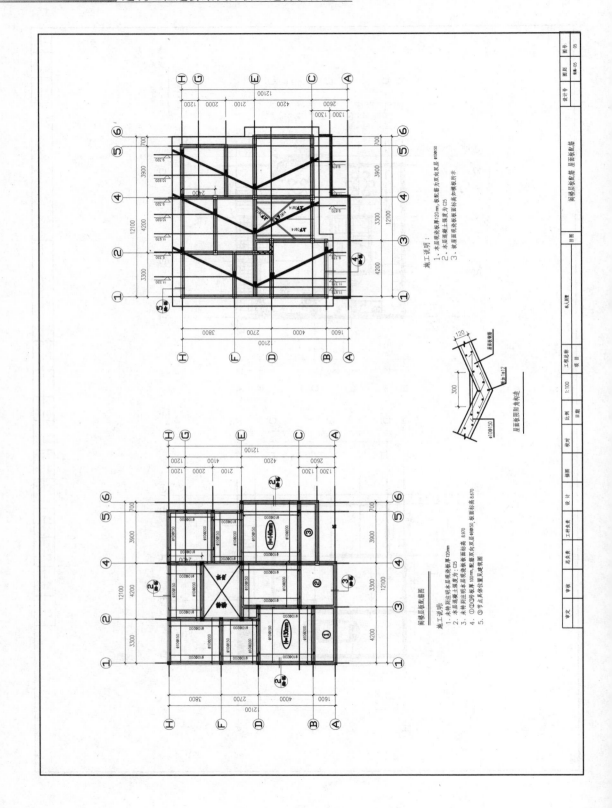

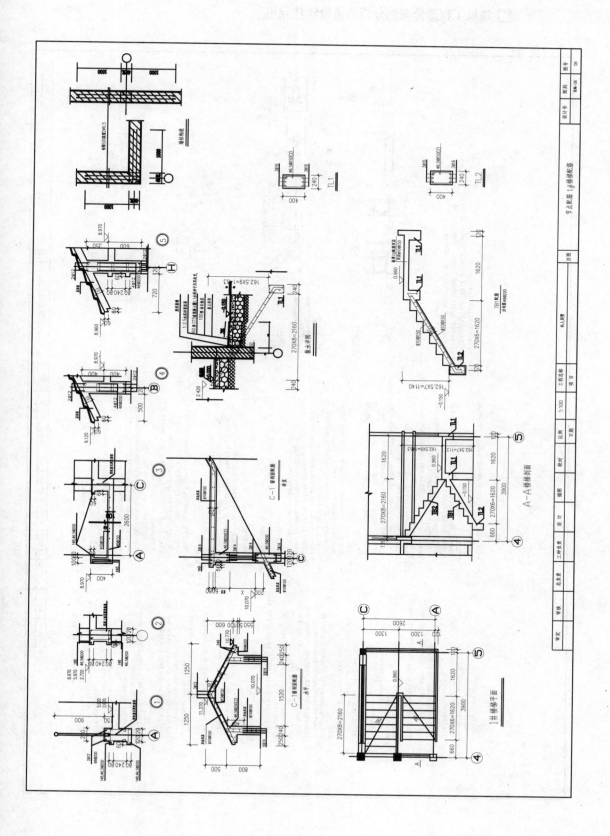

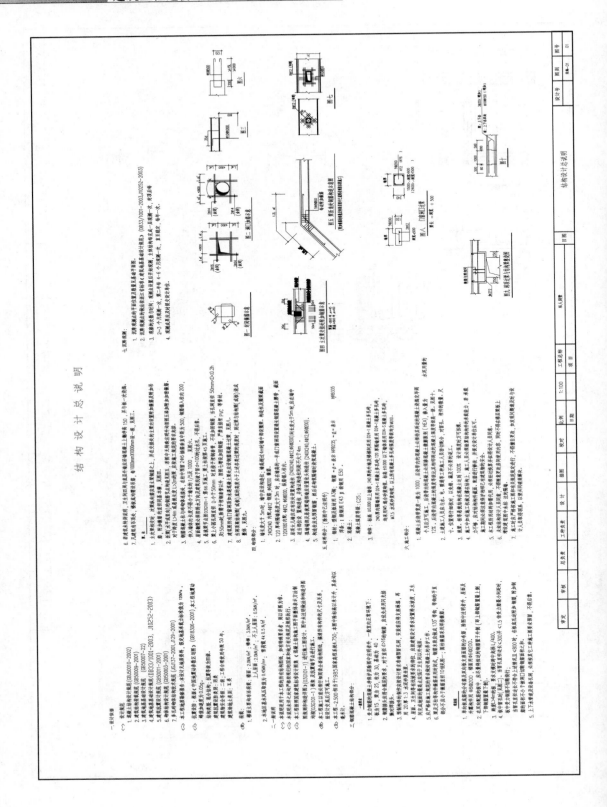

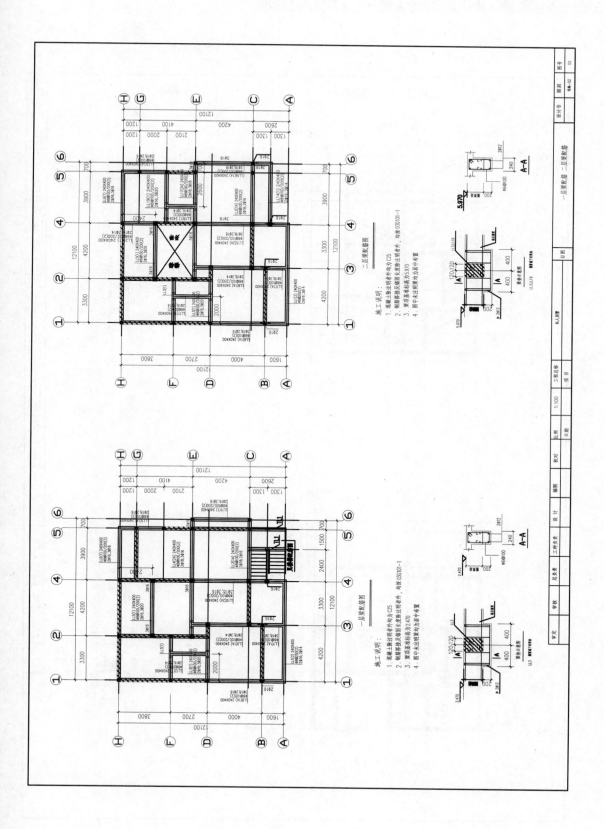

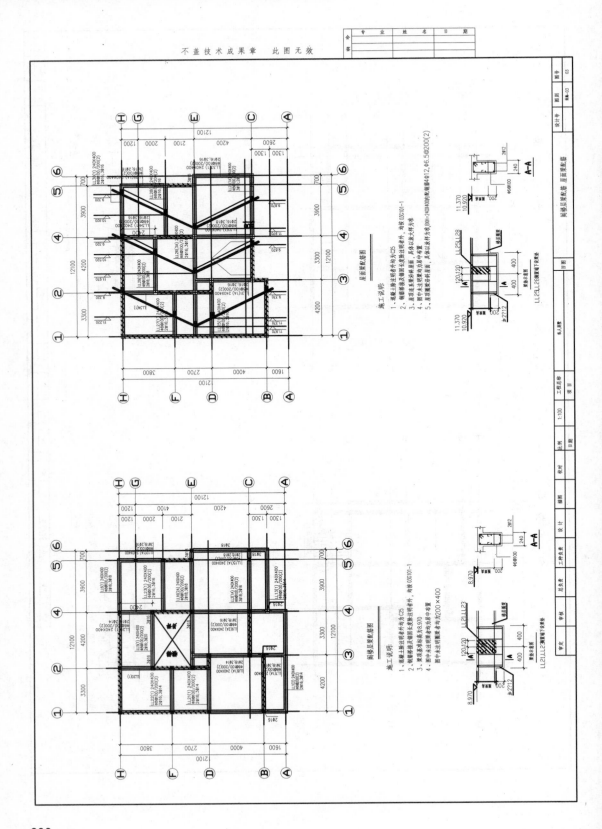

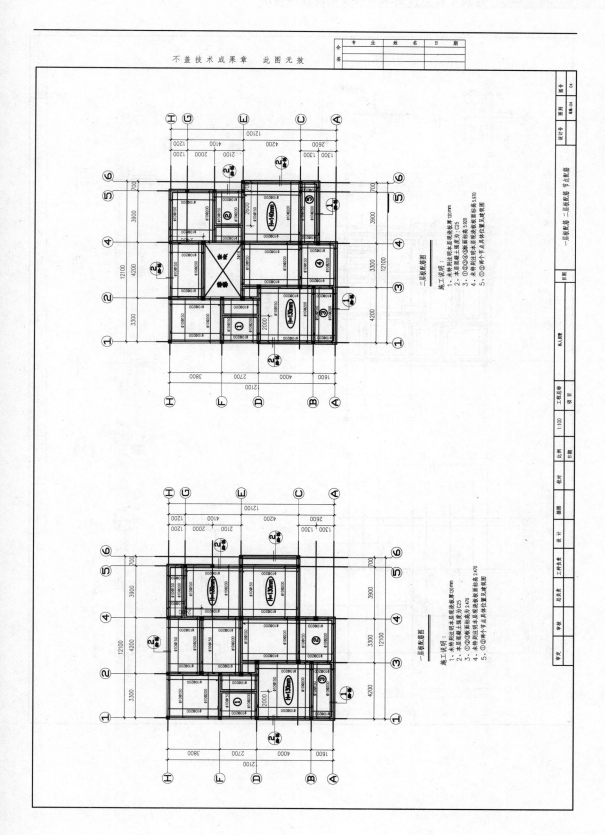

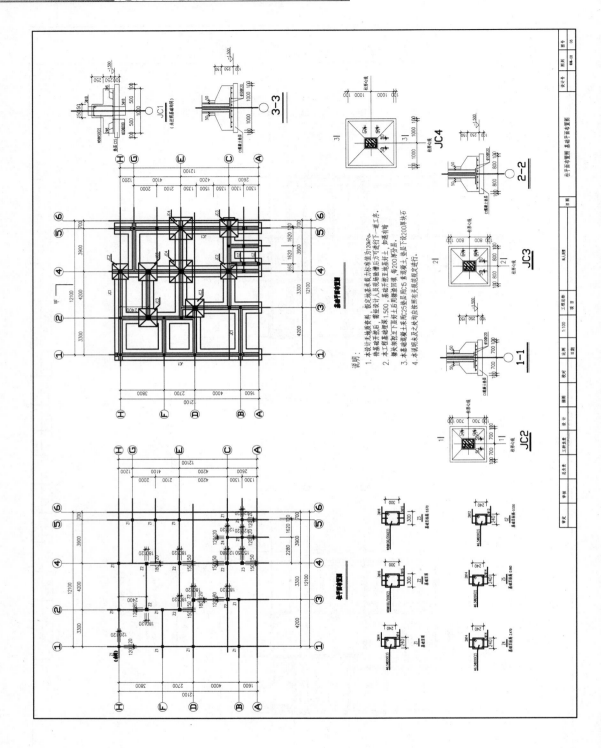

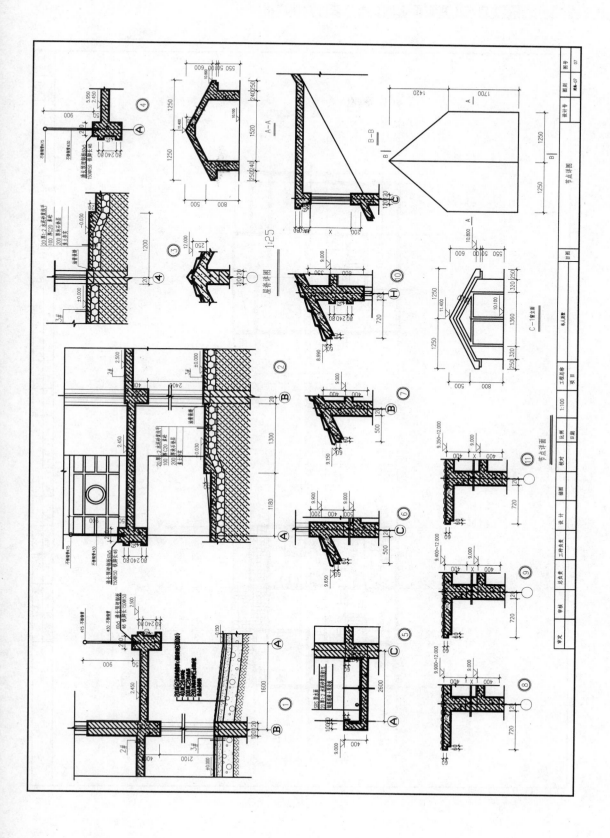

节点详图 1:25

屋架详图 1:25

C-1窗立面

节点详面

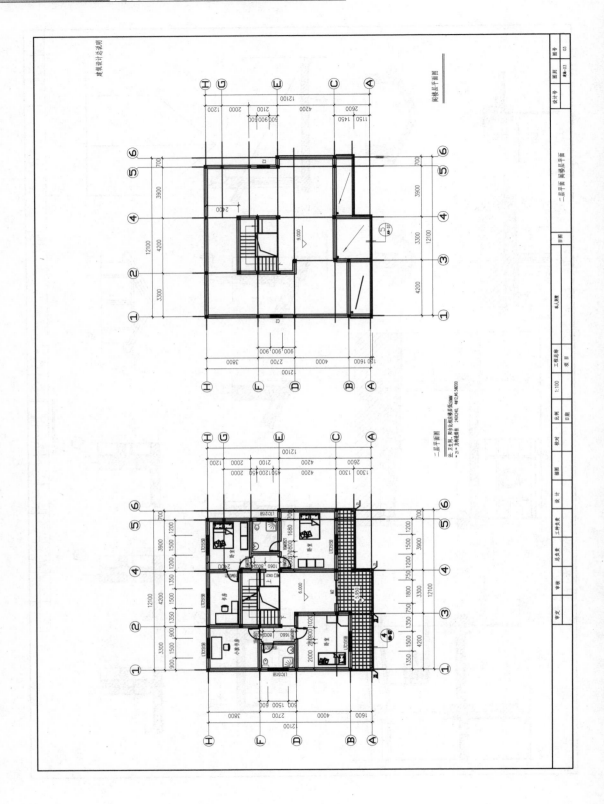

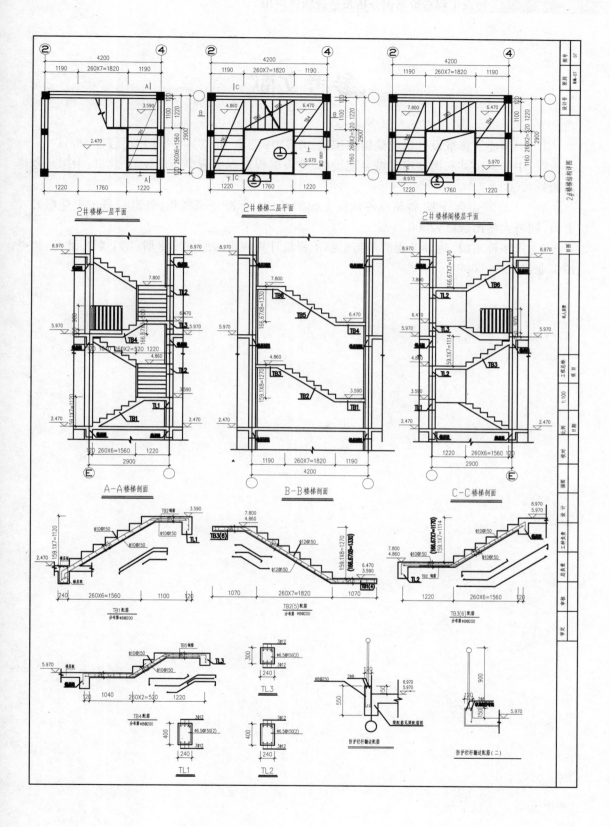

2#楼梯一层平面

2#楼梯二层平面

2#楼梯阁楼层平面

A—A楼梯剖面

B—B楼梯剖面

C—C楼梯剖面

TB1配筋
分布筋φ8@200

TB2(5)配筋
分布筋φ8@200

TB3(6)配筋
分布筋φ8@200

TB4配筋
分布筋φ8@200

TL3

TL1

TL2

防护栏杆翻边配筋

防护栏杆翻边配筋(二)

# 参考文献

1  中国建筑标准设计研究院组织编制.03G101图集.北京:中国计划出版社,2003

2  中华人民共和国住房和城乡建设部.建设工程工程量清单计价规范.北京:中国计划出版社,2008

3  LCE编委会等编.鲁班软件认证工程师(LCE)标准培训教程(鲁班算量·土建版).上海:同济大学出版社,2008

4  张国栋主编.建设工程清单与定额工程量计算规则对照使用手册(第2版).北京:机械工业出版社,2009